工业控制与智能制造丛书

工业运动控制

电机选择、驱动器和控制器应用

Industrial Motion Control
Motor Selection, Drives, Controller Tuning, Applications

[美] 哈肯·基洛卡（Hakan Gürocak）著
尹泉 王庆义 等译

U0256041

机械工业出版社
China Machine Press

图书在版编目（CIP）数据

工业运动控制：电机选择、驱动器和控制器应用 /（美）哈肯·基洛卡（Hakan Gürocak）著；尹泉等译 . —北京：机械工业出版社，2018.6（2025.1 重印）
（工业控制与智能制造丛书）
书名原文：Industrial Motion Control: Motor Selection, Drives, Controller Tuning, Applications

ISBN 978-7-111-60339-9

I. 工… II. ① 哈… ② 尹… III. 工业控制系统－运动控制 IV. TP273

中国版本图书馆 CIP 数据核字（2018）第 141356 号

北京市版权局著作权合同登记 图字：01-2016-8656 号。

Copyright © 2016, John Wiley & Sons. Ltd.

All rights reserved. This translation published under license. Authorized translation from the English language edition, entitled Industrial Motion Control: Motor Selection, Drives, Controller Tuning, Applications, ISBN 978-1-118-35081-2, by Hakan Gürocak, Published by John Wiley & Sons. No part of this book may be reproduced in any form without the written permission of the original copyrights holder.

本书中文简体字版由约翰·威立父子公司授权机械工业出版社独家出版。未经出版者书面许可，不得以任何方式复制或抄袭本书内容。

本书封底贴有 Wiley 防伪标签，无标签者不得销售。

工业运动控制：电机选择、驱动器和控制器应用

出版发行：机械工业出版社（北京市西城区百万庄大街 22 号 邮政编码：100037）
责任编辑：张梦玲　　　　　　　　　　　　责任校对：殷 虹
印　　刷：北京虎彩文化传播有限公司　　　版　　次：2025 年 1 月第 1 版第 13 次印刷
开　　本：186mm×240mm　1/16　　　　　印　　张：15.25
书　　号：ISBN 978-7-111-60339-9　　　　定　　价：69.00 元

客服电话：（010）88361066　68326294

版权所有·侵权必究
封底无防伪标均为盗版

The Translator's Words | 译者序

　　随着工业 4.0 的提出以及国家相应政策的出台，以智能制造为主导的第四次工业革命已经渐行渐近。同时人工智能（AI）的飞速发展进一步推动了工业控制的自动化、智能化及应用普及。工业运动控制作为工业控制中一个重要分支，在国民经济中占有重要地位。如何根据实际应用需求，利用相关的原理，结合控制、检测、动力学、电路仿真及设计、机械设计及编程等多学科知识，去解决实际应用中的问题，是一个复杂的命题。如何将这个复杂命题分解，变成单个的模块化知识点，正是作者编写本书的目的。

　　本书最为突出的特点是将理论和实践紧密结合，通过大量的工程实例进行相关的理论分析和计算，为工业运动控制的设计与应用提供了翔实的资料。更为可贵的是将产品资料选择思想和设计过程步骤相结合，通过对实例的简单扩展，就可以进行一个新对象的工业运动控制设计。因此本书作为教学参考书，可以为机械和电气相关专业高年级本科生、研究生提供翔实的工程应用背景和工程应用规范；同时本书也是一本优秀的工程技术图书，工程技术人员通过对理论知识的学习并结合自身的工程实践，可以进一步提高工程设计水平，做到"知其然，知其所以然"。

　　本书由华中科技大学自动化学院的尹泉、中国地质大学（武汉）自动化学院的王庆义主持翻译。华中科技大学自动化学院的周永鹏教授对全书翻译给出了许多有建设性的意见。在本书初稿的翻译和后续校对过程中，研究生王雪芬、唐志伟、伍嘉伟、尹家俊、曹炳、李海春等同学也参与了部分相关的工作，在此一并表示衷心的感谢。

　　由于译者的水平有限，译文中难免存在错漏和不足之处，恳请广大读者予以批评指正。

译者

前 言 | Preface |

在过去的几十年里，学术界在机电一体化和控制的基础教育资料以及实验训练方面已经取得了显著的进步。学生可以学习了解数学控制理论、板级电子器件、接口和微处理器，并辅以教学实验设备。当新的机械工程和电气工程的毕业生成为工程师时，他们所从事的工程项目要求他们必须掌握工业运动控制技术，因为工业自动化的设计主要就是设计专门的运动控制硬件和软件。

本书介绍的是工业运动控制，它是在工业领域广泛应用的技术，也几乎是所有自动化机械和过程的核心。工业运动控制应用采用专门的装备，并且要求设计和集成系统，而控制只是系统的一部分。为了设计这样的系统，工程师需要熟知工业运动控制产品；能够将控制理论、运动学、动力学、电子学、仿真、编程和机械设计融合到一起；运用跨学科的知识处理实际应用问题。这些知识在一般的本科课程中均有涉及，但是在各自学科的场合下，学生则很难把握这些知识的联系。

我写这本书的初衷是将理论、工业机械设计范例、工业运动控制产品和实用指南融合在一起。工业运动控制应用的场景可以跨越边界将不同的学科主题紧密地联系起来。这本书的内容来源于本人的本科机电一体化课程和自动化课程的教学经验，以及与运行控制行业工程师的交流讨论。例如，即使有多种类型的电机[⊖]可供选择，我也选择以运动控制行业中输入为三相的交流伺服电机和感应电机作为关注点。本书对控制理论、电机设计和电力电子进行阐述，并将理论和实践平衡地综合在一起。书中的很多素材来源于厂商的数据手册、用户指南、产品目录，各种大学课程、网站、行业杂志的节选，以及实践工程师的经验。本书将这些素材连贯地呈现出来，在提供给学生基本知识的同时以实际应用中已解决的案例作为补充。

第1章介绍典型运动控制系统组成部分，主要内容是系统框图和各组成部分基本功能的介绍。

⊖ motor一词原为电动机，出于工程习惯表述，本书用电机一词表示电动机。本书中的电机均指电动机。——译者注

第 2 章探讨一台机器的轴移动时运动曲线产生的机理。接着，概述基本运动学，阐述两种常见的运动曲线，并在最后介绍多轴协调的两种方法。

鉴于各轴和整体机器的机械设计是完成运动目标的重要因素，第 3 章重点阐述传动系统设计，介绍惯量折算、转矩折算和惯量比的概念，深入研究五种类型的传动装置，给出这些装置中电机的转矩‑速度曲线（机械特性曲线）、齿轮箱、不同类型电机和传动机构轴的选择过程。

电机是目前工业运动控制中最常用的执行器。第 4 章以电气周期、机械周期、极对数以及三相绕组这些基础概念开始，介绍交流伺服电机和感应电机的结构和操作细节，比较了正弦换相法和六步换相法的交流伺服电机转矩性能。该章最后阐述这两种类型电机的数学模型和仿真模型。

运动控制系统中除了运动控制器以外还使用了各式各样的传感器和控制元件。第 5 章介绍各种用于位置测量的光学编码器、限位开关、接近传感器、光电传感器和超声波传感器，解释了传感器到 I/O 卡兼容性的扇入和扇出设计，展示了包括按钮、选择开关和指示灯等控制器件。该章的最后概括了电机启动器、接触器、过载继电器、软起动器和一种三线电机控制电路。

驱动器是电机和控制器之间的连接纽带。它将控制器产生的小信号放大到足以驱动电机工作的高功率的电压等级和电流等级。第 6 章首先介绍驱动器电子器件模块，介绍常用的脉冲宽度调制（PWM）控制技术，然后介绍应用于驱动器中基础的闭环控制结构，并深入研究单环 PID 位置控制和带前馈的级联的速度环与位置环，给出了控制器的数学模型和仿真模型。实现控制算法时需要调整增益，使得伺服系统每个轴尽量跟随指令轨迹。该章最后描述了前述控制算法的增益调整过程，包括一些积分器限幅的使用方法。

本书以第 7 章结尾，主要内容是编程和运动控制应用，研究运动控制器的直线运动模式、圆弧运动模式和轮廓移动模式。接着，介绍通用运动控制器项目中基础的可编程逻辑控制器（PLC）算法。该章结尾回顾了运动控制器通过实时计算机器的正向和逆向运动来控制一台非直角坐标的机器，比如控制一台机器人。

写这本书的挑战之一在于，市场中运动控制器硬件和软件种类繁多而且具有专用性。每一个控制器制造商在其产品中都有自己的编程语言和编程环境。因为每一款硬件都有特定的编程细节，所以我试图给出算法的大纲，而不是提供由一种特定编程语言或结构编写的完整程序。将这些算法运用到每款具体的运动控制器中需要仔细参考用户手册和制造商建议。写这本书的另一个挑战则是数字控制系统在控制器中的实现。这些采样数据系统建立在 Z 变换（z 域）的基础上，然而几乎所有的本科生工科类课程只包含利用拉普拉斯变换（s 域）建立的连续时间系统。因此，我选择在 s 域中建立系统控制模型。这种方法提供了一个很好的近似，因为当前的控制器采样频率很高，而它们控制的机械系统具有相对较

VI

缓慢的动力特性。

在陈述概念的同时，尤其是面对已解决的传动系统案例时，援引了工业产品数据手册和表格中的数据。现在，每一章中的数据资料通过章尾的参考文献在网络上可以找到。随着时间的推移，制造商会更新它们的产品并且这些目录将不再适用。然而，相应的理论和实际的选择过程同样适用于类似的新产品。

本书的目的是向机械工程和电气工程的大学生介绍工业运动控制。因为许多工程师从事于运动控制系统行业，所以本书对于该行业的系统设计工程师、项目经理、工业工程师、制造工程师、产品经理、安装工程师、机械工程师、电气工程师以及程序员是一本重要的参考书。例如，第 4 章中的增益调整过程利用数学仿真来展示。不过如果有一个带有运动控制器的实际系统，这些步骤可以直接用于调整实际系统的参数而不需要任何仿真。同样地，第 7 章给出了运动控制应用常用类型（如卷绕）的算法。这些算法可以作为实际系统编程语言的起点去继续完成整个控制项目。前面已经提到，将这些算法运用到某种实际的运动控制系统硬件时，需要仔细参考产品手册和制造商的建议。

在撰写这本书的过程中，衷心感谢那些帮助过我的人。感谢 Applied Motion Systems 公司总裁 Ken Brown 先生、Concept Systems 公司总裁 Ed Diehl 先生，许多想法来自于同他们的讨论。特别感谢 Delta Tau Data Systems 公司总裁 Dimitri 先生、负责工程研究的副总裁 Curtis Wilson 先生，感谢他们为实验室和本书的撰写提供深入的技术指导。感谢机械工程师 Dean Ehnes 先生、电气工程师 John Tollefson 先生、Columbia/Okura 的有限责任公司总经理 Brian Hutton 先生，感谢他们对材料处理系统、电机和实例问题提出了有见解的观点。非常感谢我的同事——从事电气工程的梁晓东博士，感谢他提供了电机和电机驱动器章节的详细综述。感谢我以前的学生 Ben Spence 先生，他目前在 Applied Motion Systems 公司担任系统工程师，我们长期在实验室一起工作，一起讨论许多关于运动控制的技术问题，使我受益匪浅。感谢 Applied Motion Systems 公司机械工程师 Matthew Bailie 先生，感谢他对电机尺寸工序给予的指导以及提供的对于实例问题的想法。非常感谢为这本书提供产品图片的各家公司。感谢 John Wiley & Sons 出版社的资深编辑 Paul Petralia 先生和 Wiley 的 Sadra Grayson、Cliv Lawson 和 Siva Raman Krishnamoorty，感谢他们对整本书的指导。在过去的几年教学生涯里，我很荣幸与许多优秀的学生一起来学习这些材料，真的很感谢他们有价值的反馈和建议，以及他们的热情和耐心。

在这个过程中，我发现写一本教科书是一项艰巨的工作。衷心感谢我的妻子，在过去的 3 年里，感谢她不断地鼓励我、支持我，使得我顺利地完成了这本书的撰写。

Hakan Gürocak

Vancouver, Washington, USA

Contents 目 录

第1章 绪 论

运动控制广泛应用于包装、装配、纺织、造纸、印刷、食品加工、木制品、机械设备、电子设备和半导体制造等各类行业，它是自动化机械及过程的核心。运动控制涉及控制负载的机械运动。例如，喷墨打印机的负载是墨盒，它必须高速、高精度地在纸上来回移动。再如，纸张加工机的负载——母卷筒上的纸被安装到机器中进行处理，如压纹纸巾这样的负载卷出大卷筒之后再卷入小卷筒。

每个电机带动机器部件的一部分，跟随电机旋转的部分称为轴。以喷墨打印机为例，墨盒中用于滑动的机械部件和驱动它们的电机一起组成了机器的轴。另一个打印机的轴由所有的机械部件和电机组成，用于将纸送入打印机。再如纸张加工机，承载卷纸的芯轴、皮带轮、连接电机的皮带以及电机一起构成了一个轴。

一个典型的运动控制系统需要控制轴的位移、速度、转矩和加速度。多数情况下机器含多个轴，这些轴需要进行同步的位移/速度控制。例如，数控机床工作台上的 X 轴和 Y 轴需要协调控制，才能把工件切出一个圆角。精确控制和多轴协调复杂运动的能力使得工业机器设计变得可能，如图 1-1 所示。

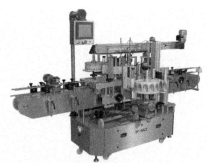

a) 锡箔纸和绕线机[3]（经Broomfield, Inc.许可转载）　　b) 压敏贴标机[19]（经Tronics America, Inc.许可转载）

图 1-1　可精确控制多轴运动的复杂多轴机器

在可编程运动控制器出现之前，协调控制通过机械手段实现[14]。动力轴连接到恒速运行的大电机或者引擎上。这个动力源可以用来驱动所有通过滑轮、传送带、齿轮、凸轮、连杆机构等耦合到动力轴上的机械轴（见图 1-2）。离合器和制动器用于启动或者停止各自的轴，动力轴和单个轴的齿轮比决定了各自轴的转速。驱动机构（多为长轴驱动）将协调运动传递到对应的机器部件。复杂的机器需要复杂的机械设计。长轴存在反冲、磨损、偏移的问题。最大的挑战是把产品变动引入生产系统中时需要改变齿轮减速器，然而这将带来高昂的成本和较长的开发周期。此外，驱动机构改变后重新调整机器到正确的位置是非常困难的。

随着电子器件、微处理器和数字信号处理器变得价格低廉且易于获取，计算机成为主流设备，机器上的多轴协调运动逐渐转换到计算机控制方式。在现代化的多轴机器中，每个轴都有独立的电机和电气驱动。现在用软件以电子齿轮的方式可以实现多轴协调。长轴驱动机构被电机和传动机构之间的刚性短轴和其他连接件代替。运动控制器运行程序并将产生的位置指令传给各轴的驱动器。在驱动器控制电机并闭合控制环路时，运动轨迹会实

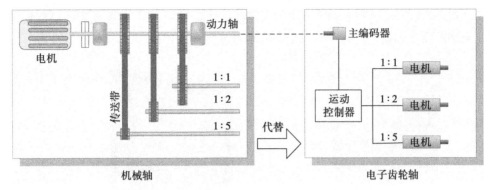

图 1-2　多轴协调

时更新。当前的典型代表技术是一个普通运动控制器同时协调控制多达 8 个轴。协调控制
60 多个轴的控制器现如今也是可以实现的。

1.1　运动控制系统的组成

一个复杂、高速、高精度的多轴协调运动控制是由一种被称为运动控制器的特殊计算
机来实现的。如图 1-3 所示，一个完整的运动控制系统由以下几个部分组成：

(1) 人机接口（HMI）；

(2) 运动控制器；

(3) 驱动器；

(4) 执行器；

(5) 传动机构；

(6) 反馈。

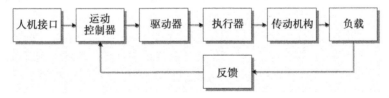

图 1-3　运动控制系统的组件

1.1.1　人机接口

人机接口用于和运动控制器进行通信。人机接口主要提供两个功能：①通过运动控制
器，操作机器受控运行；②给运动控制器编程。

如图 1-4a 所示的控制面板是基于硬件的通用人机接口，用于操作机器，包括指示灯、
按钮、指示器、数字量读取和模拟量测量仪。第 5 章将讨论操作界面设备，如指示灯、按
钮和选择开关。控制面板也可以是基于软件的，如图 1-4b 所示，这种控制面板有触摸屏和

嵌入式计算机,通过软件开发可以运行图形用户界面[10, 13, 15]。基于软件的控制面板优势在于,未来需要增加新功能时,可以很方便地重新配置人机接口。

a) 基于硬件的控制面板[7]　　　b) 有触摸屏的的基于软件的控制面板[2]（经American Industrial system公司许可转载）

图1-4　人界接口（操作面板）用于操作机器

计算机接入运动控制器用于编程。由控制器制造商提供的定制软件可以用来编写、操作、下载和测试机器控制程序。这种软件还有测试电机、监控输入/输出（I/O）信号和调节控制器增益的功能。第7章将讲述运动、机器I/O管理和多轴协调的编程方法。

1.1.2　运动控制器

运动控制器是系统的"大脑"。它将运动曲线分配给各个轴,监控I/O并且闭合反馈回路。如第2章所述,基于用户或者编程者定义的设定运动参数,控制器生成一个轴的运动曲线。当机器在运行时,控制器接收每一个轴对应电机的反馈信息。当每个轴上的给定和实际位置或速度存在差异（跟随误差）时,控制器会对相应的轴发出校正命令。第6章将讨论各种作用于跟随误差的控制算法,用于产生减小误差的控制信号。正如第7章所讨论的,控制器也可以生成和管理复杂运动轮廓,包括电子凸轮、直线插值、圆弧插补、轮廓和主从协调。

运动控制器有不同的外形结构（见图1-5）。集成式结构将计算机、轴驱动电路和机器I/O接口集成为一个单元。这个单元称为运动控制器或驱动器。在模块化系统中,计算机、驱动器和机器I/O接口是通过某种通信彼此连接的不同的单元。在这种情况下,只有计算机称为运动控制器。

一个完整的运动控制系统有如下单元。

1. 计算机

- 用户程序说明;
- 轨迹生成;
- 闭合伺服回路;
- 驱动器（放大器）的命令生成;
- 监控轴极限,安全互锁;
- 处理中断和错误,如过量的跟随（位置）误差。

a）集成式结构[5]（经Delta Tau Data System公司许可转载）　　b）模块式结构（左）电机和驱动器[16]，（右）控制器[17]（经Rockwell Automation公司提供）

图 1-5　不同外形结构的电机控制器

2. 各轴的 I/O 接口

- 电机功率输出；
- 用于输出放大器命令的伺服 I/O 接口；
- 用于接收电机或其他外部传感器反馈信号的输入端子；
- 轴限制、归位信号和寄存。

3. 机器 I/O 接口

- 用于各类传感器，如操作按钮和接近传感器的数字信号输入端子；
- 用于驱动外部设备（通常通过继电器）的数字信号输出端子；
- 用于模拟信号传感器，诸如压力传感器、力敏传感器的模拟输入（通常是可选的）的端子；
- 用于驱动模拟设备的模拟输出（通常是可选的）的端子。

4. 通信

- 与其他外部设备、主机、平台监测系统进行网络通信，使用的协议包括 DeviceNet、Profibus、ControlNet、EtherNet/IP 或 EtherCAT；
- USB 或串行接口通信；
- 人机接口（HMI）通信。

1.1.3　驱动器

控制器产生的命令信号是微小的信号，驱动器（见图 1-6）放大这些信号至高功率的电压和电流以满足电机工作的需要。因此，驱动器也称为放大器。第 6 章将讨论驱动器闭合伺服系统的电流回路。因此，必须选择相应的驱动器匹配需要驱动的电机。

在最近的趋势中，驱动器和控制器之间的界线逐渐变得模糊，驱动器可以执行控制器的许多复杂功能。人们期望驱动器可以处理电机反馈，同时可以闭合电流环、速度环和位置环。

1.1.4　执行器

执行器是为驱动负载提供能量的装置。运动控制系统可以用液动技术、气动技术或者机电一体化技术来构建。本书使用的是三相交流伺服电机和感应电机（见图 1-7）。第 6 章将讲述电机的机电运行及其数学模型，研究了驱动器中各种电机的具体控制算法。在设计

a）数字伺服驱动器[1]（经ADVANCED
Motion Control许可转载）

b）交流驱动器[18]（经Rockwell Automation
公司许可转载）

图1-6　驱动器用来提供驱动电机所必需的高电压和大电流等级

一个运动控制应用的机器时，必须选取合适的电机用于机器的正常运行。第3章将讲述各
种电机的转矩-速度曲线和合理的电机选型过程。

a）交流伺服电机[8]（经艾默生工业自动化
公司许可转载）

b）交流感应电机[12]（经过高端电机制造商
Marathon™ Motors许可转载）

图1-7　交流伺服电机和交流感应电机在运动控制应用中作为执行器

1.1.5　传动机构

传动机构连接了负载和电机轴，它帮助负载完成要求的运动轨迹。第3章将分别讲述
变速箱（见图1-8）、导螺杆/滚珠螺杆传动、直线传送带传动、滑轮-带传动和传送带。当
负载和电机通过传动机构耦合时，负载的转动惯量和转矩就通过传动机构折算到电机上。
针对这一点第3章将全面讨论传动机构的数学模型。电机、变速箱和传动机构的选择方法
也有讲述。

a）伺服电机同轴减速机[6]（经DieQua公司
许可转载）

b）交流异步电机直角涡轮减速机[4]（经
Cone Drive公司许可转载）

图1-8　变速箱应用于运动控制中来满足速度和转矩需求

1.1.6　反馈

　　反馈器件用来测量负载的位置和速度。驱动器和控制器也需要反馈信息来决定电机每相所需的电流大小，这部分在第 4 章和第 6 章中有详细阐述。大多数通用反馈器件有旋转变压器、转速计和编码器。第 5 章将对编码器进行讲解。

　　编码器可分为旋转编码器和线性编码器两类，如图 1-9 所示。另外，编码器可分为增量式和绝对式两类。反馈器件的选择取决于系统精度要求、成本和机器的工况环境。

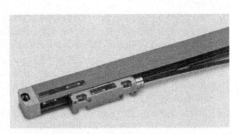

a）旋转编码器[20]（经 US digital 公司许可转载）　　　　b）线性编码器[9]（经 Heidenhain 公司许可转载）

图 1-9　编码器应用于运动控制中作为反馈设备

　　送入控制器的反馈是一种不同类型的反馈，它由检测传感器提供，如接近开关、限位开关或者光电传感器。这些器件可以检测对象是否存在。例如，如图 1-10 所示的光电传感器可以检测传送带上产品是否到达，还可以给运动控制器发送信号来开启传送带。

图 1-10　光电传感器用来检测
目标是否存在[11]

参考文献

[1] Advanced Motion Controls (2014). DPCANIE-C060A400 Digital Servo Drive. http://www.a-m-c.com/index .html (accessed 21 November 2014).

[2] American Industrial Systems, Inc. (AIS) (2013). Ip17id7t-m1-5rt operator interface computer. http://www .aispro.com/products/ip17id7t-m1-5rt (accessed 3 November 2014).

[3] Broomfield (2014). 800 HV/LV Wire and Foil Winder with Optional Touch Screen Controller. http://www .broomfieldusa.com/foil/hvlv/ (accessed 31 October 2014).

[4] Cone Drive Operations, Inc. (2013) Cone Drive® Model RG Servo Drive. http://conedrive.com/Products /Motion-Control-Solutions/model-rg-gearheads.php (accessed 28 October 2014).

[5] Delta Tau Data Systems, Inc. Geo Brick Drive (2013). http://www.deltatau.com/DT_IndexPage/index.aspx (accessed 22 September 2013).

[6] DieQua Corp. (2014). Planetdrive – Economical Servo Gearheads. http://www.diequa.com/products/planetroll /planetroll.html (accessed 20 November 2014).

[7] Elmschrat (2010). File:00-bma-automation-operator-panel-with-pushbuttons.jpg. http://commons.wikimedia .org/wiki/File:00-bma-automation-operator-panel-with-pushbuttons.JPG (accessed 18 November 2014).

[8] Emerson Industrial Automation (2014). Servo Motors Product Data, Unimotor HD. http://www .emersonindustrial.com/en-EN/documentcenter/ControlTechniques/Brochures/CTA/BRO_SRVMTR_1107.pdf (accessed 14 November 2014).

[9] Heidenhain, Corp. (2014). Incremental Linear Encoder MSA 770. http://www.heidenhain.us (accessed 28

October 2014).

[10] Invensys, Inc. (2014). Wonderware InTouch HMI. http://global.wonderware.com/DK/Pages/default.aspx (accessed 4 November 2014).

[11] Lucasbosch (2014). SICK WL12G-3B2531 photoelectric reflex switch angled upright.png. http://commons .wikimedia.org/wiki/File:SICK_WL12G-3B2531_Photoelectric_reflex_switch_angled_upright.png (accessed 7 November 2014).

[12] Marathon Motors (2014). Three Phase Globetrotter® NEMA Premium® Efficiency Totally Enclosed AC Motor. http://www.marathonelectric.com/motors/index.jsp (accessed 5 November 2014).

[13] Progea USA, LLC (2014). Movicon™11. http://www.progea.us (accessed 4 November 2014).

[14] John Rathkey (2013). Multi-axis Synchronization. http://www.parkermotion.com/whitepages/Multi-axis.pdf (accessed 15 January 2013).

[15] Rockwell Automation (2014). FactoryTalk View™. http://www.rockwellautomation.com (accessed 17 November 2014).

[16] Rockwell Automation, Inc. (2014). Allen-Bradley® Kinetix 5500 servo drive, Kinetix VPL servo motor and single-cable technology. http://ab.rockwellautomation.com/Motion-Control/Servo-Drives/Kinetix-Integrated -Motion-on-EIP/Kinetix-5500-Servo-Drive (accessed 17 November 2014).

[17] Rockwell Automation, Inc. (2014). ControlLogix® Control System. http://ab.rockwellautomation.com /Programmable-Controllers/ControlLogix (accessed 17 November 2014).

[18] Rockwell Automation, Inc. (2014). PowerFlex® 525 AC Drives. http://ab.rockwellautomation.com/drives /powerflex-525 (accessed 17 November 2014).

[19] Tronics America, Inc. (2014). Series 3 premier pressure sensitive labeling system. http://www.tronicsamerica .com/index.htm (accessed 25 October 2014).

[20] US Digital Corp. (2014). HD25 Industrial Rugged Metal Optical Encoder. http://www.usdigital.com (accessed 17 November 2014).

第 2 章　运动曲线

一个物体的运动遵循一条轨迹。在一台自动机械中，运动可以是沿一条直线的单轴运动。在一些更加复杂的场合中，比如 CNC 的切削刀具可能要求沿圆周运动，就要求多轴联动。

当一机械的轴被要求从点 A 移动到点 B 时，需要生成这两点间的连接轨迹。在运动控制中，这条轨迹也称为运动曲线。运动曲线应该可以将物体以一个平滑的加速从点 A 出发进入匀速运行状态，匀速运行一定时间以后，又以一个平滑的减速到达位置点 B 停止。

运动控制器以规则的时间区间为伺服控制系统的每台电机产生速度和位置指令，形成运动曲线。这时各伺服控制系统将调节它的电机沿期望曲线移动对应的轴。

本章首先回顾基本的运动学知识。然后介绍两种最常见的运动曲线，即梯形和 S 形速度曲线。本章还将讨论斜线和多轴联动的插补运动方法。

2.1   运动学基本概念

运动学在不考虑引发运动的力的情况下对运动进行研究。它研究时间、位置、速度和加速度之间的关系。研究机械的运动学不仅在计算运动曲线中需要，而且也有助于在机械设计过程中正确选择各轴对应的电机。

当一个轴坐标从点 A 运动到点 B 时，它的位置 $s(t)$ 的运动轨迹是时间的函数。速度 $v(t)$ 是给定时间区间内位置 $s(t)$ 的变化率。定义为：

$$v(t) = \mathrm{d}s/\mathrm{d}t$$

类似地，加速度 $a(t)$ 则是速度在一个给定时间区间中的变化率：

$$a(t) = \mathrm{d}v/\mathrm{d}t \tag{2-1}$$

这些方程也可以写为积分形式：

$$s = \int v(t)\mathrm{d}t \tag{2-2}$$

$$v = \int a(t)\mathrm{d}t \tag{2-3}$$

由于一个函数的积分是函数曲线在无穷小区间函数值的和，因此，它等于曲线下的面积。因此，由方程式（2-2）可知，t 时刻的位置就等于直到时刻 t 的速度曲线下的面积，如图 2-1 所示。

曲线上某一点的斜率可以通过微分得到。因此，由方程式（2-1）可知，加速度就是速度曲线的斜率，如图 2-1 所示。

运动曲线的几何规则如下。

（1）时刻 t 的位置等于速度曲线在直到时刻 t 时曲线下的面积。

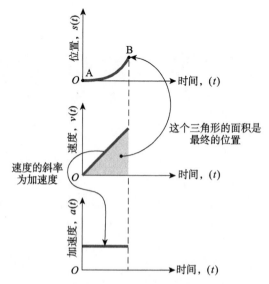

图 2-1   位置、速度、加速度之间的基本关系

（2）加速度是速度曲线的斜率。

对于更一般情况，根据方程式（2-2）和式（2-3），可得：

$$v = v_0 + a(t - t_0)$$

$$s = s_0 + v_0(t - t_0) + \frac{1}{2}a(t - t_0)^2 \tag{2-4}$$

式中：t_0 是初始时刻；v_0 是初始速度；s_0 是初始位置；加速度 a 是常数。

例 2.1.1

假定速度曲线如图 2-2 所示，求 $t = 5s$ 时的位置和加速度。

解：

速度曲线的斜率为加速度，因此

$$a = \frac{10}{5} = 2\mathrm{in/s^2}$$

速度曲线下直到 5s 处的三角形面积是 $t = 5s$ 时的位置，因此

$$s = \frac{1}{2} \times (10 \times 5) = 25\mathrm{in/s}$$

例 2.1.2

一轴坐标在 $t = 5s$ 时的运行速度是 10in/s。此时它开始减速，速度轨迹如图 2-3 所示。假定开始减速时位置在 25in 处，求停止它的位置。

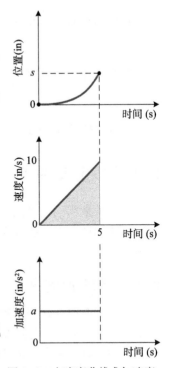

图 2-2　由速度曲线求加速度

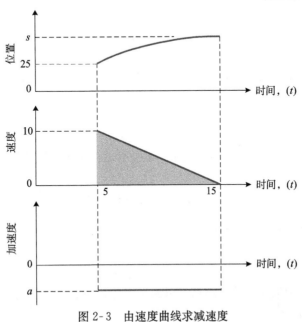

图 2-3　由速度曲线求减速度

⊖　1in（英寸）＝2.54cm。——编辑注

解：

速度曲线的斜率是加速度。在图示情况下，由于是减速运动，所以加速度为负值。因此

$$a = -\frac{10}{10} = -1\,\text{in/s}^2$$

到达停止位置的时间是 $t = 15\,\text{s}$，位置为速度曲线下的三角形面积，因此

$$\Delta s = \frac{1}{2} \times 10 \times (15 - 5) = 50\,\text{in}$$

该轴坐标移动 50in 后停止。由于它开始减速时位置在 25in，因此它停止时的位置为 75in。

2.2　常见运动曲线

有两种常用的运动曲线：梯形速度曲线和 S 形速度曲线。

由于梯形速度曲线非常简单，因此应用非常普遍，而 S 形速度曲线可以使运动更为平滑。

2.2.1　梯形速度曲线

梯形速度曲线和相应的加速度、位置轮廓曲线如图 2-4 所示。由图可知，加速度变化将引起曲线的突变，梯形曲线由于在速度曲线的转角加速度不连续，存在 4 个加速度变化极大的冲击点。整个运动曲线可以划分为 3 段：加速段、恒速段（零加速）和减速段。

为了移动一个机械轴，通常希望知道下列运动参数：

运动速度 v_m；

加速度 a；

轴坐标移动的距离 s。

通过确定移动速度和时长，期望的运动轨迹可以通过编程写入运动控制器。这时，程序将求出轴坐标移动距离 s 的指令。

1. 几何方法

为了计算移动时间 t_m，我们可以对图 2-4 所示运动应用几何法则，从速度曲线的斜率 $a = v_m/t_a$ 入手：

$$t_a = t_d = \frac{v_m}{a} \tag{2-5}$$

加速和减速的时间不必相等，不过它们常常是相等的。

总运动时间为：

$$t_{total} = t_a + t_m + t_d \tag{2-6}$$

应用几何法则，轴坐标运动的距离可以通过求速度曲线下的两个三角形面积和一个矩形面积得到（这里 $t_a = t_d$）：

$$L = \frac{t_a v_m}{2} + t_m v_m + \frac{t_d v_m}{2} = v_m (t_a + t_m)$$

匀速运动时间为：

$$t_{\mathrm{m}} = \frac{L}{v_{\mathrm{m}}} - t_{\mathrm{a}} \qquad (2\text{-}7)$$

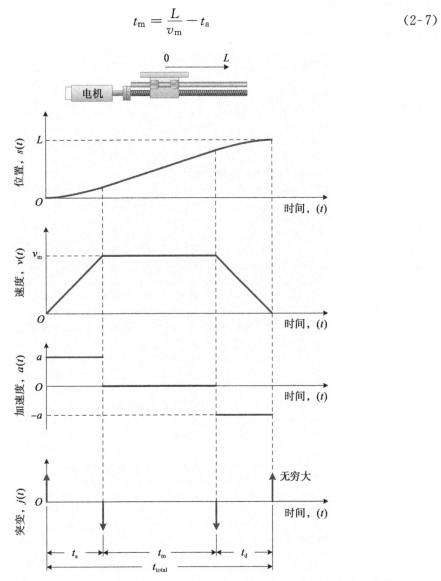

图 2-4　轴从位置 0 运动到 L 时的梯形速度曲线与相应位置、速度、加速度和突变曲线

2. 解析方法

应用式（2-4）运动控制器可以计算任意时刻的轴位置。由于运动由三个阶段构成，方程的计算需要使用各段正确的边界条件（t_0，v_0，s_0）。首先应用式（2-5）和式（2-7）算出运动时间。

梯形速度曲线的解析方法：

(1) 在 $0 \leqslant t \leqslant t_a$ 时段，有：

$$t_0 = 0, v_0 = 0, s_0 = 0$$

$$s(t) = \frac{1}{2}at^2 \qquad (2\text{-}8)$$

(2) 在 $t_a \leqslant t \leqslant (t_a + t_m)$ 时段，有：

$$t_0 = t_a, v_0 = v_m, s_0 = s_{(t_a)}, a = 0$$

$$s_{(t)} = s_{(t_a)} + v_m(t - t_a) \qquad (2\text{-}9)$$

这里 $s(t_a)$ 是从式（2-8）在 t_a 时刻求得的位置值。

(3) 在 $t_a + t_m \leqslant t \leqslant t_{total}$ 时段，有：

$$t_0 = t_a + t_m, v_0 = v_m, s_0 = s_{(t_a + t_m)}$$

$$s_{(t)} = s_{(t_a + t_m)} + v_m[t - (t_a + t_m)] - \frac{1}{2}a[t - (t_a + t_m)]^2$$

这里 $s_{(t_a + t_m)}$ 是由式（2-9）求得的 $t = t_a + t_m$ 时刻的位置。注意这里加速度为负值。

例 2.2.1

一台桥式机器人的 X 轴坐标要移动 10in，该轴允许的最大加速度为 $1in/s^2$。如果期望最大速度为 2in/s，完成本次移动需要耗费多少时间？

解：

由式（2-5），可求得加速时间为：

$$t_a = t_d = \frac{v_m}{a} = \frac{2}{1} = 2s$$

由式（2-7），有：

$$t_m = \frac{L}{v_m} - t_a = \frac{10}{2} - 2 = 3s$$

由式（2-6），总移动时间为：

$$t_{total} = t_a + t_m + t_d = 2 + 3 + 2 = 7s$$

速度曲线如图 2-5 所示。

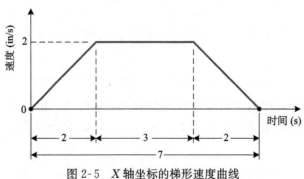

图 2-5 X 轴坐标的梯形速度曲线

例 2.2.2

给定速度曲线如图 2-6 所示，应用 2.1 节所述的运动曲线几何方法计算 s_A，s_B，s_C。

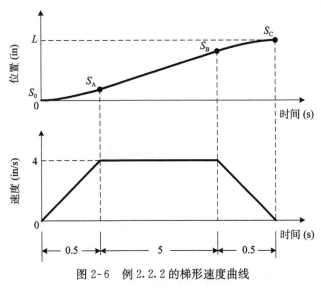

图 2-6　例 2.2.2 的梯形速度曲线

解：

s_A 可由速度曲线下的三角形面积求得：

$$s_A = \frac{1}{2} \times 4 \times 0.5 = 1 \text{in}$$

s_B 是直到点 B 速度曲线下的面积。它等于左边三角形面积加上矩形的面积，即

$$s_B = s_A + 4 \times 5 = \frac{1}{2} \times 4 \times 0.5 + 4 \times 5 = 21 \text{in}$$

s_C 是直到点 C 速度曲线下的总面积。它等于两个三角形面积加上矩形的面积，即

$$s_B = 2 \times \left(\frac{1}{2} \times 4 \times 0.5 \right) + 4 \times 5 = 22 \text{in}$$

例 2.2.3

给定速度曲线同例 2.2.2，应用 2.2.1 节介绍的解析方法计算 s_A，s_B，s_C。

解：

由速度曲线可算出加速度为：

$$a = 4/0.5 = 8 \text{in/s}^2$$

（1）加速段（$0 \leqslant t \leqslant 0.5$）。

在这段运动中，$t_0 = 0$，$s_0 = 0$，$v_0 = 0$，$a = 8$，因此

$$s(t) = \frac{1}{2} a \, (t - t_0)^2$$

$$s_A = \frac{1}{2} \times 8 \times 0.5^2 = 1 \text{in}$$

（2）恒速段（$0.5 \leqslant t \leqslant 5.5$）。

在这段运动中，$t_0 = 0.5$，$s_0 = s_A$，$v_0 = v_A$，$a = 0$，因此

$$s(t) = s_A + v_A(t - t_0) + \frac{1}{2}a\ (t - t_0)^2 = 1 + 4 \times (t - 0.5) - \frac{1}{2} \times 0 \times (t - 0.5)^2$$

$$s_B = 1 + 4 \times (5.5 - 0.5) = 21\text{in}$$

（3）减速段（$5.5 \leqslant t \leqslant 6$）。

在这段运动中，$t_0 = 5.5$，$s_0 = s_B$，$v_0 = v_B$，$a = -8$，因此

$$s(t) = s_B + v_B(t - t_0) + \frac{1}{2}a\ (t - t_0)^2$$

$$= 21 + 4 \times (t - 5.5) - \frac{1}{2} \times 8 \times (t - 5.5)^2$$

$$s_C = 21 + 4 \times (6 - 5.5) - \frac{1}{2} \times 8 \times (6 - 5.5)^2 = 22\text{in}$$

例 2.2.4

给定对称三角形速度曲线如图 2-7 所示。求最大速度和加速度。

解：

应用几何方法（速度曲线下的面积），我们可以求得总的移动距离为：

$$s_B = \frac{1}{2}v_{\max} \times \frac{t}{2} + \frac{1}{2}v_{\max} \times \frac{t}{2} = \frac{1}{2}v_{\max} \times t$$

于是

$$v_{\max} = \frac{2s_B}{t}$$

$$a = \frac{2v_{\max}}{t}$$

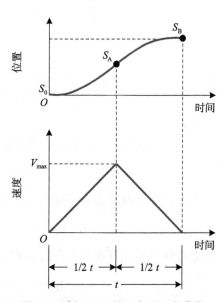

2.2.2　S 形速度曲线

对计算机来说，梯形曲线比较简单，但它有一个

图 2-7　例 2.2.4 的三角形速度曲线

很大的缺点。梯形的尖角会导致加速度的不连续，这将对系统引发无穷大（或实际上为极大）的冲击。

为了使加速度平滑连续，可将速度曲线的尖角圆滑处理为 S 形，如图 2-8 所示。圆角采用二次抛物线构造，这种重新构造的速度曲线在加速度的正、零、负各段之间转换时是平滑的。与梯形速度曲线不同，加速度不再是常数，并且，加减速时产生的冲击也不是无穷大了。只要冲击有限，就不会突然使负载振动而破坏平滑的周期运行[2]，电机电流、力或转矩突然变化的要求被消除。此外，减小了运动的高频振荡。因此，采用 S 形曲线可增加电机的使用寿命，提升系统的精度。

如图 2-8 所示，这种速度曲线含有 7 个不同区间。其中 4 段用二次方程表达，剩余 3 段是斜率为正、零、负的直线。如果不看直线段，一条纯 S 形速度曲线如图 2-9 所示。纯

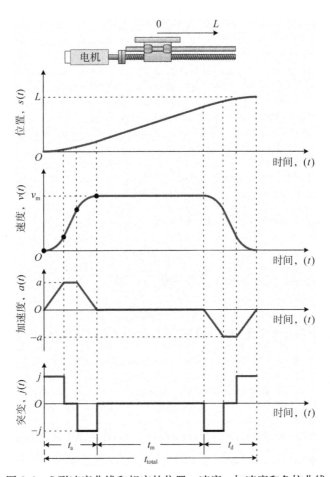

图 2-8　S 形速度曲线和相应的位置、速度、加速度和急拉曲线

S 形速度曲线由两段二次曲线组成，如图 2-9 中曲线 A、B。每段可用下面方程表示[3]：

$$v(t) = C_1 t^2 + C_2 t + C_3 \tag{2-10}$$

式中，C_1、C_2、C_3 是由边界条件决定的系数。

（1）曲线 A。

对于 A 段，边界条件可定义为：

$$v(0) = 0 \tag{2-11}$$

$$a(0) = \frac{\mathrm{d}v}{\mathrm{d}t} = 0 \tag{2-12}$$

$$v\left(\frac{t_a}{2}\right) = \frac{v_m}{2} \tag{2-13}$$

$$a\left(\frac{t_a}{2}\right) = a \tag{2-14}$$

由式（2-10）、式（2-11）可得，$C_3 = 0$。类似，对式（2-10）微分并应用式（2-12）可知，$C_2 = 0$。这样，曲线 A 的方程为：

$$v_{\mathrm{m}} = \frac{1}{2}C_1 t_a^2$$

或

$$C_1 = \frac{2v_{\mathrm{m}}}{t_a^2} \qquad (2\text{-}15)$$

通过对曲线 A 的方程微分和式 (2-14) 可得最大加速度为:

$$a = C_1 t_a \qquad (2\text{-}16)$$

从式 (2-16) 解出 t_a 代入式 (2-15),可得:

$$C_1 = \frac{a^2}{2v_{\mathrm{m}}} \qquad (2\text{-}17)$$

于是,对于 $0 \leqslant t \leqslant \frac{t_a}{2}$ 段,曲线 A 的方程为:

$$v(t) = \frac{a^2}{2v_{\mathrm{m}}}t^2 \qquad (2\text{-}18)$$

式 (2-18) 的积分就是沿速度曲线 A 移动的距离,即

$$s_{\mathrm{A}}(t) = \frac{a^2 t^3}{6v_{\mathrm{m}}} \qquad (2\text{-}19)$$

此处假定运动开始时的初始位置为 0。从式 (2-16) 解出 C_1 代入式 (2-15),可以求得加速时间为:

$$t_a = \frac{2v_{\mathrm{m}}}{a}$$

(2) 曲线 B。

对于 B 段,方程有效区间为 $\frac{t_a}{2} < t \leqslant t_a$。如果令 A 段终点速度为 v_{A},并在时间 t 加上当前速度 $v(t)$,可立即得到 $t = t_a$ 时的 v_{m}。用这个方法,可以得到:

$$v_{\mathrm{m}} = v_{\mathrm{A}} + v(t)$$

$$v_{\mathrm{m}} = \frac{a^2}{2v_{\mathrm{m}}}(t_a - t)^2 + v(t)$$

这样,曲线 B 的方程为:

$$v(t) = v_{\mathrm{m}} - \frac{a^2}{2v_{\mathrm{m}}}(t_a - t)^2 \qquad (2\text{-}20)$$

对式 (2-20) 积分即可得到沿速度曲线 B 移动的距离:

$$s_{\mathrm{B}}(t) = s_{\mathrm{A}}(t)\Big|_0^{t_a/2} + \int_{t_a/2}^{t_a} (v_{\mathrm{m}} - C_1(t^2 - 2t_a t + t_a^2))\mathrm{d}t \qquad (2\text{-}21)$$

式中,系数 C_1 由式 (2-17) 决定;第一项是曲线 B 的初始位置,可由式 (2-19) 令 $t = t_a/2$ 得到。

S 形速度曲线 (见图 2-9) 的数学描述:

$$t_a = \frac{2v_{\mathrm{m}}}{a}$$

$$C_1 = \frac{a^2}{2v_m}$$

对于曲线 A$\left(0 \leqslant t \leqslant \frac{t_a}{2}\right)$，有：

$$s_A(t) = C_1 \frac{t^3}{3}$$

$$v_A(t) = C_1 t^2$$

$$a_A(t) = 2C_1 t$$

对于曲线 B$\left(\frac{t_a}{2} < t \leqslant t_a\right)$，有：

$$s_B(t) = C_1 \frac{t_a^3}{24} + v_m(t - t_a) - C_1 \left\{ t_a^2 \left(t - \frac{t_a}{2} \right) - t_a \left(t^2 - \left(\frac{t_a}{2} \right)^2 \right) + \frac{1}{3} \left(t^3 - \left(\frac{t_a}{2} \right)^3 \right) \right\}$$

$$v_B(t) = v_m - C_1 (t_a - t)^2$$

$$a_B(t) = 2C_1 (t_a - t)$$

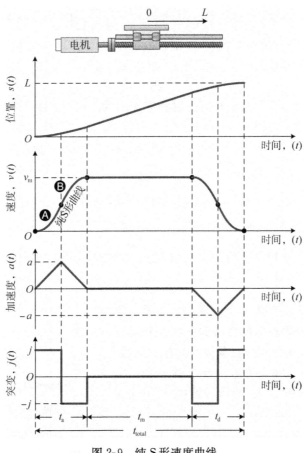

图 2-9　纯 S 形速度曲线

例 2.2.5

一个机械的轴可采用纯 S 形速度曲线运动。假定期望运动速度为 $v_\mathrm{m}=10\mathrm{in/s}$，加速度为 $a=5\mathrm{in/s^2}$，求 S 形速度曲线在曲线 A 段和曲线 B 段的速度和加速度方程。

解：

加速时间为：

$$t_\mathrm{a} = 2\frac{v_\mathrm{m}}{a} = \frac{2\times 10}{5} = 4\mathrm{s}$$

对于 $0 \leqslant t \leqslant \frac{t_\mathrm{a}}{2}$ 段，由式（2-18）计算曲线 A：

$$v(t) = \frac{a^2}{2v_\mathrm{m}}t^2 = \frac{5^2}{2\times 10}t^2 = 1.25t^2$$

对上式微分可得：

$$a(t) = 2\times 1.25t = 2.5t$$

对于 $\frac{t_\mathrm{a}}{2} < t \leqslant t_\mathrm{a}$ 段，由式（2-20）计算曲线 B：

$$v(t) = v_\mathrm{m} - \frac{a^2}{2v_\mathrm{m}}(t_\mathrm{a}-t)^2 = 10 - \frac{5^2}{2\times 10}(t^2 - 8t + 16)$$

$$= 10 - 1.25(t^2 - 8t + 16)$$

对上式微分可得：

$$a(t) = 1.25 \times (8 - 2t)$$

将这些公式运用 Matlab 工具可以得到速度和加速度的曲线，如图 2-10 所示。

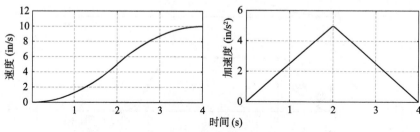

图 2-10 例 2.2.5 中的纯 S 形速度和加速度曲线

例 2.2.6

通常使用编码器来测量轴的位置，它在轴移动时产生脉冲。脉冲的数量与轴的位移成正比。这些脉冲由运动控制器计数以保持对轴位置的移动轨迹的跟踪。因此，通常运动曲线采用脉冲数（cts）来编程。如果给定 S 形速度曲线如图 2-11 所示，轴在 $t=100\mathrm{ms}$ 时的位置是多少？

解：

已知：

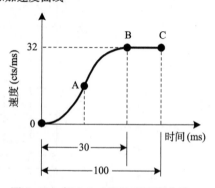

图 2-11 例 2.2.6 的 S 形速度曲线

$$t_a = \frac{2v_m}{a}$$

解出 a：

$$a = \frac{2 \times 32}{30} = 2.133 \text{cts/ms}^2$$

在区间 $\left(0 \leqslant t \leqslant \dfrac{t_a}{2}\right)$ 走过的距离为：

$$s_{OA} = C_1 \frac{t^3}{3}$$

这里 $C_1 = a^2 / (2v_m)$，代入已知可得 $C_1 = 0.071$，在 $t = 15$ 时，$s_{OA} = 80 \text{cts}$。

在区间 $\left(\dfrac{t_a}{2} < t \leqslant t_a\right)$ 走过的距离为：

$$s_{OB} = C_1 \frac{t_a^3}{24} + v_m\left(t - \frac{t_a}{2}\right) - C_1\left\{t_a^2\left(t - \frac{t_a}{2}\right) - t_a\left(t^2 - \left(\frac{t_a}{2}\right)^2\right) + \frac{1}{3}\left(t^3 - \left(\frac{t_a}{2}\right)^3\right)\right\}$$

代入 $C_1 = 0.071$，$t_a = 30$，$t = 30$，$v_m = 32$，可以得到 $s_{OB} = 480 \text{cts}$。

从点 B 到点 C 的位移可以通过速度曲线下的矩形面积得到：

$$s_{BC} = 32 \times (100 - 30) = 2240 \text{cts}$$

最后，从坐标 O 点到 C 点的位移为：

$$s_{OC} = 480 + 2240 = 2720 \text{cts}$$

2.3　多轴运动

数控机床常要求各轴联动来完成某项任务。例如，一台数控铣床有一个两轴工作台和一个垂直的 Z 轴铣切削刀具。工作台的两轴联动可以实现对工件的圆弧加工，三坐标联动则可以实现三维（3D）切削。

我们可以有三种方式来移动机床的轴：

（1）每次移动一个轴；

（2）所有轴同时开始移动（摆转运动）；

（3）所有轴同时开始移动并调节使它们同时停止（插补运动）。

2.3.1　摆转运动

在摆转运动中，所有轴同时用同样的速度开始运动，但各轴完成运动的时间通常是不相同的。

例 2.3.1

如图 2-12 所示，如果两轴采用梯形速度曲线运动，加减速时间 $t_a = 0.2 \text{s}$，最大移动速度为 4in/s，求各轴完成摆转运动所需要的时间。

解：

X 轴的运动参数为：$t_a = 0.2 \text{s}$，$L = 16 \text{in}$，$v_x = 4 \text{in/s}$。运用式（2-7），可算得该轴的运

动时间为：

$$t_{mx} = \frac{L}{v_m} - t_a = \frac{16}{4} - 0.2 = 3.8s$$

X 轴完成全部运动的时间为：

$$t_{totalx} = t_{mx} + 2t_a = 4.2s$$

类似地，对于 Y 轴，有：

$$t_{my} = \frac{L}{v_m} - t_a = \frac{12}{4} - 0.2 = 2.8s$$

Y 轴完成全部运动的时间为：

$$t_{totaly} = t_{my} + 2t_a = 3.2s$$

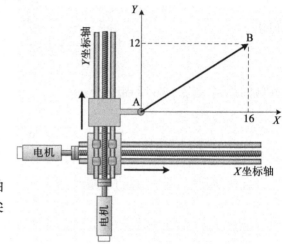

图 2-12　例 2.3.1 的数控机床（顶视）

因此，虽然两个轴同时开始运动，Y 轴比 X 轴早 1s 完成它的移动，结果，刀具尖走的轨迹将不会是图 2-12 所示的直线。

2.3.2　插补运动

在这种模式中，轴的运动通过控制器实现联动。例如，通过二维（2D）平面中两个电机的联动，直线和圆弧插补可以分别产生直线和圆弧段。另一种插补称为轮廓插补，它对参与联动的轴和运动曲线没有限制，允许产生任何任意的三维空间轨迹。

在插补运动中，原来那些较快完成运动的轴被控制器减慢，这样它们将和原来要花最长时间完成运动的那个轴同时完成运动。为了实现这一目标，有两种方法：

（1）保持加速时间 t_a 和最长运动时间轴一致，减慢较快轴坐标来完成它们的运动；

（2）保持加速度 a 和最长运动时间轴一致，减慢各较快轴坐标来完成它们的运动。

例 2.3.2

为了使例 2.3.1 中刀尖在点 A 和点 B 间的轨迹为直线，我们可以通过控制器插补实现。这时，原来运动时间较长的 X 轴坐标仍然保持原来的运动，减慢 Y，使它们的运动同时完成。

已知 $v_x = 4in/s$，$t_a = 0.2s$，如果保持两轴坐标的加速时间 t_a 不变，Y 轴坐标新的速度 v_y 多少才能使两坐标同时完成它们的运动？

解：

由例 2.3.1，我们已经求得 X 轴坐标完成运动需要 4.2s，因此 Y 轴坐标的总运动时间也应为 $t_{totaly} = 4.2s$。由于 $t_{totaly} = t_{my} + 2t_a$，所以 $t_{my} = 3.8s$。由式（2-7），得：

$$v_y = \frac{L}{(t_m + t_a)} = \frac{12}{3.8 + 0.2} = 3in/s$$

由于 t_a 很小，由此形成的 AB 间的轨迹与直线误差也是非常小的。

习题

1. 某直线轴坐标，从静止位置 0 开始以加速度 $2in/s^2$ 开始运动，求 5s 后轴坐标的位置。

2. 某电机轴的转速为 120rpm（应为 r/min（转/分钟）），如果它以 2s 减速到 0 停止，减速期间轴将旋转多少转？

3. 给定速度曲线如图 2-13 所示。用几何方法求 s_A、s_B、s_C。

4. 给定速度曲线同习题 3。对曲线各段运用式（2-4）计算 s_A、s_B、s_C。

5. 在某运动控制应用中，轴坐标需要以速度 2in/s 和加速度 4in/s^2 移动 10in。编程输入到运动控制器以毫秒（ms）为单位的 t_a 和 t_m 各是多少？

6. 给定速度曲线如图 2-14 所示，其中各段时间相等。推出以时间 t 和 s_C 为函数的 v_m 表达式。

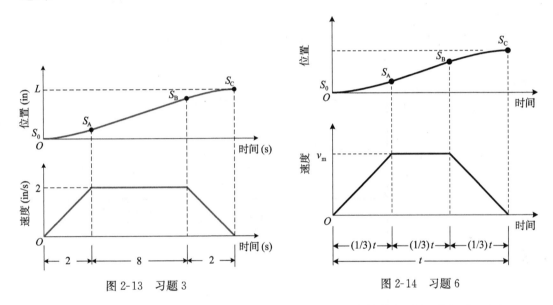

图 2-13　习题 3　　　　　　　　图 2-14　习题 6

7. 在图 2-15a 所示的运动控制应用中，夹辊馈送长木板以将其剪切成相等长度。图 2-15b 所示的是驱动剪切直线轴坐标一个加工周期的速度曲线。切剪在传送带上方一个悬停位置等待。当它得到一个来自控制器的信号时，加速到与传送带速度匹配的速度（恒速段）。在此期间，切剪缩进并下落进行剪切。完成后，轴坐标减速到零并返回悬停位置。求需编程输入控制器的返回速度 v_{ret}。

8. 运动控制器使用脉冲数（cts）表示位置。图 2-16 所示的电机所用编码器参数为 8000cts/rev（rev 应为 r（转））。滚珠丝杠螺距为 10mm/rev。运动要求直线轴坐标的载荷以加速度 10in/s^2 和速度 4in/s 前进 16in。计算以下列量纲表示的运动参数：速度 cts/ms，距离 cts，加速度 cts/ms^2 和移动时间（恒速运动时间）ms。

9. 给定 S 形速度曲线如图 2-17 所示。使用 Excel 分别画出轴坐标的速度和加速度运动轨迹。

10. 一台 XYZ 起重机器人的 X 轴坐标准备采用 S 形速度曲线以 $v_m=10$in/s 的速度和 $a=5$in/s^2 的加速度运行总共 10s 时间。使用 Matlab 计算和绘制运动的轨迹、速度和加速度，对加速、最大速度和减速区各采用 100 的时间步数。

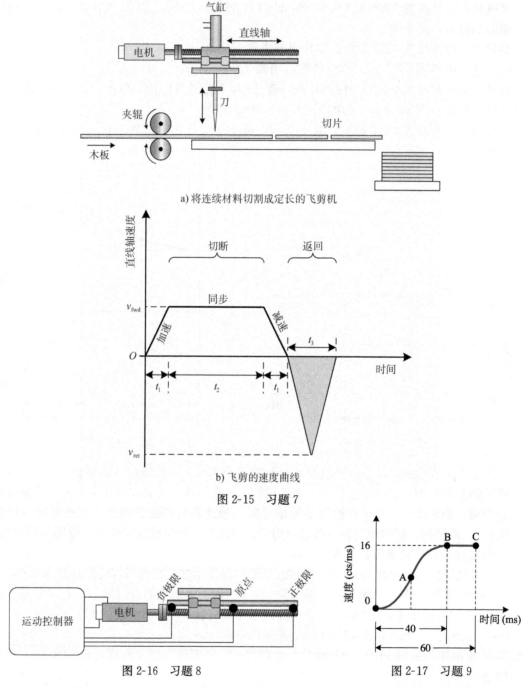

a) 将连续材料切割成定长的飞剪机

b) 飞剪的速度曲线

图 2-15　习题 7

图 2-16　习题 8

图 2-17　习题 9

11. 两段不同速度（v_1，v_2）的连续运动曲线如图 2-18 所示。运动控制器可以协调这个运动，使速度变化变得平滑。求图 2-18 所示点 A 和点 B 之间协调速度段的方程和加速度 a_1，a_2，a_3。

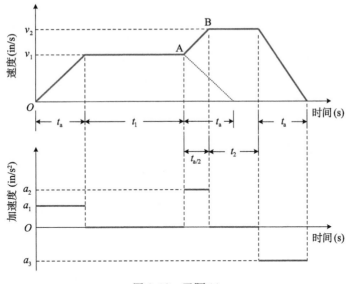

图 2-18　习题 11

12. 写一个 Matlab 函数，计算和绘制梯形速度曲线和相应的位置和加速度曲线。函数应取 v_m、t_a、t_m 作为期望运动的输入参数，它应当可以计算和以 $[t\ s\ v\ a]$ 格式返回时间、位置、速度和加速度。Matlab 函数应该具有下面的格式：

```
function [t s v a] = TrapVelwithTM(Vm, ta, tm);
```

在 Matlab 提示符下，以 $v_m=2\text{in/s}$，$t_a=2\text{s}$，$t_m=8\text{s}$ 为输入，调用自己编写的函数，并验证产生的图形。

13. 在例 2.3.2 中，展示了控制器的插补能力。控制器通过减慢 Y 轴坐标的速度使 X 轴坐标和 Y 轴坐标同时完成它们的运动。Y 轴坐标的新速度是在保持两轴加速时间一致条件下得到的。另一种方法是保持两轴加速度一致来减慢较快的轴坐标。现给定 $v_x=4\text{in/s}$，$t_a=0.2\text{s}$，要求两坐标具有相同的加速度并同时完成运动，求 Y 轴坐标的新速度 v_y。

参考文献

[1] Application Note, Flying Shear (AN00116-003). Technical Report, ABB Corp., 2012.

[2] Delta Tau Data Systems Inc. *Application Note: Benefits of Using the S-curve Acceleration Component*, 2006.

[3] Hugh Jack (2013). Engineer On A Disk. http://claymore.engineer.gvsu.edu/~jackh/books/model/chapters/motion.pdf (accessed 5 August 2013).

[4] Chuck Lewin. *Mathematics of Motion Control Profiles*. PMD, 2007.

第 3 章　传动链设计

运动控制系统使用机械部件从执行器向负载（或刀具）传递运动。典型的设计问题是需要选择适当的电机和传动机构（如带传动或齿轮箱传动）使负载能够完成期望曲线的运动。通常在交互过程结束时可以解决该问题。电机和传动机构一起称为传动链（见图 3-1）。

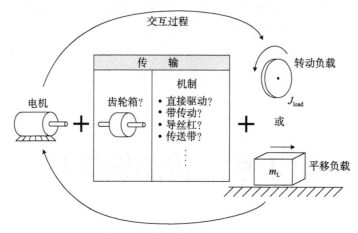

图 3-1　交互传动链设计过程

我们可能会遇到四类设计问题，如表 3-1 所示。然而，最常遇到的是第一类，即在期望的负载运动明确之后，需要选择电机和传动机构。设计过程的主要目标如下：

（1）保证从电机（在最大负载速度下）获得的转矩大于应用要求转矩的安全区域；

（2）保证电机与负载之间满足合理的惯量关系；

（3）满足所有其他条件（成本、精度、刚度、周期时间等）。

表 3-1　驱动链设计问题的类型

类型	给定条件	确认/大小
1	期望的负载运动	传动机构和电机
2	已有电机和传动机构	可实现的负载运动
3	已有电机，期望的负载运动	传动机构
4	期望的负载运动，传动机构	电机

电机选择在工业运动控制中常称为"电机尺寸"。电机尺寸涉及电机的功率和转矩。电机尺寸过大会增加系统成本并使系统响应变慢，这是因为大部分能量都将会花在对电机惯量的加速上。电机过小又不能向负载运动提供所需的能量，在某些情况下，即使勉强可以满足负载运动要求，也会因为过热而缩短寿命。

本章从介绍惯量和转矩折算的概念开始，然后，介绍惯量比的概念。接下来深入讨论 5 种传动机构的传动比、惯量和转矩折算。分析期望负载运动所要求转矩对电机尺寸的要求。在介绍三相交流伺服电机和感应电机机械特性之后，介绍直接驱动和传动机构轴坐标驱动的电机选择步骤。此外，还将介绍用于伺服电机的行星伺服减速器和矢量控制感应电机的蜗杆齿轮减速器。最后介绍电机、齿轮箱和传动机构的选择步骤。

3.1　惯量和转矩折算

质量惯性矩 $J^{\ominus}$ 是物体的一种属性。它将物体质量和形状合为一个单一的量。本书中，用惯量作为简称，代表质量惯性矩。

惯量定义为物体对围绕一个旋转轴产生角加速度变化的阻抗。换句话说，惯量阻碍运动的变化。在旋转动力学中，牛顿第二定律为：

$$\sum T = J\alpha \tag{3-1}$$

式中：T 为转矩；α 为角加速度。将它与牛顿第二定律的传统形式（$\sum F = ma$）比较，我们可以明白旋转运动中的惯量与直线运动中的质量等价。基于这个类比，旋转与平移的质量在驱动链设计中都简单视作惯量处理。

3.1.1　齿轮箱比

齿轮箱比定义为

$$N_{GB} = \frac{\text{电机速度}}{\text{负载速度}} \tag{3-2}$$

通常用符号如 5：1 表示齿轮箱比。它意味着 $N_{GB} = 5$，表示电机的速度是负载速度的 5 倍。除了轴速，其他参数也可用于确定齿轮箱比。

1. 切线速度

对图 3-2 所示齿轮的啮合点，可写出切线速度为：

$$v_{tangential} = \omega_m r_m = \omega_1 r_1$$

式中：ω_m 是电机齿轮（或轴）以 rad/s 为量纲的速度；ω_1 是负载齿轮（或轴）以 rad/s 为量纲的速度；r_m，r_1 分别为电机和负载齿轮节圆（分度圆）半径，量纲为 in（英寸）或 mm（毫米）。方程可改写为：

$$\frac{\omega_m}{\omega_1} = \frac{r_1}{r_m} \tag{3-3}$$

或者，由式（3-2）和式（3-3），可改写为：

$$N_{GB} = \frac{\omega_m}{\omega_1} = \frac{r_1}{r_m} \tag{3-4}$$

2. 齿轮的齿数

另一种推导齿轮比的方法是使用每个齿轮的齿数。齿轮的齿数正比于它的大小（直径或半径）。例如，如果两个啮合的齿轮一个比另一个大，大的齿轮将拥有更多的齿。因此：

$$\frac{n_1}{n_m} = \frac{r_1}{r_m}$$

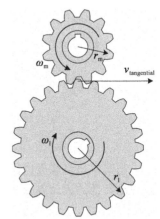

图 3-2　齿轮的啮合

式中：n_l、n_m 分别是负载和电机齿轮的齿数。

这样，式（3-4）又可以表示为：

$$N_{GB} = \frac{\omega_m}{\omega_l} = \frac{r_l}{r_m} = \frac{n_l}{n_m} \qquad (3-5)$$

3. 转矩

还有另外一种决定齿轮比的方法，就是使用齿轮驱动输入和输出轴上的转矩。假定效率是 100%，通过齿轮传递的功率 P 为常数，则有：

$$P = T_m \omega_m = T_l \omega_l \qquad (3-6)$$

或

$$\frac{\omega_m}{\omega_l} = \frac{T_l}{T_m}$$

式中：T_l，T_m 分别为负载齿轮（或轴）上转矩和电机齿轮（或轴）上转矩。这样，式（3-5）可变为：

$$N_{GB} = \frac{\omega_m}{\omega_l} = \frac{r_l}{r_m} = \frac{n_l}{n_m} = \frac{T_l}{T_m} \qquad (3-7)$$

3.1.2 惯量折算

当负载通过齿轮箱耦合到电机时，从电机侧所看到（或感觉到）的惯量与直接耦合的是不同的。对于图 3-3a 所示的直接耦合方式，负载的运动方程可以简单表示为：

$$T_m = J_{load} \frac{d^2 \theta_m}{dt^2}$$

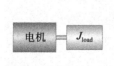

a) 负载直接耦合到电机   b) 负载通过齿轮箱耦合到电机

图 3-3 惯量折算

当同样的负载通过齿轮箱耦合到电机时，如图 3-3b 所示，忽略齿轮惯量，则我们可以写出负载的运动方程为：

$$T_l = J_{load} \frac{d^2 \theta_l}{dt^2}$$

式中：T_l 是电机通过齿轮箱传递到负载的转矩；$\frac{d^2 \theta_l}{dt^2}$ 是负载轴的角加速度。运用式（3-7），得：

$$\frac{r_l}{r_m} T_m = J_{load} \frac{d^2 \theta_l}{dt^2} \qquad (3-8)$$

齿轮组旋转时，沿各齿圆周走过的距离是相同的，即

$$r_l \theta_l = r_m \theta_m$$

如果对上式两边微分两次，则有：

$$r_1 \frac{\mathrm{d}^2 \theta_1}{\mathrm{d}t^2} = r_\mathrm{m} \frac{\mathrm{d}^2 \theta_\mathrm{m}}{\mathrm{d}t^2} \tag{3-9}$$

从式（3-9）解出$\frac{\mathrm{d}^2 \theta_1}{\mathrm{d}t^2}$代入式（3-8），可得：

$$\frac{r_1}{r_\mathrm{m}} T_\mathrm{m} = J_\mathrm{load} \frac{r_\mathrm{m}}{r_1} \frac{\mathrm{d}^2 \theta_\mathrm{m}}{\mathrm{d}t^2}$$

或

$$T_\mathrm{m} = J_\mathrm{load} \left(\frac{r_\mathrm{m}}{r_1}\right)^2 \frac{\mathrm{d}^2 \theta_\mathrm{m}}{\mathrm{d}t^2} = J_\mathrm{load} \frac{1}{N_\mathrm{GB}^2} \frac{\mathrm{d}^2 \theta_\mathrm{m}}{\mathrm{d}t^2} \tag{3-10}$$

与式（3-1）比较，我们可以看出，式（3-10）是应用于电机轴的牛顿第二定律。因此，$\frac{\mathrm{d}^2 \theta_\mathrm{m}}{\mathrm{d}t^2}$前面的项应该就是通过齿轮折算到电机的负载惯量：

$$J_\mathrm{ref} = \frac{J_\mathrm{load}}{N_\mathrm{GB}^2} \tag{3-11}$$

变速机件，如齿轮或带轮，可以依照这种关系将负载惯量折算到电机侧。

3.1.3　转矩折算

通过式（3-6），我们可以写出：

$$T_\mathrm{m} = \frac{\omega_1}{\omega_\mathrm{m}} T_1 = \frac{T_1}{N_\mathrm{GB}} \tag{3-12}$$

注意，与惯量折算不同，齿轮比N_GB没有平方。变速机件也依此将转矩折算到电机侧。

3.1.4　效率

式（3-11）和式（3-12）适用于没有能量损耗的理想传动机构。换句话说，就是机构的效率是100%。然而，实际的齿轮传动，效率总是低于100%的，因为摩擦和发热会造成一些输入功率的损失。传动机构的效率η定义为输出、输入功率的比：

$$\eta = \frac{P_\mathrm{output}}{P_\mathrm{input}} \tag{3-13}$$

从式（3-6）和式（3-13），有：

$$T_1 \omega_1 = \eta T_\mathrm{m} \omega_\mathrm{m}$$

这样，考虑效率时，式（3-12）变为：

$$T_\mathrm{m} = \frac{T_1}{\eta N_\mathrm{GB}} \tag{3-14}$$

类似式，考虑效率时，式（3-11）变为：

$$J_\mathrm{ref} = \frac{J_\mathrm{load}}{\eta N_\mathrm{GB}^2} \tag{3-15}$$

在设计运动控制系统时，一种方法是先假定效率为100%，使用式（3-11）和式（3-12）

进行计算，最后在确定执行器尺寸时再采用一个安全因子来考虑能量损失的影响。另外一种方法是用式（3-14）和式（3-15），计算时就考虑效率的影响。也有一些制造商手册中，采用式（3-11）和式（3-14）进行计算。

3.1.5 总惯量

在轴设计中，如果采用齿轮箱或传动机构（如带轮），将会有部分惯量加在电机轴上，另部分惯量加在负载轴上，此外还有电机（转子）的惯量 J_m。

通常妥善考虑系统所有惯量的方法是将所有惯量折算到电机轴上。这时，电机轴上的总惯量组成为：

$$J_{total} = J_m + J_{om} + J_{ref} \tag{3-16}$$

式中：J_{om} 是直接加在电机轴上的总外加惯量；J_{ref} 为折算到电机轴上的总惯量。

例 3.1.1

给定系统如图 3-4 所示，求电机轴上的等效总惯量。

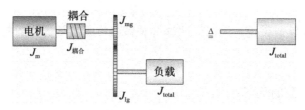

图 3-4　经过齿轮箱的惯量折算与等价系统

解：

总惯量由式（3-16）决定。在这个系统中，齿轮惯量需要考虑。耦合惯量和电机齿轮惯量在电机轴上，因此：

$$J_{om} = J_{coupling} + J_{mg}$$

负载惯量和负载齿轮惯量在负载轴上，在加其他惯量前必须用式（3-15）将它们折算到电机轴上，即

$$J_{ref} = \frac{1}{\eta N_{GB}^2}\left[J_{lg} + J_{load}\right] \tag{3-17}$$

因此，电机轴上的总惯量为：

$$J_{total} = J_m + J_{coupling} + J_{mg} + \frac{1}{\eta N_{GB}^2}\left[J_{lg} + J_{load}\right] \tag{3-18}$$

在这个例子中，我们忽略了轴的惯量。如果需要，也可以把它包括在计算中。

我们可以把图 3-4 所示系统用原理示意图的形式画出，如图 3-5 所示。将它与式（3-18）比较，可以看到，图 3-4 所示元素与方程各项是一一对应的。注意在齿轮箱的输出侧（2号轴）总惯量要通过乘法器 $\frac{1}{\eta N_{GB}}$ 折算到齿轮箱的输入侧（1号轴），乘法器在图中用齿轮箱表示。

图 3-5　图 3-4 所示系统的另一种原理图

3.2　惯量比

惯量比 J_R 定义为：

$$J_R = \frac{J_{om} + J_{ref}}{J_m}$$

式中：分子为所有外加到电机上的惯量和。因此，惯量比是电机必须拖动的总负载惯量和电机自身惯量之比。

在例 3.1.1 中的系统，负载仅通过一个齿轮箱连接到电机上。从式（3-17）、式（3-18）可以看出，电机和负载齿轮的惯量 J_{mg}、J_{lg} 分别出现在 J_{om} 和 J_{ref} 中。在像这样的一个简单齿轮箱中，计算各齿轮的惯量和正确求出它们的惯量比是容易的。然而，通常商业化的齿轮箱是根据系统设计手册选择的，在这种情况下，齿轮箱的内部设计细节未知，正确计算惯量比比较困难。幸而，齿轮箱制造商提供了齿轮箱惯量作为齿轮箱折算到输入轴（电机轴）上的惯量。这样，惯量比可以通过下式得到：

$$J_R = \frac{J_{om} + J_{load \to M} + J_{GB \to M}}{J_m} \tag{3-19}$$

式中：$J_{GB \to M}$ 是齿轮箱折算到它的输入轴（电机轴）上的惯量；J_m 是电机的惯量；$J_{load \to M}$ 是折算到电机轴上的负载惯量。

例 3.2.1

图 3-6 所示系统采用了一个 Apex Dynamics 公司生产的 PN023 齿轮箱。它的齿轮比为 5∶1，折算到输入侧的惯量为 0.15kg·cm²，效率为 97%。电机是 Allied 电机技术公司生产的昆腾 QB02301 NEMA 23 号伺服电机，它的转子惯量为 1.5×10^{-5}kg·m²。如果负载惯量是 1.0×10^{-4}kg·m²，求惯量比。

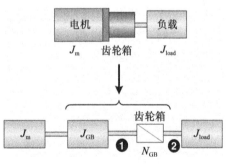

图 3-6　经齿轮箱的惯量折算

解：

这个系统的原理图如图 3-6 所示，由于厂商已经给出了折算到电机侧的齿轮箱惯量，原理图将它画在电机轴上。折算到电机轴上的负载惯量为：

$$J_{load \to M} = \frac{J_{load}}{\eta N_{GB}^2} = \frac{10 \times 10^{-4}}{0.97 \times 5^2} = 4.124 \times 10^{-5}\text{kg·m}^2$$

由式（3-19），可求得惯量比为：

$$J_R = \frac{J_{om} + J_{load \to M} + J_{GB \to M}}{J_m} = \frac{4.124 \times 10^{-5} + 0.15 \times 10^{-4}}{1.5 \times 10^{-5}} = 3.75$$

式中：由于电机轴上没有其他惯量（忽略不计）$J_{om}=0$。

惯量比经验公式

设计者要求必须对应用的性能有清晰的理解，惯量比的选择需要依其来决定。几种电机可以用于提供需要的惯量比，设计者的任务是从中找出可以满足应用需求速度和转矩的最小容量电机。

根据实践经验，惯量比应当满足[11,25]

$$J_R \leqslant 5 \tag{3-20}$$

惯量比越小，性能趋向于更高。如果机械期望敏捷、快速移动、起停频繁，惯量比可降为2或1[11]。若不以高性能和快速响应作为设计要求，通常惯量比可选为10，甚至100或更高都是可能的。

一般说来，随着惯量比的下降，机械性能会提升，控制器调节也变得容易。如果所有其他因素相同，惯量比小是比较好的。然而，如果惯量比太小，电机尺寸就会太大，因此也太昂贵和笨重，对机械的整体性能并没有太大好处。

惯量比的选择还取决于系统的刚度。如果系统在带负载时不会偏斜、拉长、弯曲，它就被认为是刚性的。一个采用电机和齿轮箱合理连接负载的系统被认为是刚性的。对于刚性系统，惯量比可以选择5到10。另一方面，由于带传动的带会被拉长，采用带或带轮的系统则是柔性的。因此，惯量比应选得比较小。

3.3 传动机构

在3.1.2节中，我们讨论了通过齿轮箱将负载耦合到电机的情况。大多数机械在负载和电机之间存在传动机构。传动机构将负载连接到电机并帮助满足运动轨迹要求。本节将详细讨论5类传动机构：

(1) 带轮；

(2) 滚珠丝杠；

(3) 齿条齿轮；

(4) 直线带传动；

(5) 传送带。

除了带轮，所有其他机构都将旋转运动转换为直线运动。

3.3.1 传动机构的转矩和惯量折算

在3.1.2节中，我们明白了像齿轮箱那样的变速元件会改变作用在电机上的惯量和转矩。与齿轮箱同样，传动机构也会改变作用在电机上的惯量和转矩。每种传动机构也都有与齿轮箱齿轮比 N_{GB} 类似的传动比 N。

图3-7所示的是含有传动机构 T 的典型驱动链的示意图，其负载做旋转运动或者直线运动。这时，从电机轴上看到的总惯量为：

$$J_{\text{total}} = J_{\text{m}} + J_{\text{C1}} + J_{\text{ref}}^{\text{trans}} \tag{3-21}$$

式中：J_{m} 为电机惯量；J_{C1} 为电机耦合器的惯量；$J_{\text{ref}}^{\text{trans}}$ 为传动机构折算到它的输入轴上的惯量。每种传动机构 T 都有它自己针对上述方程的 $J_{\text{ref}}^{\text{trans}}$ 计算公式。

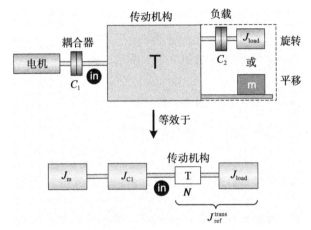

图 3-7　带有传动机构的驱动器典型结构图

作用于负载上的外转矩或力被折算到传动机构的输入轴，成为要求电机提供的转矩 $T_{\text{load}\to\text{in}}$（见图 3-8）。每种传动机构都按其动力学结构原理以特定的方式将负载转矩折算到它的输入轴上。

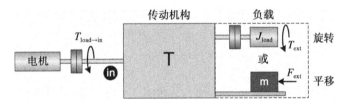

图 3-8　作用在负载是的力或转矩经传动机构折算为电机上需提供的转矩 $T_{\text{load}\to\text{in}}$

3.3.2　带轮

带轮传动机构由两个带轮和一根带组成。如图 3-9 所示，在运动控制系统中，使用带有齿的带（同步带）。采用这种没有滑移的带可以使负载的位置更加精确。与同步带配套的带轮称为扣链齿轮。

图 3-9　采用齿型带和链齿轮的带传动机构

1. 传动比

在图 3-10 所示的机构中，带上一个点的线速度可以用每个带轮的角速度表达为：

$$V_{\text{tangential}} = \omega_{\text{ip}} r_{\text{ip}} = \omega_{\text{lp}} r_{\text{lp}}$$

式中：ω_{ip} 是输入带轮的角速度，量纲为 rad/s；ω_{lp} 是负载带轮的角速度，量纲为 rad/s；

r_{ip}，r_{lp} 分别是输入带轮和负载带轮的半径。

这样，我们可以重新写出传动比的定义为：

$$N_{BP} = \frac{\omega_{ip}}{\omega_{lp}} = \frac{r_{lp}}{r_{ip}} \qquad (3\text{-}22)$$

2. 惯量折算

带轮传动的顶视图如图 3-11a 所示。与图 3-8 所示的对应，带轮传动相应驱动链的示意图如图 3-11b 所示。折算到输入轴上的惯量为：

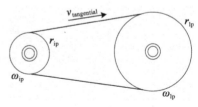

图 3-10 带传动

$$J_{ref}^{trans} = J_{IP} + J_{belt \to in} + J_{LP \to in} + J_{load \to in} + J_{C2 \to in}$$
$$= J_{IP} + \left(\frac{W_{blet}}{g\eta}\right)r_{ip}^2 + \frac{1}{\eta N_{BP}^2}(J_{LP} + J_{load} + J_{C2}) \qquad (3\text{-}23)$$

式中：J_{IP} 是输入带轮惯量；J_{load} 是负载惯量；J_{LP} 是负载带轮惯量；J_{C2} 是负载耦合器惯量。

$J_{belt \to in}$ 是把带看作一种旋转质量为 m 的物体时产生的惯量，表达式为 $J = mr^2$。

将 $m = W_{belt}/g$，$r = r_{ip}$ 代入，即得到式（3-23）中的 $J_{belt \to in}$。此处，W_{belt} 为带的重力，g 是重力加速度，r_{ip} 是输入带轮的半径。

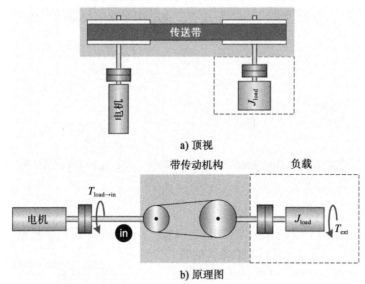

a) 顶视

b) 原理图

图 3-11 带传动机构

3. 负载转矩

图 3-11b 示出了作用于负载上的外加总转矩和通过带轮传动机构折算到电机上的转矩需求 $T_{load \to in}$。像齿轮箱场合那样，从电机侧看，负载转矩由式（3-14）决定。为了将这个方程用于带轮机构，我们还需要用式（3-22）计算出传动比和考虑传动的效率 η。因此，将式（3-14）重新写为：

$$T_{\text{load} \to \text{in}} = \frac{T_{\text{ext}}}{\eta N_{\text{BP}}}$$

式中：T_{ext} 是由式（3-36）得到的所有作用于负载的外部转矩之和。式（3-36）将在 3.4 节介绍。

3.3.3　丝杠

丝杠被广泛用来将旋转运动转换成直线运动。有两种最常用的丝杠，梯形螺纹丝杆（ACME）和滚珠丝杠，如图 3-12a，图 3-12b 所示。ACME 对逆驱动是困难的。换句话说，就是电机可以驱动负载，但是负载不能驱动电机（例如当拖动一个垂直轴的电机断电时）。ACME 可以传递很大的力，因此常称为功率丝杠。它的效率范围为 35%～85%。滚珠丝杠在一个凹槽中装有精密研磨的滚珠轴承。丝杠与螺母不相互接触。丝杠（或螺母）旋转时在丝杠和螺母间凹槽中的滚珠重复回转。当滚珠到达螺母尾部时，它们会被导入一条返回管道回到螺母的头部，连续循环。间隙与摩擦的减小使得滚珠丝杠在运动控制应用中得到普遍采用。滚珠丝杠的效率可达 85%～95%。由于机构的输出是直线运动，由电机侧输入的转矩在输出侧被转换为力。

a) ACME导螺杆　　　　　　　　　b) 滚珠丝杠

图 3-12　用于导螺杆传动机构的 ACME 螺杆和滚珠丝杠

1. 传动比

丝杠的传动比可以根据螺距的定义计算。

螺距（rev/in，rev/m（rev 应为 r））：螺母每行进 1in 要求丝杠旋转的圈数（或国际单位制圈/米）。

导程（in/rev，m/rev）：丝杠每转一圈螺母行进的距离（或国际单位制米/圈）。

其方程表达式为：

$$\Delta\theta = 2\pi p \Delta x \tag{3-24}$$

式中：$\Delta\theta$ 是输入轴的转角（rad）；p 是螺距；Δx 是螺母的直线位移（m 或 in）。

在式（3-2）中，传动比定义为电机速度除以负载速度，假定我们用时间 Δt 除式（3-24）两边，可得：

$$\frac{\text{输入速度}}{\text{负载速度}} = \frac{\dfrac{\mathrm{d}\theta}{\mathrm{d}t}}{\dfrac{\mathrm{d}x}{\mathrm{d}t}} = 2\pi p \tag{3-25}$$

于是，丝杠（或滚珠丝杠）机构的传动比为：

$$N_{\text{s}} = 2\pi p$$

2. 惯量折算

我们需要首先推导平移质量和折算惯量之间的关系。总质量为 m 的物体在直线运动中的动能为：

$$E_\text{K} = \frac{1}{2}m\left(\frac{\mathrm{d}x}{\mathrm{d}t}\right)^2$$

运用式（3-25），我们可以将动能方程重新写为：

$$E_\text{K} = \frac{1}{2}m\frac{1}{(2\pi p)^2}\left(\frac{\mathrm{d}\theta}{\mathrm{d}t}\right)^2$$

由于现在速度以角速度表达，前面的因子应该等于折算的惯量：

$$J_\text{ref} = m\frac{1}{(2\pi p)^2}$$

或

$$J_\text{ref} = \frac{m}{N_\text{s}^2}$$

结果与式（3-15）相似。负载惯量现在被直线运动总质量替代，齿轮箱比被丝杠传动比 N_s 替代。直线运动总质量可以通过负载重力 W_L 和运载机构重力 W_C 求得，即

$$m = \frac{W_\text{L}+W_\text{C}}{g}$$

图 3-13a 和 b 各展示了一个带有丝杠的驱动链示意图和一个产品实物。

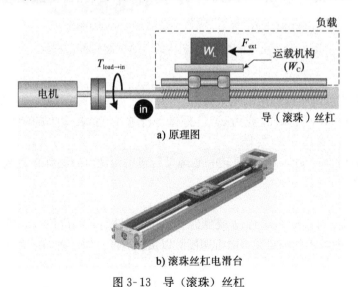

a) 原理图

b) 滚珠丝杠电滑台

图 3-13 导（滚珠）丝杠

折算到输入轴的惯量为：

$$J_\text{ref}^\text{trans} = J_\text{screw} + J_\text{load}\rightarrow\text{in} + J_\text{carriage}\rightarrow\text{in}$$

$$= J_\text{screw} + \frac{1}{\eta N_\text{s}^2}\left(\frac{W_\text{L}+W_\text{C}}{g}\right) \tag{3-26}$$

式中：J_{screw}是丝杠的惯量。

3. 负载转矩

丝杠上的螺母工作时承受的所有外力 F_{ext} 为：

$$F_{ext} = F_f + F_g + F_p \tag{3-27}$$

式中：F_f是摩擦力；F_g是元件沿丝杠坐标的重力；F_p是由于机构与环境相互作用产生在运载机构上的外力（比如在装配期间作用于机械工具上的力）。

为了研究这些力，考虑图 3-14 所示的丝杠机构，它与水平位置有一个夹角 β。运动中的总重力是负载和运载机构重力的和。我们可以将摩擦力和重力表示为：

$$F_f = \mu(W_L + W_C)\cos\beta$$
$$F_g = (W_L + W_C)\sin\beta \tag{3-28}$$

式中：μ是丝杠的摩擦系数。这样，我们可以重写式（3-27）为：

$$F_{ext} = F_p + (W_L + W_C)(\sin\beta + \mu\cos\beta) \tag{3-29}$$

注意，当机构成水平（$\beta=0$）时，机构必须做功来反抗的重力 F_g 变为零。

从电机侧看到的负载转矩可通过所做功计算[24]：

$$W_{work} = F_{ext}\Delta x \tag{3-30}$$

式中：Δx 是负载走过的直线距离。

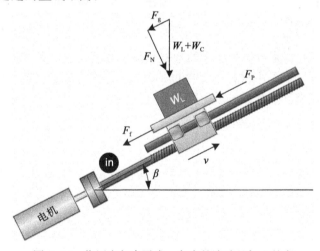

图 3-14　作用在与水平成一角度的滚珠丝杠上的力

在式（3-30）中代入式（3-24），可得：

$$W_{work} = F_{ext} \frac{1}{2\pi p}\Delta\theta$$

并且，由输入侧有：

$$W_{work} = T_{load \to in}\Delta\theta$$

于是，

$$T_{load \to in} = \frac{F_{ext}}{N_s}$$

考虑驱动效率，则有：

$$T_{\text{load}\to\text{in}} = \frac{F_{\text{ext}}}{\eta N_{\text{s}}}$$

这个结果与式（3-14）非常相似，只是用所有外力的和替代了外部总转矩，用丝杠传动比替代了齿轮箱比。

例 3.3.1

采用密度 0.28lb/in^3、直径 0.375in、导程 0.75in/rev 和效率 90% 的钢制滚珠丝杠完成一个 100lb 负载的位置控制。运载机构重量为 0.47lb。计算传动机构到它输入轴上的折算惯量。

解：

由式（3-26），得到折算惯量为：

$$J_{\text{ref}}^{\text{trans}} = J_{\text{screw}} + J_{\text{load}\to\text{in}} + J_{\text{carriage}\to\text{in}} = J_{\text{screw}} + \frac{1}{\eta N_{\text{s}}^2}\left(\frac{W_{\text{L}} + W_{\text{C}}}{g}\right)$$

式中：$W_{\text{L}} = 100\text{lb}$，$W_{\text{C}} = 0.47\text{lb}$，$g = 386\text{in/s}^2$。滚珠丝杠的传动比为 $N_{\text{s}} = 2\pi p$，p 为丝杠螺距，在本题中它等于导程的倒数，即：

$$N_{\text{s}} = 2\pi p = 2\pi \frac{1}{0.75} = 8.38$$

丝杠惯量可以通过将它看作一个细长的固体圆柱来近似计算，即

$$J_{\text{screw}} = \frac{\pi L \rho D^4}{32g} = \frac{\pi \times 36 \times 0.28 \times 0.375^4}{32 \times 386} = 5.07 \times 10^{-5}\,\text{lb} \cdot \text{in} \cdot \text{s}^2$$

式中：D 是导杆直径；L 是单位为英寸的丝杠长度。在使用这个公式时非常重要的是材料密度的量纲。在美国习惯采用材料密度单位是 lb/in^3，称为重量密度。因此，公式分母中的重力加速度将重量密度换算成质量密度。

通常同样的公式也可表示为：

$$J_{\text{screw}} = \frac{\pi L \rho D^4}{32}$$

式中：ρ 必须为质量密度；公式中不包含重力加速度 g。在国际单位制中，密度量纲为 kg/m^3，是质量密度。因此采用国际单位制时公式中没有重力项。

传动机构折算到它的输入轴上的惯量为：

$$J_{\text{ref}}^{\text{trans}} = J_{\text{screw}} + \frac{1}{\eta N_{\text{s}}^2}\left(\frac{W_{\text{L}} + W_{\text{C}}}{g}\right) = \left(5.07 \times 10^{-5} + \frac{1}{0.9 \times 8.38^2}\left(\frac{100 + 0.47}{386}\right)\right)$$
$$= 4.17 \times 10^{-3}\,\text{lb} \cdot \text{in} \cdot \text{s}^2$$

3.3.4 齿轮齿条传动

齿轮齿条是另外一种常用的将旋转运动变换为直线运动的机构，如图 3-15 所示。

1. 传动比

齿轮旋转运动和负载直线运动之间的传动比可用下面的关系式计算：

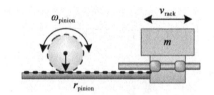

图 3-15　将旋转转换为直线运动的齿轮齿条传动

$$v_{\text{rack}} = r_{\text{pinion}} \omega_{\text{pinion}}$$

运用式（3-2）齿轮比的定义，齿轮齿条传动比可写成：

$$N_{\text{RP}} = \frac{1}{r_{\text{pinion}}}$$

注意：方程要求齿轮角速度单位采用 rad/s 表示。

2. 惯量折算

齿轮齿条驱动链示意图如图 3-16 所示。机构惯量折算到输入轴上的表达式为：

$$J_{\text{ref}}^{\text{trans}} = J_{\text{pinion}} + J_{\text{load}\to\text{in}} + J_{\text{carriage}\to\text{in}} = J_{\text{pinion}} + \frac{1}{\eta N_{\text{RP}}^2}\left(\frac{W_{\text{L}} + W_{\text{C}}}{g}\right)$$

式中：J_{pinion} 是齿轮的惯量；负载和运载机构被转换成质量。

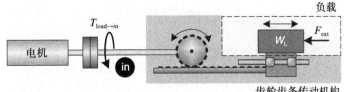

图 3-16　齿轮齿条传动机构原理图

3. 负载转矩

像丝杠传动一样，作用于传动机构沿负载运动方向的所有外力可以通过式（3-29）得到。折算到齿轮输入轴上的需求转矩为：

$$T_{\text{load}\to\text{in}} = \frac{F_{\text{ext}}}{\eta N_{\text{RP}}}$$

3.3.5　直线运动中的带传动

如果负载通过两个相同的带轮和带连接，如图 3-17 所示，则电机的旋转运动也可以转换成负载的直线运动。这是一种频繁使用在低惯量、低负载情况下的运动控制方法。

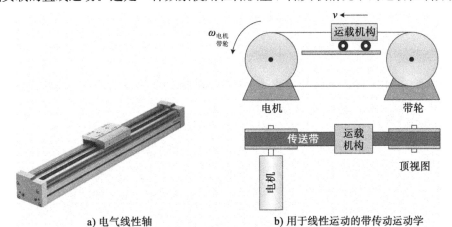

a) 电气线性轴　　　　　　　b) 用于线性运动的带传动运动学

图 3-17　将电机旋转运动转换成负载直线运动的带传动

1. 传动比

负载直线运动与带驱动输入轴旋转运动之间的传动比可以采用与齿轮齿条同样的方法推导。齿轮半径用带轮半径 r_{ip} 替换：

$$N_{BD} = \frac{1}{r_{ip}} \tag{3-31}$$

同样，方程要求电机带轮角速度以 rad/s 为单位表示。

2. 惯量折算

一个直线运动的带驱动示意图如图 3-18 所示。传动机构折算到它输入轴上的惯量为：

$$J_{ref}^{trans} = J_{IP} + J_{load \to in} + J_{carriage \to in} + J_{belt \to in} + J_{LP}$$

$$= 2J_P + \frac{1}{\eta N_{BD}^2} \left(\frac{W_L + W_C + W_{belt}}{g} \right) \tag{3-32}$$

式中：$J_P = J_{IP} = J_{LP}$ 是两个带轮的惯量。由于它们是相等的，负载轮的惯量好像直接在输入轴上一样。换句话说，负载带轮经过带到输入带轮间的传动比等于 1。

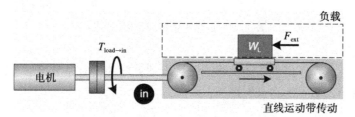

图 3-18 直线运动带传动原理图

3. 负载转矩

如同丝杠传动一样，如图 3-14 所示，负载沿运动方向的摩擦力和重力可以从式 (3-28) 求得。折算到输入带轮的需求转矩为：

$$T_{load \to in} = \frac{F_{ext}}{\eta N_{BD}} \tag{3-33}$$

3.3.6 传送带

如图 3-19 所示，传送带有一个或多个导辊。它能够使用较长的带传送较重的负载。

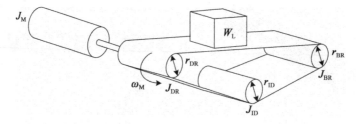

图 3-19 传送带

1. 传动比

如齿轮齿条情况那样，带上负载的直线运动与传送带驱动辊（DR）的旋转运动之间的传动比可用下面的关系式计算：

$$N_{CV} = \frac{1}{r_{DR}}$$

2. 惯量折算

带传动的示意图如图 3-20 所示。机构到它输入轴的折算惯量为：

$$J_{ref}^{trans} = J_{DR} + J_{load \to in} + J_{belt \to in} + J_{ID \to in} + J_{BR \to in}$$

$$= J_{DR} + \frac{1}{\eta N_{CV}^2}\left(\frac{W_L + W_{belt}}{g}\right) + \frac{J_{ID}}{\eta \left(\dfrac{r_{ID}}{r_{DR}}\right)^2} + \frac{J_{BR}}{\eta \left(\dfrac{r_{BR}}{r_{DR}}\right)^2}$$

式中：J_{DR} 是驱动辊的惯量；J_{ID}，J_{BR} 分别是导辊和后辊的惯量。

如图 3-19 所示，带将输入轴上的驱动辊连接到导辊，图中 ID 即类似两个辊的啮合齿轮。因此，由式（3-15）可得：

$$J_{ID \to in} = \frac{J_{ID}}{\eta \left(\dfrac{r_{ID}}{r_{DR}}\right)^2}$$

对应式（3-22），此处分母中的平方项是驱动辊 DR 与导辊 ID 之间的传动比。

类似地，带连接输入轴上的驱动辊 DR 和后辊 BR 也像两个啮合齿轮。因此再次根据式（3-15），有：

$$J_{BR \to in} = \frac{J_{BR}}{\eta \left(\dfrac{r_{BR}}{r_{DR}}\right)^2}$$

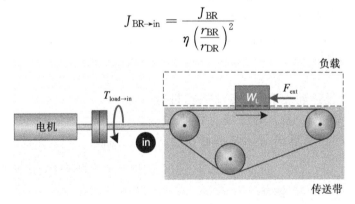

图 3-20　传送带原理图

3. 负载转矩

与丝杠传动中相同的方程在这里也可以用来描述带轮旋转时的负载转换。考虑一般情况，传送带顶部和水平面有一个夹角 β，折算到输入带轴的转矩为：

$$T_{load \to in} = \frac{F_{ext}}{\eta N_{CV}}$$

式中：$F_{ext} = F_p + (W_L + W_{belt})(\sin\beta + \mu\cos\beta)$。

3.4　运动转矩的计算

如果从电机侧看驱动链，我们可以看到两种转矩如图 3-21 所示。电机用转矩 T_m 反抗负载折算到电机轴上的转矩 $T_{load \to M}$。按牛顿第二定律，有：

$$\sum T = J_{total} \frac{d^2 \theta_m}{dt^2}$$

电机轴上的转矩平衡方程为：

$$T_m - T_{load \to M} = J_{total} \frac{d^2 \theta_m}{dt^2} \quad (3\text{-}34)$$

或

$$T_m = J_{total} \frac{d^2 \theta_m}{dt^2} + T_{load \to M} \quad (3\text{-}35)$$

式中：T_m 是需要由电机提供来完成运动的转矩；J_{total} 是所有传动元件、电机和折算到电机轴上负载的惯量和；$\dfrac{d^2 \theta_m}{dt^2}$ 是电机轴角加速度；$T_{load \to M}$ 是所有外加负载折算到电机轴上对电机转矩的要求。

来源于外部转矩的电机负载有摩擦转矩（T_f）、重力转矩（T_g）和加工转矩（$T_{process}$）（例如，装配期间作用在机械工具上的转矩）：

$$T_{ext} = T_f + T_g + T_{process} \quad (3\text{-}36)$$

当负载直接连接到电机时：

$$T_{load \to M} = T_{ext}$$

否则，T_{ext} 必须通过齿轮箱和/或传动机构折算到电机轴上来计算 $T_{load \to M}$。为完成运动轨迹，所需要电机提供的转矩取决于运动的区段（见图 3-22)[23]。

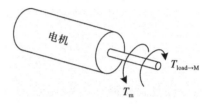

图 3-21　电机轴上的转矩

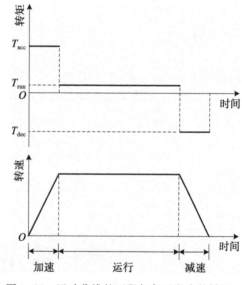

图 3-22　运动曲线的区段与各区段中的转矩

3.4.1　加速（最大）转矩

在加速区，式（3-35）可以写成：

$$T_{acc} = J_{total} \frac{d^2 \theta_m}{d^2 t} + T_{load \to M} \quad (3\text{-}37)$$

如图 3-22 所示，负载加速时，电机趋向于使用最大转矩，由于它要做功来对抗所有负载并使系统中的所有惯量加速，因此，加速转矩常常称为最大转矩（峰值转矩），用 T_{peak} 表示。

3.4.2　运行转矩

一旦负载转入恒速运行，加速度等于 0，电机不再做功来对抗系统的惯量（见图 3-22）。因此：

$$T_m - T_{load \to M} = 0$$

这时，电机需要的转矩变成：

$$T_{run} = T_{load \to M} \tag{3-38}$$

3.4.3　减速转矩

在运动的减速区，加速度为负，于是转矩也为负（见图 3-22）。因此，由式（3-34），有：

$$T_{dec} - T_{load \to M} = -J_{total} \frac{d^2 \theta_m}{dt^2}$$

或

$$T_{dec} = T_{load \to M} - J_{total} \frac{d^2 \theta_m}{dt^2} \tag{3-39}$$

3.4.4　连续（有效值）转矩

由于对转矩的需求随运动区间的不同而变化，通过求一个运动周期中需求的所有转矩的均方根（RMS）值可计算出它的平均连续转矩值。在更一般化的运动轨迹中，负载可以在一个运动周期中有静止时段（称为停歇），如图 3-23 所示，则转矩均方根为：

$$T_{RMS} = \sqrt{\frac{T_{acc}^2 t_a + T_{run}^2 t_m + T_{dec}^2 t_d + T_{dw}^2 t_{dw}}{t_a + t_m + t_d + t_{dw}}} \tag{3-40}$$

式中：T_{acc}，T_{run}，T_{dec}，T_{dw} 分别是加速、平稳运行、减速和停歇区间需要的转矩；t_a，t_m，t_d，t_{dw} 分别是各区段时长。如果在停歇时轴停止并且无需做功对抗任何外力，停歇转矩可以是 0。它也可以不为 0，比如在坐标轴带有垂直负载的场合，尽管轴停止运动也需要提供转矩来保持负载位置。

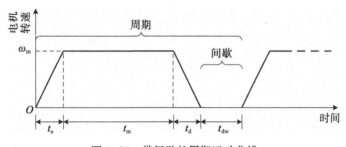

图 3-23　带间歇的周期运动曲线

例 3.4.1

图 3-24 所示机构中，龙门起重机吊有 20kg 负载。它的 X 坐标采用两条 Parker Hannifin 公司的 404XE-T13-VL 直线平行导轨[30]。Y 轴和 Z 轴坐标采用同一公司的 403XE-T04

和 402XE-T04 直线导轨[31]。X 轴与 Y 轴坐标导程为 10mm，Z 轴坐标导程为 5mm。各坐标轴均采用同一厂家的 BE230D 电机驱动。每台电机通过外直径为 1.125in、长为 1.5in 的圆柱铝联轴器与坐标轴连接。参照数据手册，计算每一 X 轴坐标以 250cts/ms 的速度运动 1s 所需的加速和连续转矩。加速时间为 $t_a = 50$ms。

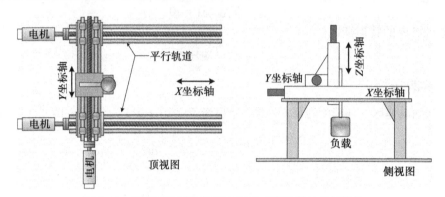

图 3-24　带有 X 坐标轴为两个平行直线轨道的龙门设备

解：

（1）求电机的最大角加速度 $\dfrac{d^2\theta_{motor}}{dt^2}$：

$$\omega_m = 250\,\frac{cts}{ms} \times \frac{1rev}{8000cts} \times \frac{1000ms}{1s} \times \frac{2\pi\ rad}{1rev} = 196.35 rad/s$$

电机的角加速度为：

$$\frac{d^2\theta_{motor}}{dt^2} = \alpha_m = \frac{\omega_m}{t_a} = \frac{196.35}{0.05} = 3927 rad/s^2$$

（2）电机侧总惯量为：

$$J_{total} = J_{motor} + J_{coupling} + J_{ref}^{trans}$$

- 电机。参照 BE230D 数据手册，电机惯量为：

$$J_{motor} = 5.2 \times 10^{-6} kg \cdot m^2$$

- 联轴器。联轴器将电机轴连接到直线导轨中的滚珠丝杠上。它是铝制的（$\rho = 2810$kg/m³）。根据电机手册，电机轴直径是 0.375in。这也是联轴器的内直径。这样，我们可以像空心圆柱体一样计算联轴器的惯量为：

$$J_{coupling} = \frac{\pi L \rho}{2}(r_o^4 - r_i^4)$$

$$= \frac{\pi \times (1.5 \times 0.0254) \times 2810}{2}\left[\left(\frac{0.0254 \times 1.125}{2}\right)^4 - \left(\frac{0.0254 \times 0.375}{2}\right)^4\right]$$

$$= 6.92 \times 10^{-6} kg \cdot m^2$$

- 滚珠丝杠传动折算惯量由滚珠丝杠惯量和负载折算到导轨输入轴上的惯量组成，即

$$J_{ref}^{trans} = J_{screw} + J_{L \to in}$$

404XE-T13-VL 的数据手册列出该滚珠丝杠的直径为 16mm。T13-VL 长为 533mm，

效率为 $\eta = 90\%$，摩擦系数为 0.1。例题中滚珠丝杠近似为固体旋转轴，估计节圆直径为 13mm，长度为 533mm。材料密度为 7800kg/m^3（钢）。于是，固体圆柱形状的丝杠的惯量为：

$$J_{\text{screw}} = \frac{\pi L \rho r^4}{2} = \frac{\pi \times 0.533 \times 7800 \times (13/2000)^4}{2} = 1.17 \times 10^{-5}\text{kg} \cdot \text{m}^2$$

X 轴坐标各导轨运载的总重量由 Y 轴坐标重量、Z 轴坐标重量和负载重量组成。由于 X 轴坐标由两根平行导轨组成，总重量将由它们分担。当负载和 Z 轴坐标在中间位置时，总重量被均分到 X 轴坐标的两根导轨上。但是如果 Z 轴坐标和负载运动到 Y 轴坐标的一端，靠近这一端的 X 轴坐标导轨将必须承受几乎全部负载和 Z 轴坐标的重量。按最严重情况转矩计算，我们对 X 轴坐标都按总重量计算每导轨的负载量。于是，总重力 W_L 为：

$$W_L = W_{Y\text{-axis}} + W_{Z\text{-axis}} + W_{\text{load}} = (3.55 + 1.81 + 2 \times 0.67 + 20) \times 9.81 = 261.93\text{N}$$

式中：0.67kg 是电机的质量；3.55kg，1.81kg 分别是由数据手册得到的 Y 轴坐标和 Z 轴坐标质量。X 轴坐标的运载机构重量 W_C 是 $0.495 \times 9.81 = 4.856\text{N}$。

$$J_{\text{L-in}} = \left(\frac{1}{\eta N_s^2}\right)\frac{W_L + W_C}{g} = \left(\frac{1}{0.9 \times (2\pi \times 100)^2}\right) \times \frac{261.93 + 4.856}{9.81}$$
$$= 7.654 \times 10^{-5}\text{kg} \cdot \text{m}^2$$

式中：$N_s = 2\pi\rho$ 是滚珠丝杠的传动比。X 坐标导程为 10mm/rev，即 0.01m/rev。因此，$\rho = (1/0.01) = 100\text{rev/m}$。有：

$$J_{\text{ref}}^{\text{trans}} = J_{\text{screw}} + J_{\text{L-in}} = 1.17 \times 10^{-5} + 7.654 \times 10^{-5} = 8.824 \times 10^{-5}\text{kg} \cdot \text{m}^2$$

于是，总惯量为：

$$J_{\text{total}} = J_{\text{motor}} + J_{\text{coupling}} + J_{\text{ref}}^{\text{trans}} = 5.2 \times 10^{-6} + 6.92 \times 10^{-6} + 8.824 \times 10^{-5}$$
$$= 1.004 \times 10^{-4}\text{kg} \cdot \text{m}^2$$

（3）滚珠丝杠折算到电机的负载转矩由摩擦力、重力和加工力组成。由式（3-28）可得摩擦力为：

$$F_f = \mu(W_L + W_C)\cos\beta = 0.01 \times (261.93 + 4.856) = 2.67\text{N}$$

式中：β 是导轨与水平的夹角，此处等于 0。类似地，导轨需要做功反抗作用于导轨的重力为：

$$F_g = (W_L + W_C)\sin\beta = 0\text{N}$$

在这个例子中，系统没有反抗任何外力的推动，因此，$F_p = 0$。于是，由式（3-27），总外力为：

$$F_{\text{ext}} = F_f + F_g + F_p = 2.67\text{N}$$

滚珠丝杠折算到电机轴上的负载转矩为：

$$T_{\text{load-in}} = \frac{F_{\text{ext}}}{\eta N_s} = \frac{2.67}{0.9 \times 2\pi \times 100} = 0.0047\text{N} \cdot \text{m}$$

（4）加速（峰值）转矩为：

$$T_{\text{acc}} = J_{\text{total}}\frac{\text{d}^2\theta_{\text{motor}}}{\text{d}t^2} + T_{\text{load-in}}$$

$$=1.004\times10^{-4}\times3927+0.0047=0.3988\text{N}\cdot\text{m}$$

运行转矩与折算到电机上的负载转矩相等，即

$$T_{\text{run}}=T_{\text{load}\to\text{in}}=0.0047\text{N}\cdot\text{m}$$

减速转矩为：

$$T_{\text{dec}}=T_{\text{load}\to\text{in}}-J_{\text{total}}\frac{\text{d}^2\theta_{\text{motor}}}{\text{d}t^2}=0.0047-1.004\times10^{-4}\times3927=-0.3894\text{N}\cdot\text{m}$$

连续转矩（有效值）可由式（3-40）计算：

$$T_{\text{RMS}}=0.119\text{N}\cdot\text{m}$$

式中：$t_{\text{a}}=t_{\text{d}}=0.050\text{s}$；$T_{\text{dw}}=0\text{N}$；$t_{\text{dw}}=0\text{s}$；$t_{\text{m}}=1\text{s}$。

3.5 电机的机械特性

大多数工业运动控制系统都采用三相交流伺服电机和/或矢量控制交流感应电机。表3-2提供了一个典型的用于工业运动控制交流驱动的两种三相电机的比较。应注意在功率范围和性能上各类电机间有明显的重叠。而且，现在低达0.01hp[⊖]的小交流伺服电机都可以得到。

电机手册为每种电机提供机械特性说明，并用表格提供了大量的机电数据。它们为应用和电机驱动组合提供机械特性曲线和特定电机电压、使用环境温度等数据。选择电机时，对这些数据条件必须充分注意，才能很好地把握对应用特殊需求的匹配。

表 3-2　460V 交流驱动中的矢量控制交流感应电机和交流伺服电机比较

	矢量控制三相感应电机	三相交流伺服电机
典型功率@460VAC（hp）	0.25～30	1～16
连续转矩（lbf·in）	9～12 000	9～257
最大转速（rpm）	2倍额定转速	5000
最低转速（满载）	0	0
电机惯量	中	低
电机尺寸	中	小
反馈	编码器	编码器
调速范围	1000∶1	10 000∶1
特性	零速全转矩；加速度较慢；典型应用包括印刷滚筒，提升机，定位式输送机等	运动平滑；加速度快；最适合运动控制；动态性能好。典型应用包括高动态运转，牵引，飞剪，高速材料处理等

3.5.1 交流伺服电机的机械特性曲线

电子驱动闭环控制交流伺服电机的典型机械特性曲线如图3-25所示。曲线可分为两个

⊖　1hp（马力）=735.4W。——译者注

区域：连续运行区域和断续运行区域。

连续运行区域意味着在此区域电机获得的转矩在所有速度下可长时间安全运行。断续运行区域电机可提供的转矩要大很多，但可持续时间周期非常短。例如，断续运行可能在要求峰值转矩的加速段工作时间不长于 30s。如果电机以这样高的转矩运行太长的时间，电机绕组将会过热而使电机永久损坏。

最大速度 ω_{max} 是指电机运行在额定电压和空载工况下的速度。对伺服电机而言，最大速度可以达到 5000～6000rpm。峰值堵转转矩 T_{PS} 是电机可提供的短时堵转最大转矩。连续堵转转矩 T_{CS} 是电机在堵转状态下可长时间提供的最大转矩。大多数电机手册都列出有额定速度 ω_R（顶部曲线的转角处），额定峰值转矩 T_{PR} 和额定连续转矩 T_{CR}。额定值是制造商提供的简明参考值。为检验额定速度，制造商令电机在额定电压和额定负载下运行。几乎所有的电机手册都提供电机的机械特性曲线。如果可以得到这些曲线，就可以用来选择电机。不过，有的手册仅提供一个电机数据表格。这时，只能用表格数据近似画出机械特性曲线，如图 3-25 所示。

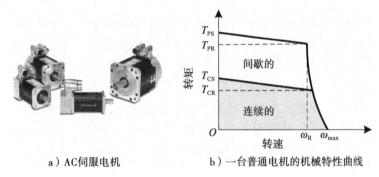

a）AC伺服电机　　　　b）一台普通电机的机械特性曲线

图 3-25　采用驱动器闭环控制时普通交流伺服电机的机械特性曲线

3.5.2　交流感应电机的机械特性曲线

三相交流感应（笼型）电机在工业中被广泛使用。标准感应电机设计成直接连接到公共三相电网通过直接起动器（全压启动）或直接起动之后以恒定速度运行。在运动控制应用中，速度和转矩是变化的。近年来，随着微处理器技术、功率电子装置和现代控制方法如磁场定向（或矢量控制）等的进步，感应电机也可用于需要调速的领域。

一台标准的感应电机是全封闭的，后盖装有风扇。当电机以额定恒速运行时，风扇产生足够的气流流过电机外壳上的棱以防止电机过热。如果这样一台电机运行在低速，电机就会过热。因此，在变速应用中必须使用一种特殊类型的感应电机，即变频电机或矢量控制电机。这些电机绕组有特殊的绝缘，专门设计用于功率电子驱动运行。一些电机装有编码器，可用于矢量控制闭环驱动。

厂家手册用表格形式提供矢量控制电机数据。这些数据可用来绘制感应电机在矢量控制驱动下的机械特性曲线，如图 3-26 所示。可以注意到，如果这台电机被直接连到三相公共电网，其机械特性曲线将是不同的，具体解释见第 4 章 4.4.4 节。

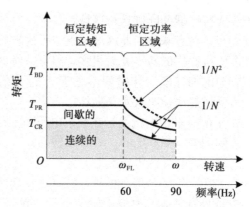

a) 矢量控制感应电机（经Marathon™ Motor　　　　b) 一台普通电机的机械特性曲线
公司许可转载，一个豪华品牌)

图 3-26　采用矢量控制驱动器的普通矢量控制感应电机机械特性曲线

满载速度是电机在满载条件下的速度。这个速度在输入电压频率为 60Hz 时得到，其频率称为基频。常规感应电机就是设计在 60Hz 的公网电源下直接起动运行的。满载转矩是电机在额定马力满载速度下产生的转矩。临界转矩是额定电压下电机旋转可产生的最大转矩。如果有某种原因使负载转矩超过临界转矩，电机将停车[19]。

采用矢量控制驱动的感应电机可以在 0 到额定间的任何速度下产生恒转矩。因此，这部分机械特性区称为恒转矩区。驱动器通过调节输入电压和频率保持它们的比值 (V/f) 为常数，实现恒转矩调速。基频时电机端加额定电压。如果输入频率超过基频（60Hz），电压将保持常数。V/f 的值随频率上升减小，超过基频的这个区域称为恒功率区或弱磁区。电机产生的功率为：

$$P = T_{FL}\omega_{FL}$$

式中：T_{FL}，ω_{FL} 分别为电机的满载转矩和满载速度。当速度超过额定时，转矩必须减小而功率保持为常数：

$$P = T_{FL}\omega_{FL} = T\omega$$

这时，速度 ω 超过基速的转矩 T 为：

$$T = (T_{FL}\omega_{FL})\frac{1}{\omega}$$

由于满载速度对应基频 N_b，我们可以重写方程为：

$$T = (T_{FL}N_b)\frac{1}{N} \tag{3-41}$$

式中：N 是超过基频的频率。

大多数感应电机可以在恒功率区达到 1.5 倍基速（90Hz）。某些电机可以超过这个界线达到 2 倍基速。例如轴承、润滑、转子平衡、结构和负载连接等因素均会影响电机的最大安全机械速度极限。

驱动器设计有电机电流限制以保护电机和驱动器的功率电子设备，从而在运动控制应用中，驱动器和电机将共同决定可获得的连续和峰值转矩。在图 3-26 所示设备中，因为驱动器对连续电流的限制，可获取的连续额定转矩 T_{CR} 比电机的满载转矩或驱动器与电机组合的连续转矩更小。类似地，因为驱动器对峰值电流的限制，可获取的峰值额定转矩 T_{PR} 比电机的临界转矩或由驱动器与电机组合的峰值转矩更小。因为超过临界转矩时，电机会停下来，驱动器提供的转矩应当不超过电机的临界转矩。因此，临界转矩形成对电机绝对最大转矩的限制，在临界转矩下，电机可间歇短时间工作而不过热。另外，超过基频条件下，临界转矩 T_{BD} 会按 $1/N^2$ 成比例下降，此处 N 为对应的变频电源频率。

例 3.5.1

一台 5hp Black Max 矢量控制电机，额定交流电压 460V，额定频率 60Hz，满载速度 1765rpm，满载电流 7A，满载转矩 14.9lb·ft，临界转矩 70lb·ft。如果电机驱动器的连续电流为 5A，峰值电流为 10A，请绘制由此驱动器和电机组合的机械特性曲线。

解：

电机在提供 14.9lb·ft 满载转矩时要 7A 电流。由于驱动器只能提供 5A 连续电流，满载转矩需要降额定值。我们可以求得线性系数为：

$$K_t = \frac{14.9}{7} = 2.13\text{lb·ft/A}$$

用 5A 驱动器连续电流，电机可以提供 $2.13 \times 5 = 10.7$lb·ft 转矩。由于这个值小于 14.9lb·ft 的满载转矩，$T_{CR} = 10.7$lb·ft。如果驱动器连续电流大于电机的 7A 满载电流，则驱动器的电流就应该通过软件限制到电机的满载电流，以防止电机在连续运行条件下过热发生任何损坏。这时，T_{CR} 应该等于电机的额定满载转矩。

用式 (3-41)，可得电机在 $N = 90$Hz 时的转矩为：

$$T = 10.7 \times 60/90 = 7.1\text{lb·ft}$$

类似，对驱动器峰值电流，电机的峰值转矩是 $2.13 \times 10 = 21.3$lb·ft。由于这个值小于 70lb·ft 的临界转矩，$T_{PR} = 21.3$lb·ft。如果驱动器可提供更大峰值电流产生比电机临界转矩更大转矩，由于电机超过临界转矩运行会导致停车，则驱动器的峰值电流就需要通过软件加以限制。这时，T_{PR} 应当等于电机临界转矩。

用式 (3-41)，可得在 $N = 90$Hz 时的峰值转矩是 14.2lb·ft。这样，该驱动器与电机组合构成的机械特性曲线如图 3-27 所示。

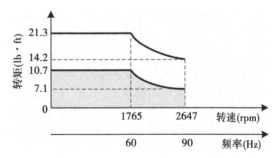

图 3-27 一台 5hp 电机与驱动器组合的机械特性曲线

3.6 电机选择

电机选择是为一运动控制应用选定最佳电机的过程。3.4 节说明了运动轨迹与系统惯量将决定电机的速度、加速度和需要的转矩。其他因素如成本、电机物理尺寸和驱动器功率要求也必须考虑。

电机选择主要考虑以下4个因素：

（1）惯量比（J_R）；

（2）电机速度（ω_m）；

（3）电机速度对应的峰值转矩（T_{peak}）；

（4）电机速度对应的有效值转矩（T_{RMS}）。

设计任务是要寻找可以满足运动速度、转矩要求的最小电机。给定轴的期望运动曲线，从满足轴运行速度需求开始选择电机，同时需要计算出电机的峰值和有效值（RMS）转矩。然后，必须保证在电机期望速度下电机的峰值和有效值转矩位于被选择电机的峰值和连续转矩能力范围内，如图3-28所示。最后，必须保证被选电机满足惯量比要求。电机工程手册在它的目录中提供了电机惯量、额定峰值转矩、连续转矩和额定速度等参数。通常还会给出机械特性曲线。

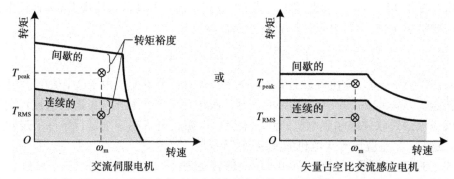

图3-28 当电机正常运行于期望速度时运动需求的有效值和峰值转矩必须在电机的能力范围之内

3.7 直接驱动电机选择

在直接驱动系统中，电机与负载直接耦合，如图3-29所示。选择电机就是要找一种电机能够提供负载要求的峰值转矩和连续转矩，使负载能够完成运动轨迹。

3.4节解释了如何计算负载完成指定运动轨迹所要求的峰值和连续（RMS）转矩。根据速度曲线运用电机的T_{peak}，T_{RMS}和运行速度$\dfrac{\mathrm{d}\theta_m}{\mathrm{d}t}$（或$\omega_m$），我们可以挑选能在运行速度下提供这些转矩的电机。

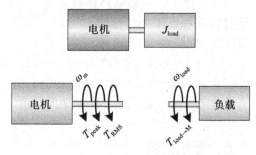

图3-29 电机与负载直接耦合时的直接驱动

直接驱动电机选择步骤

（1）根据负载期望的运动选定电机的运行速度ω_m，算出电机要提供的T_{peak}，T_{RMS}。

由于此时电机是未知的，先用 $J_m = 0$ 计算。

（2）从电机手册挑选可在运行速度 ω_m 下提供这些转矩的最小电机。电机手册可能提供有机械特性或数据表格。如果在 ω_m 速度时满足：

$$T_{peak} \leqslant T_{PR}, \quad T_{RMS} \leqslant T_{CR}$$

则可以选择这台电机。

电机运行要使用一台电子驱动器。因此，还需要选择合适的驱动器来提供电机运行于峰值和连续转矩下需要的电流。如果驱动器电流小于转矩要求，电机的 T_{PR}，T_{CR} 就应当按线性降额定计算，因为驱动器会限制电流，从而限制转矩。

（3）根据选定电机的惯量 J_m 重新计算 T_{peak}，T_{RMS}。

（4）按步骤（2）判据校验，确保电机仍然可以保留一些裕量，以提供期望性能。通常经验上，对 T_{RMS} 留 50% 的裕量，对 T_{peak} 留 30%。需要留一些调整（额外转矩能力）区域，因为在机器试车期间可能会有条件变化。

（5）计算惯量比 J_R，保证它满足期望条件。典型情况采用 $J_R \leqslant 5$，但要取决于系统期望性能。如果不满足，则另选惯量大一点（或小一点）的电机，重复步骤（3）到步骤（5）。

3.8　电机与传动机构选择

坐标轴配置如图 3-7 所示，负载通过传动机构与电机连接。第 3.3 节已经讨论了将负载转矩、惯量和运动折算到机构电机输入轴上的问题。

3.4 节介绍了所要求的峰值和有效值转矩的计算方法。在这些计算中，J_{total} 可以通过式（3-21）求得，这里的折算惯量 J_{ref}^{trans} 在 3.3 节中对每一类机构是唯一定义的。从而，在 3.4 节所述方程中，负载折算到机构输入轴（$T_{load \to in}$）上与负载折算到电机轴（$T_{load \to M}$）上是一样的，因为电机就连接在机构的输入轴上。

例 3.8.1

用一带传动机构代替导螺杆重新设计图 2-15 所示飞剪设备。设计人员计划采用一种 ERV5 的无杆传动（带传动）[26] 替代导螺杆。剪切工具装配重量为 35lb，轴坐标行程长为 48in。飞剪需要在进行材料剪切时以 $v_{fwd} = 16$in/s 的速度与木板同步运动，采用图 2-15b 所示的梯形运动方式，$t_1 = 500$ ms，$t_2 = 2.5$s，返回运动完成时间 $t_3 = 2$s。请根据 Parker Hannifin 公司[27] 的 BE 系列伺服电机手册为此坐标选择一台交流伺服电机。

解：

（1）电机与带传动为直接耦合，因此，电机正向运动的运行速度可以通过用轴坐标的直线速度 v_{fwd} 除以无杆传动装置内的皮带轮半径得到。根据手册[26]，$r_{ip} = 0.6265$in。于是，

$$\omega_{m,fwd} = 16/0.6265 = 25.54 \text{rad/s}$$

由式（3-32）可以求得折算惯量。手册提供了带传动基本单元折算到它输入轴的总旋转惯量，并提供了带每增加 100mm 长度所增加的惯量（主要由于增加了带长），为方便使用这些数据，重新排列式（3-32）如下：

$$J_{ref}^{trans} = J_{IP} + J_{carriage \to in} + J_{belt \to in} + J_{LP} + J_{load \to in} = \left[2J_P + \frac{1}{\eta N_{BD}^2} \left(\frac{W_C + W_{belt}}{g} \right) \right] + \frac{1}{\eta N_{BD}^2} \left(\frac{W_L}{g} \right)$$

$$= J_{BeltDrive \to in} + \frac{1}{\eta N_{BD}^2} \left(\frac{W_L}{g} \right)$$

式中：$J_{BeltDrive \to in}$ 是带传动基本单元的总折算旋转惯量。对于 ERV5，基本单元折算惯量为 20.71oz·in^2（盎司平方英寸，1oz=0.028 349 52kg）。对每增加的 100mm 行程，增加的惯量为 0.03oz·in^2。轴坐标要求行程 48in（1219mm），因此总折算惯量为：

$$J_{BeltDrive \to in} = 20.71 + 0.03 \times 12.19 = 21.076oz \cdot in^2$$

带负载时带传动折算惯量为：

$$J_{ref}^{trans} = J_{BeltDrive \to in} + \frac{1}{\eta N_{BD}^2} \left(\frac{W_L}{g} \right) = \frac{21.076}{386} + \frac{1}{0.9 \times 1.596^2} \left(\frac{35 \times 16}{386} \right) = 0.6873oz \cdot in \cdot s^2$$

注意为了统一量纲，第一项需要除以重力加速度。

坐标需要在 $t_1 = 500ms$ 加速到 v_{fwd}，因此，电机正向角加速度应当为：

$$\frac{d^2 \theta_{m,fwd}}{dt^2} = 25.54/0.5 = 51.08rad/s^2$$

负载转矩折算到带传动输入轴由式（3-33）求得，其中，F_{ext} 可由式（3-29）得到。带传动是水平的（$\beta = 0$），没有其他外力（$F_p = 0$），手册说明运载装置重量为 2.99lb。对于摩擦因数 $\mu = 0.1$，外力为：

$$F_{ext} = (35 + 2.99) \times 0.1 \times 16 = 60.78oz$$

由式（3-33），有：

$$T_{load \to in} = 42.31oz \cdot in$$

由于电机未定，令 $J_m = 0$。根据式（3-37），我们可以计算出正向运动峰值转矩 $T_{peak,fwd} = 4.85lb \cdot in$。我们还需要计算飞剪反方向退回到它的出发位置准备下一次剪切的加速飞剪装置所需的峰值转矩。可以运用同一方程，但必须先求出电机在返回运动时的角加速度，它等于：

$$\frac{d^2 \theta_{m,ret}}{dt^2} = \frac{\omega_{m,ret}}{t_3/2}$$

式中：$\omega_{m,ret} = v_{ret}/r_{ip}$ 是返回时电机最大角速度；v_{ret} 为图 2-15b 所示的返回速度。由于飞剪在执行剪切后必须返回到它原来相同的出发点，所以它的正向行程应当与返回行程相等。因此，通过令梯形速度曲线下的面积和三角形返回速度曲线下的面积相等，就可以求得返回速度为：

$$v_{ret} = 2v_{fwd} \frac{t_1 + t_2}{t_3}$$

将已知条件代入可得 $v_{ret} = 48in/s$，$\frac{d^2 \theta_{m,ret}}{dt^2} = 76.62rad/s^2$。从而由式（3-37），可求得返回运动的峰值转矩为 $T_{peak,ret} = 5.94lb \cdot in$。注意飞剪装置以较短的时间返回到它的起始位置，需要更大的峰值转矩来实现更快的加速。

参照图 2-15b 和式（3-40），正向、返回和整个运动的转矩有效值可用下式计算：

$$T_{\text{RMS,fwd}} = \sqrt{\frac{T_{\text{peak,fwd}}^2 t_1 + T_{\text{run}}^2 t_2 + T_{\text{dec,ret}}^2 t_1}{t_1 + t_2 + t_1}}$$

$$T_{\text{RMS,ret}} = \sqrt{\frac{T_{\text{peak,ret}}^2 t_3/2 + T_{\text{dec,ret}}^2 t_3/2}{t_3}}$$

$$T_{\text{RMS}} = \sqrt{\frac{T_{\text{RMS,fwd}}^2 (t_1 + t_2 + t_1) + T_{\text{RMS,ret}}^2 t_3}{t_1 + t_2 + t_1 + t_3}}$$

式中：T_{run} 由式（3-38）求得；$T_{\text{dec,fwd}}$，$T_{\text{dec,ret}}$ 由式（3-39）求得。代入各值可得整个运动中的转矩有效值 $T_{\text{RMS}} = 3.44 \text{lb} \cdot \text{in}$。

（2）从 BE 系列伺服电机手册，挑选能够提供这些转矩的最小电机。NEMA 23 号 BE232F 电机的 $T_{\text{PR}} = 28.9 \text{lb} \cdot \text{in}$，$T_{\text{CR}} = 8.5 \text{lb} \cdot \text{in}$，两值均大于计算得到的转矩，选定这种电机。

（3）选定电机的惯量 $J_{\text{m}} = 1.5 \times 10^{-4} \text{lb} \cdot \text{in} \cdot \text{s}^2$。这个数值需要乘以 16 转换成 oz $\cdot$ in $\cdot$ s^2 量纲，然后用于式（3-37）、式（3-38）和式（3-39）重新计算峰值和有效值转矩。整个运动的有效值转矩变成 $T_{\text{RMS}} = 3.44 \text{lb} \cdot \text{in}$，在返回时间段的最大峰值转矩变为 $T_{\text{peak}} = 5.95 \text{lb} \cdot \text{in}$。

（4）重新计算得到的值仍然小于被选电机的峰值和连续转矩，因此可选择该电机。此时的转矩裕量为：

$$\text{峰值转矩裕量} = \frac{T_{\text{peak}}^{\text{m}} - T_{\text{peak,ret}}^{\text{app}}}{T_{\text{peak}}^{\text{m}}} 100\% = \frac{28.9 - 5.95}{28.9} 100\% = 79\%$$

$$\text{有效值转矩裕量} = \frac{T_{\text{RMS}}^{\text{m}} - T_{\text{peak,ret}}^{\text{app}}}{T_{\text{peak}}^{\text{m}}} 100\% = \frac{8.5 - 3.44}{8.5} 100\% = 59\%$$

峰值和有效值转矩裕量都分别大于经验值的 50% 和 30%，因此所选电机可以很容易完成期望的运动。

3.9　齿轮箱

齿轮箱连接到电机可以降低输出的转速、增大输出转矩，使较小的电机可以拖动较重的负载。设计者还可以通过齿轮箱调整机械的惯量比。惯量比指总负载惯量与电机惯量之比。如果设计采用了齿轮箱，折算负载惯量将按齿轮箱传动比的平方减小（式（3-15））。通常采用一台电机加齿轮箱（齿轮减速器）比采用一台较大的电机直接拖动更便宜[25]。采用齿轮箱还可以增加驱动链的扭转刚度。

在工业运动控制设备中常用的齿轮箱是①行星伺服齿轮箱（减速器）和②蜗轮减速器。

3.9.1　行星伺服减速器

行星减速器主要和伺服电机配套使用。它们可以按 NEMA 和 IEC 标准尺寸得到，以便于安装到伺服电机上[8, 16, 29, 37]。行星减速器可以提供低背隙、较高的输出转矩和较小的尺寸，但价格较高。有同轴模式和直角模式，齿轮比范围从 3 : 1 到 100 : 1（见图 3-30）。通常单级齿轮减速器的齿轮比直到 10∶1 都可以得到。更高齿轮比需要在装置中增加附加的行星减速级，成本相应增加。

a) 直列式减速器　　　　　　　b) 直角式减速器

图 3-30　伺服减速器

在选择行星减速器时需要考虑的主要因素如下：

（1）运行模式（连续或周期）；

（2）齿轮比（N_{GB}）；

（3）额定与最大加速输出转矩（T_{2N}，T_{2B}）；

（4）额定与最大输入速度（ω_{1N}，ω_{1B}）；

（5）与电机的机械兼容性（安装法兰，轴径，螺栓形式等）。

此外，大多数齿轮减速器手册提供有一个紧急停车（E_stop）输出转矩。当紧急停车发生时，运动控制器将采用迅速减速的停车控制使电机快速停止。取决于负载和电机速度，紧急停车可能需要相当高的转矩才能使负载在一个非常短的时间内停下来。典型的紧急停车转矩大约是齿轮减速器额定输出转矩的 3 到 4 倍。而每一设备在它的使用寿命期间仅允许有限次使用这样高的转矩（例如最多 1000 次）。

3.9.2 蜗轮减速器

蜗轮减速器主要用于交流感应电机。它们可以按 NEMA 和 IEC 标准尺寸得到，以便于安装到电机上[6, 8, 10]。

带蜗轮的齿轮箱其主流工作模式为标准和低背隙模式。它们能够承受高冲击负载但是效率低于其他形式的齿轮（效率为 60%～95%），有单级齿轮比为 5∶1 到 60∶1 的直角型（见图 3-31a）可以得到（这种齿轮箱一般是单级齿轮比为 5∶1 到 60∶1 的直角型（见图 3-31a））。

选择蜗轮减速器主要考虑因素如下：

（1）齿轮比（N_{GB}）；

（2）型号尺寸（如 15、20、25、30 等）；

（3）精度等级（低或标准背隙）；

（4）额定输入速度（$\omega_{GB.nom}$）；

（5）输入功率或输出转矩；

（6）悬臂负载力（F_{OHL}）；

（7）安全系数（S_f）；

（8）机械与电机兼容性（安装法兰，轴径，螺栓形式，输出轴选择等）。

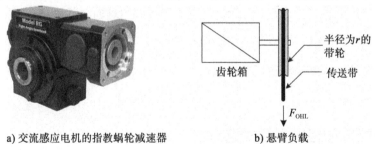

a) 交流感应电机的指教蜗轮减速器　　　b) 悬臂负载

图 3-31　蜗轮减速器

　　应用的转矩要求来自对驱动链和运动轨迹的分析。安全系数需要考虑各种运行因素，比如运行周期、负载特点和热环境。由于这些因素影响齿轮箱的寿命和性能，安全系数可用来或者通过乘上计算值来增加应用所要求的转矩，或者通过除以它来降低特定齿轮箱手册中给出的额定功率/转矩。这些调整后的值有时称为"设计"功率/转矩，因为调整后的值将用于后续的齿轮箱选择过程。

　　齿轮箱如何装到电机上和如何驱动负载是一个重要的考虑因素。选项包括链轮、带轮、弹性连接和直接驱动中空输出轴。当负载是采用链轮或带轮连接时，一个半径方向的力会因为传动链或带的拉力作用在齿轮箱的轴上，如图 3-31b 所示。这是一个弯曲力，通常称为悬臂负载力 F_{OHL}：

$$F_{OHL} = \frac{TK_{LF}}{r} \tag{3-42}$$

式中：T 为轴上转矩；r 是带轮或链轮半径；K_{LF} 是悬臂负载系数，由齿轮箱手册根据负载条件确定。

　　即使没有带轮和链轮，减速器的轴与负载轴安装失配也可能产生悬臂负载力。数据手册给出了各类齿轮箱允许的最大悬臂负载力。悬臂负载力可以通过增加带轮/链轮的直径来减小，通过靠近减速器安装带轮和使用弹性连接可以使对负载的失配最小化。和伺服齿轮减速器一样，蜗轮减速器也具有较高的紧急停车转矩等级，也仅允许在使用寿命期限中发生有限次这样的过载。

　　齿轮箱数据手册提供额定功率（马力 HP）。输入 HP 可以通过下式计算：

$$HP_{in} = \frac{T_{in}\omega_\omega}{63\,000} \tag{3-43}$$

式中：T_{in} 为输入（电机）转矩，量纲为 lb·in；ω_ω 为输入（蜗轮）速度，量纲为 rpm（r/min），63 000 为量纲转换常数。类似地，输出 HP 可用下式计算：

$$HP_{out} = \frac{T_{out}\omega_{out}}{63\,000} \tag{3-44}$$

式中：T_{out} 为齿轮箱输出转矩，量纲为 lb·in；ω_{out} 为齿轮箱输出速度，量纲为 rpm（r/min）。

　　手册还提供了热功率，它定义为可以连续（30min 或更长）传递的最大功率，根据装置中油温的上升。如果额定热功率小于额定机械功率，就应当按热功率选择。大多数定位应用是间歇的，因此，齿轮箱中的液体温升通常不是问题[9]。

有些手册给出齿轮箱的 HP_{in}，HP_{out}，不给出效率，这时，效率可用下式计算得到：

$$\eta_{GB} = \frac{HP_{out}}{HP_{in}} \qquad (3-45)$$

最后，齿轮箱输入和输出转矩关系为：

$$T_{out} = \eta_{GB} T_{in} N_{GB} \qquad (3-46)$$

3.10　伺服电机和齿轮减速器选择

在许多系统中，由于负载惯量、速度或尺寸的限制，不能采用直接驱动。在这种情况下，就必须选择电机与齿轮减速器来驱动负载，如图 3-32 所示。齿轮减速器以一个齿轮比因子增加了电机作用在负载上的转矩。但是，负载速度也按同一因子降低，存在一个速度和转矩间的权衡。

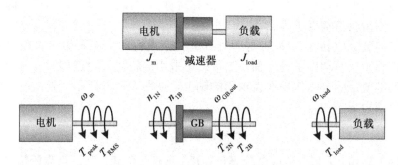

图 3-32　电机通过减速器与负载耦合

在这种坐标轴结构中，齿轮减速器输入轴的速度与电机速度 ω_m 是相同的。类似地，齿轮减速器输出轴的速度 $\omega_{GB.out}$ 与负载速度 ω_{load} 也是相同的。齿轮减速器制造商规定了齿轮减速器能够承受的额定与峰值输出转矩（T_{2N}，T_{2B}）限额。另外，还有对齿轮减速器输入轴额定速度和最大速度（n_{1N}，n_{1B}）的限制。制造商一般采用下标"1"表示输入、"2"表示输出，"N"表示额定，"B"表示最大。例如，T_{2N} 为额定输出转矩，而 n_{1B} 则是最大输入速度。负载速度 ω_{load} 也可以表示为 n_{2c}，如图 3-33 所示。

3.4 节讲述了如何根据负载运动轨迹计算需要的峰值和连续（RMS）转矩，注意这个转矩公式中包含 J_{load}，$T_{load \to M}$。除非坐标采用图 3-3a 所示的直接驱动，否则 J_{total}，$T_{load \to M}$ 中将都含有齿轮箱比 N_{GB}。因此，齿轮减速器的正确选择通常和电机选择与驱动链设计是一个整体。

进行齿轮减速器选择时，我们必须确保运行中不超过它的额定和最大输出转矩限制以及它的额定和最大输出速度。为了保证齿轮减速器的额定运行寿命，大多数制造商推荐使它运行在等于或小于额定输出转矩和额定输入速度限制区中。在超过这些限制的加减速区时间必须短暂，这样只要不超过最大输出转矩极限，齿轮减速器不会损坏。

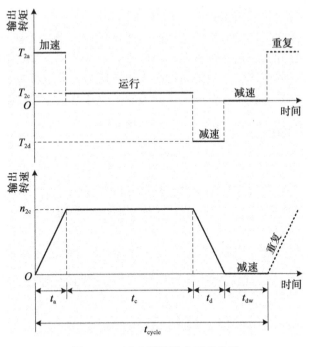

图 3-33　减速器的输出运动曲线

　　实际应用中选择齿轮减速器有不同的方法。例如，在选定一种齿轮减速器后，首先选择一个齿轮比，随后通过转矩和速度的计算，验证在应用的给定负载与运动条件下其额定和最大限制值是否被超过。如果超过，调整齿轮比，重新计算。本节给出的方法稍微有点不同。首先，确定一个可能的齿轮比范围，其上限 $N_{\text{GB, upper}}$ 根据伺服电机额定速度或齿轮减速器额定输入速度决定的齿轮减速器输入轴速度限制得到，下限由式（3-19）和式（3-20）中的惯量比 J_R 计算。根据这些方程和限制条件，有：

$$\frac{J_{\text{on motor shaft}} + J_{\text{load}\rightarrow M} + J_{\text{GB}\rightarrow M}}{J_m} = 5$$

代入

$$J_{\text{load}\rightarrow M} = \frac{J_{\text{load}}}{\eta_{\text{GB}} N_{\text{GB}}^2}$$

可以解得齿轮比为：

$$N_{\text{GB, lower}} = \sqrt{\frac{J_{\text{load}}}{\eta_{\text{GB}}(5J_m - J_{\text{GB}\rightarrow M} - J_{\text{on motor shaft}})}} \tag{3-47}$$

式中：$J_{\text{on motor shaft}}$ 是电机轴上惯量，例如电机与齿轮减速器之间的联轴器。$J_{\text{GB}\rightarrow M}$ 是齿轮减速器折算到它输入轴的惯量，由产品手册提供。如选择步骤介绍的那样，如果确定了希望电机的惯量 J_m，就可用式（3-47）计算满足惯量比条件所需齿轮比的下限。齿轮减速器并不是任意齿轮比均可得到。它们有标准的齿轮比，例如 3、4、5、7、10、12 等。一旦确定了可能的比的范围，就可以在这个范围内选出标准的齿轮比，即

$$N_{\text{GB. lower}} \leqslant N_{\text{GB}} \leqslant N_{\text{GB. upper}}$$

一个全面的齿轮减速器选择分析还包括验证所选的减速器是否能够承受由负载施加到它输出轴上的轴向和径向力。这些步骤在此不作考虑，如果对某些应用这些作用在齿轮减速器轴上的力很关键，就应该包含到设计过程中。背隙可能是在某些运动控制应用中选择齿轮减速器的另一个重要因素。制造商提供的齿轮减速器有各种精度和背隙性能等级。

伺服电机与齿轮减速器选择步骤

1. 齿轮减速器

选择齿轮减速器是从负载和减速器输入轴侧工况开始入手的。从电机产品系列和与之兼容的齿轮减速器系列中挑选。注意电机最小惯量时的额定速度 ω_R，对于一台典型的伺服电机，通常范围是在 $3000\sim5000$rpm 范围。

（1）计算齿轮减速器的平均输出转矩 T_{2m}。输出轴的角加速度可以通过图 3-33 所示的速度图求得，$\dfrac{\mathrm{d}^2\theta_{\text{GB. out}}}{\mathrm{d}t^2} = \dfrac{n_{2c}}{t_a}$。输出转矩也可以用 3.4 节介绍的相似方法得到，即

$$T_{2a} = J_{\text{load}}\frac{\mathrm{d}^2\theta_{\text{GB. out}}}{\mathrm{d}t^2} + T_{\text{load}}$$

$$T_{2c} = T_{\text{load}}$$

$$T_{2d} = -J_{\text{load}}\frac{\mathrm{d}^2\theta_{\text{GB. out}}}{\mathrm{d}t^2} + T_{\text{load}}$$

$$T_{2m} = \sqrt[3]{\frac{n_{2a}t_a T_{2a}^3 + n_{2c}t_c T_{2c}^3 + n_{2d}t_d T_{2d}^3}{n_{2a}t_a + n_{2c}t_c + n_{2d}t_d}}$$

式中：$n_{2a} = n_{2d} = n_{2c}/2$ 为输出轴在加速和减速期间的平均速度。

（2）计算运动的占空周期%ED，确定运动是连续还是间歇的[15]，有：

$$\%\text{ED} = \frac{t_a + t_c + t_d}{t_{\text{cycle}}} \times 100\%$$

如果%ED$<$60%和 $t_a + t_c + t_d >$20min，则认为是间歇工作的，转步骤（3）；
如果%ED$>$60%或 $t_a + t_c + t_d >$20min，则认为是连续工作的，转步骤（10）。

2. 间歇运行

（3）计算可能选用的齿轮比的上限。选齿轮减速器额定输入速度 n_{1N} 和电机额定速度 ω_R 中的最小值作为可得到的速度 ω_{avail} 计算。有：

$$N_{\text{GB. upper}} = \frac{\omega_{\text{avail}}}{n_{2c}}$$

（4）用式（3-47）计算可能选用的齿轮比下限初始估计值。忽略齿轮减速器惯量和效率，从电机系列选用具有最小惯量 J_m 的电机。有：

$$N_{\text{GB. lower}}^{\text{est}} = \sqrt{\frac{J_{\text{load}}}{5J_m - J_{\text{on motor shaft}}}}$$

（5）对可能选用的齿轮比，计算下限实际值 $N_{GB.\,lower}$ 更新初始估计值。首先，选择一个最接近并略大于 $N^{est}_{GB.\,lower}$ 的标准齿轮比。然后，从手册获得这个齿轮减速器的效率 η_{GB} 和惯量 J_{GB}。将这些值代入式（3-47）计算实际的下限 $N_{GB.\,lower}$。

（6）查找出范围内的所有可用标准齿轮比。有：

$$N_{GB.\,lower} \leqslant N_{GB1}, N_{GB2}, \cdots, N_{GBn} \leqslant N_{GB.\,upper}$$

从中选择一个。靠近范围上限的齿轮比将会导致减速器输入速度接近额定输入速度，但它同时也将减小惯量比，使系统动态响应更好。从手册中可以获得选定减速器的 T_{2N}，T_{2B}，n_{1N}，减速器惯量 J_{GB} 和效率 η_{GB}。

并不是每次都可以在计算范围内找到标准齿轮比。如果遇到这种情况，可换选惯量大一些的另一尺寸型号电机，以降低下限。如果齿轮减速器被步骤（3）的因子限制，可以换选额定输入速度更高些的减速器来提高上限。

然后重复步骤（3）～步骤（6），直到可以选到标准齿轮比为止。

（7）计算安全因子 S_f，此处 $C_h = 3600/t_{cycle}$ 是每小时周期数（t_{cycle} 量纲为 s）[15]。安全因子如表 3-3 所示。

（8）用 T_{2a} 或 T_{2d} 中较大的一个计算最大输出转矩。有：

$$T_{2max} = \begin{cases} \eta_{GB} S_f \,|\, T_{2a}\,|, & |\,T_{2a}\,| > |\,T_{2d}\,| \\ \eta_{GB} S_f \,|\, T_{2d}\,|, & |\,T_{2a}\,| < |\,T_{2d}\,| \end{cases}$$

表 3-3　安全因子 S_f

S_f	C_h
1.0	$C_h < 1000$
1.1	$1000 \leqslant C_h < 1500$
1.3	$1500 \leqslant C_h < 2000$
1.6	$2000 \leqslant C_h < 3000$
2.0	$3000 \leqslant C_h$

（9）检查所选减速器（用 N_{GB}）是否能够支持平均和最大输出转矩。如果下式满足：

$$T_{2max} < T_{2B} \text{ 并且 } T_{2m} < T_{2N}$$

则接受选择；然后转向步骤（16）进行伺服电机选择。如果条件不满足，则重新选择一个大一些的齿轮减速器（T_{2N}，T_{2B} 大一些），重复步骤（8）、步骤（9）。

3. 连续运行

（10）计算齿轮减速器的平均输出速度 n_{2m}：

$$n_{2m} = \frac{n_{2a}t_a + n_{2c}t_c + n_{2d}t_d}{t_a + t_c + t_d}$$

（11）计算可能选用齿轮比的上限。取额定减速器输入速度 n_{1N} 和电机额定速度 ω_R 中的最小值作为可得到的速度 ω_{avail} 计算：

$$N_{GB.\,upper} = \frac{\omega_{avail}}{n_{2m}}$$

（12）用式（3-47）计算可能选用的齿轮比下限初始估计值。忽略齿轮减速器惯量和效率，从电机系列选用具有最小惯量 J_m 的电机。

$$N^{est}_{GB.\,lower} = \sqrt{\frac{J_{total}}{5J_m - J_{on\,motor\,shaft}}}$$

（13）对可能选用的齿轮比，计算下限实际值 $N_{GB.\,lower}$ 更新初始估计值。首先，选择一个最接近并略大于 $N_{GB.\,lower}^{est}$ 的标准齿轮比。然后，从手册获得这个齿轮减速器的效率 η_{GB} 和惯量 J_{GB}。将这些值代入式（3-47）计算实际的下限 $N_{GB.\,lower}$。

（14）查找出范围内的所有可用标准齿轮比。有：

$$N_{GB.\,lower} \leqslant N_{GB1}, N_{GB2}, \cdots, N_{GBn} \leqslant N_{GB.\,upper}$$

从中选一个。靠近范围上限的齿轮比将会导致减速器输入速度接近额定输入速度，但它同时也将减小惯量比，使系统动态响应更好。从手册中可以获得选定减速器的 T_{2N}，T_{2B}，n_{1N}，减速器惯量 J_{GB} 和效率 η_{GB}。

并不是每次都可以在计算范围内找到标准齿轮比。如果遇到这种情况，可换选惯量大一些的另一尺寸型号电机，以降低下限。如果齿轮减速器被步骤（11）的因子限制，可以换选额定输入速度更高些的减速器来提高上限。然后重复步骤（11）到步骤（14），直到可以选到标准齿轮比为止。

（15）检查所选减速器（用 N_{GB}）是否能够满足平均输出转矩。如果满足

$$T_{2m} < T_{2N}$$

则接受选择。然后转步骤（16）进行伺服电机选择。如果条件不满足，则选更大的减速器（T_{2N} 更大）重复这一步骤。

4. 电机选择

（16）用选定的 N_{GB}，J_m 计算电机将提供的 T_{peak}，T_{RMS}。

（17）确定电机能够提供这些转矩。如果 $T_{peak} \leqslant T_{PR}$，并且 $T_{RMS} \leqslant T_{CR}$，则接受所选电机。如果不满足，重新选下一台具有更大转矩输出的电机。如果电机惯量不同，则重复步骤（3）到步骤（9）或者步骤（10）到步骤（15）的齿轮减速器选择以及步骤（16）和步骤（17）的电机选择。

（18）用所选电机和齿轮减速器组合依式（3-19）计算惯量比 J_R。如果 $J_R \leqslant 5$，则接受这一电机齿轮减速器组合。$J_R \leqslant 5$ 为代表性数据，但也取决于系统期望性能。

如果不满足，则对应用来说电机惯量可能太小。重新挑一台惯量大些的电机。此外，增大 N_{GB} 也可以显著减小惯量比。如果在步骤（3）或步骤（11）中限制速度是电机额定速度 ω_R，则可以尝试选择速度快一些的电机。这样可以使齿轮减速器的额定输入速度 n_{1N} 成为限制速度而可能允许选取较大的齿轮比。重复步骤（3）到步骤（9），另选齿轮减速器则重复步骤（10）到步骤（15），再重复步骤（16）到步骤（18）选电机。

（19）用选定电机的机械特性曲线或数据检查速度和转矩裕量，保证电机能带有一定裕量满足期望性能要求。实践中，常对于 T_{RMS}，留 30% 裕量，对于 T_{peak}，留 50% 裕量。因为在机器试车过程中可能的条件变化希望有一定的裕量（额外的转矩能力）作调整。

例 3. 10. 1

一套处理铝板的小型转换机器如图 3-34 所示。卷取轴上的负载惯量为 $J_{load} = 2 \times 10^{-2}\,kg \cdot m^2$，由于摩擦力和张力，轴上负载转矩为 7N·m。运动采用梯形速度曲线，

$\omega_{\text{load}} = 150\text{rpm}$。卷取时的尺寸变化可以忽略。如果运动周期组成为（a）$t_a = t_d = 30\text{ms}$，$t_c = 3\text{s}$，$t_{\text{dw}} = 4\text{s}$，或（b）$t_a = t_d = 30\text{ms}$，$t_c = 5\text{s}$，$t_{\text{dw}} = 1\text{s}$。选择系列型号为 NEMA 23 的伺服电机和一台齿轮减速器来驱动卷取机轴。

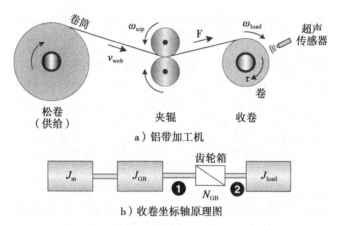

a）铝带加工机

b）收卷坐标轴原理图

图 3-34　带材加工机的电机与齿轮箱选择

解：

按 3.10 节给出的步骤，取 Kollmorgen 的 NEMA 23 型 AKM™ 伺服电机和与之兼容的 EPL-X23 系列直联行星齿轮减速器作设计预选方案。其中 AKM21C 电机惯量最小，$J_m = 0.11 \times 10^{-4}\,\text{kg} \cdot \text{m}^2$，因此，它被选中作为初选电机。

（a）

（1）齿轮减速器输出（负载）轴的角加速度可求得为：

$$\frac{\mathrm{d}^2 \theta_{\text{GB. out}}}{\mathrm{d}t^2} = \frac{n_{2c}}{t_a} = \frac{150}{0.030} \times \frac{2\pi}{60} = 523.6\,\text{rad/s}^2$$

加速期间的输出转矩为：

$$T_{2a} = J_{\text{load}} \frac{\mathrm{d}^2 \theta_{\text{GB. out}}}{\mathrm{d}t^2} + T_{\text{load}} = 2 \times 10^{-2} \times 523.6 + 7 = 17.47\,\text{N} \cdot \text{m}$$

类似地，运行和减速期间的输出转矩可求得为 $T_{2c} = 7\,\text{N} \cdot \text{m}$，$T_{2d} = -3.47\,\text{N} \cdot \text{m}$。将它们和 $n_{2c} = 150\text{rpm}$，$n_{2a} = n_{2d} = 75\text{rpm}$ 代入立方均根公式可得齿轮减速器输出轴上的平均转矩 $T_{2m} = 7.15\,\text{N} \cdot \text{m}$。

（2）运动的周期占空比为：

$$\%\text{ED} = \frac{t_a + t_c + t_d}{t_{\text{cycle}}} \times 100\% = \frac{0.03 + 3 + 0.03}{0.03 + 3 + 0.03 + 4} \times 100\%$$
$$= 43.3\%$$

因此，此机器的运动是间歇运动。这样，应继续 3.10 节中的步骤（3）。

（3）EPL-X23 型齿轮减速器手册上的额定输入速度是 $n_{1N} = 3500\text{rpm}$，AKM21C 电机的 $\omega_R = 8000\text{rpm}$（直流 320V 运行时）。这样，预选齿轮比的上限可依下式计算为：

$$N_{\text{GB. upper}} = \frac{\omega_{\text{avail}}}{n_{2c}} = \frac{3500}{150} = 23.33$$

（4）预选齿轮比下限的初步估计可按下式求得为：

$$N_{\text{GB. lower}}^{\text{ets}} = \sqrt{\frac{J_{\text{load}}}{5J_m - J_{\text{on motor shaft}}}} = \sqrt{\frac{2 \times 10^{-2}}{5 \times 0.11 \times 10^{-4}}} = 19.07$$

此处 $J_{\text{on motor shaft}} = 0$。

（5）由减速器手册，齿轮比大于 19.07 的最靠近标准齿轮比为 20∶1。此减速器的效率 $\eta_{\text{GB}} = 0.92$，惯量 $J_{\text{GB}} = 0.36 \times 10^{-4} \text{kg} \cdot \text{m}^2$。在式（3-47）中使用这些数据可以算得预选齿轮比的下限是：

$$\begin{aligned} N_{\text{GB. lower}} &= \sqrt{\frac{J_{\text{load}}}{\eta_{\text{GB}}(5J_m - J_{\text{GB} \to \text{M}} - J_{\text{on motor shaft}})}} \\ &= \sqrt{\frac{2 \times 10^{-2}}{0.92 \times (5 \times 0.11 \times 10^{-4} - 0.36 \times 10^{-4})}} \\ &= 33.83 \end{aligned}$$

（6）由于上下限矛盾，因此无法在定义范围内找到可用的标准齿轮比。这表明所选的电机惯量太小。改选下一台惯量大一点的电机（AKM22C），重复步骤（3）～步骤（6），得到的结果与之前相同。

再取惯量更大一点的 AKM23D 电机，惯量为 $J_m = 0.22 \times 10^{-4} \text{kg} \cdot \text{m}^2$，重复同样步骤，齿轮比下限的初步估计值为 $N_{\text{GB. lower}}^{\text{tes}} = 13.48$。这样范围变为：

$$13.48 \leqslant N_{\text{GB1}}, N_{\text{GB2}}, \cdots, N_{\text{GBn}} \leqslant 23.33$$

在此范围，仅有 16 或 20 两种标准齿轮比可以选择。选择最靠近下限的标准齿轮比 16∶1。从手册可以得到，这时减速器的效率 $\eta_{\text{GB}} = 0.92$，惯量 $J_{\text{GB}} = 0.38 \times 10^{-4} \text{kg} \cdot \text{m}^2$。

最后，将这些值代入式（3-47）计算得到实际的齿轮比下限是 $N_{\text{GB. lower}} = 17.38$。更新可选齿轮比范围为：

$$17.38 \leqslant N_{\text{GB1}}, N_{\text{GB2}}, \cdots, N_{\text{GBn}} \leqslant 23.33$$

范围内只有一种标准齿轮比 20∶1 可选。因此，选定 $N_{\text{GB}} = 20$。从手册可知，此减速器参数为：$T_{2N} = 42\text{N} \cdot \text{m}$，$T_{2B} = 52\text{N} \cdot \text{m}$，$n_{1N} = 3500\text{rpm}$，$J_{\text{GB}} = 0.36 \times 10^{-4} \text{kg} \cdot \text{m}^2$，$\eta_{\text{GB}} = 0.92$。

虽然已经确定了与 AKM23D 电机配套的齿轮比，为了说明问题，再选取一台更大一些的电机（AKM24E）来进行选型。此电机的惯量为 $J_m = 0.27 \times 10^{-4} \text{kg} \cdot \text{m}^2$，选 AKM24E，重复步骤（3）到步骤（6），齿轮比范围变为：

$$14.97 \leqslant N_{\text{GB1}}, N_{\text{GB2}}, \cdots, N_{\text{GBn}} \leqslant 23.33$$

在此范围，有 16 和 20 两个标准齿轮比可选。若选靠近下限的 16，按 3.10 节后续步骤计算求得的惯量比将为 $J_R = 4.55$，电机转速为 2400rpm；如果选靠近范围的上限的 20，则惯量比将为 $J_R = 3.35$，电机速度为 3000rpm。用这台电机选 20∶1，因惯量比较低，将使卷轴动态响应更快，但减速器将运行于接近其额定速度的区域，可能降低它的使用寿命。下面我们还是用 AKM23D 电机和 20∶1 的齿轮比继续完成剩余的步骤。

（7）每小时周期数是 $C_h = 3600/t_{\text{cycle}} = 3600/7.06 = 509.92$。于是，依表可得 $S_f = 1.0$。

（8）由于$|T_{2a}|>|T_{2d}|$，应用中的最大输出转矩为：

$$T_{2max} = \eta_{GB}S_f|T_{2a}| = 0.92 \times 1.0 \times 17.47\text{N} \cdot \text{m} = 16.07\text{N} \cdot \text{m}$$

（9）由于$T_{2max}<T_{2B}$，$T_{2m}<T_{2N}$，所选减速器能够承受应用要求的平均和最大输出转矩。预备执行选择的电子数据表如图 3-35 所示。

Load Motion Profile		
最大负载转速	ωload (n2c) =	150 rpm
	=	15.71 rad/s
加速时间	ta =	0.03 sec
运行时间	tc =	3 sec
减速时间	td =	0.03 sec
间歇时间	tdw=	4 sec
占空比	ED =	43.3 %
工作模式		CYCLICAL
最大电机转速	ωm =	3000 rpm
		314.16 rad/s
负载加速度	αload =	523.60 rad/s^2

Load		
惯量	Jload =	2.00E-02 kg-m^2
电机轴上的惯量	Jon_motor_shaft =	0.00E+00 kg-m^2
负载转矩	Tload (Text) =	7.00 Nm

Motor		
电机惯量	Jm =	2.200E-05 kg-m^2
电机额定转速	ωR =	5000 rpm

Gearhead		
Selected gearhead		GAM EPL-X23
选择齿轮比	NGB =	20
齿轮箱效率	η =	0.92
标称输出转矩	T2N =	42 Nm
最大加速转矩	T2B =	52 Nm
标称输入转速	n1N =	3500 rpm
Max. input speed	n1B =	6000 rpm
减速器惯量	JGB =	3.600E-05 kg-m^2

Mean Output Torque		
加速转矩	T2a =	17.47 Nm
运行转矩	T2c =	7.00 Nm
减速转矩	T2d =	-3.47 Nm
平均输出转矩	T2m =	7.15 Nm

Cyclical Operation		
有效转速	ωavail =	3500 rpm
齿轮比下限估计值	NGB_lower_est =	13.48
齿轮比下限	NGB_lower =	17.14
齿轮比上限	NGB_upper =	23.33
可能的齿轮传动比的范围		17.14 <= NGB <= 23.33
每小时制动周期数	Chr =	509.92 cyc/hr
冲击因子	SF =	1.0
受应用要求的最大输出转矩	T2max =	16.07 Nm
	T2max < T2B ?	Y
	T2m < T2N ?	Y

Continuous Operation		
平均输出转速	n2m =	rpm
有效转速	ωavail =	rpm
齿轮比下限估计值	NGB_lower_est =	
齿轮比下限	NGB_lower =	
齿轮比上限	NGB_upper =	
可能的齿轮传动比的范围		
	T2m < T2N ?	

图 3-35　Excel 电子表格的第一页用于例 3.10.1 中（a）部分的周期运行计算。齿轮比为 20：1；电机为 AKM23D-BN 伺服电机

接下来，我们将进行伺服电机的选择。由于前面伺服电机的选择从从步骤（16）开始的，下面的步骤编号也从（16）开始以和前文保持一致。

伺服电机选择

（16）我们需要用选定的齿轮比计算电机应提供的T_{peak}，T_{RMS}。峰值转矩可由式（3-37）求得。这个方程含有电机的角加速度，可由下式求得：

$$\frac{\mathrm{d}^2\theta_m}{\mathrm{d}t^2} = N_{GB}\frac{\omega_{load}}{t_a} = 10\,471.98\,\text{rad/s}^2$$

其中，负载加速度通过梯形速度曲线的斜率得到。将它乘上齿轮比就转换为电机的加速度。

总惯量由电机惯量和齿轮减速器作用于电机轴上惯量加上折算到电机轴的负载惯量组成，即

$$J_{total} = J_m + J_{GB} + \frac{J_{load}}{\eta_{GB}N_{GB}^2} = 1.12 \times 10^{-4}\,\text{kg} \cdot \text{m}^2$$

式中：由齿轮比为 20：1 的 EPL-X23 齿轮减速器制造商手册可得$J_{GB}=3.6\times10^{-5}\,\text{kg} \cdot \text{m}^2$；

$\eta_{GB} = 0.92$。

7N·m 负载折算到电机轴为：

$$T_{\text{load}\to M} = \frac{T_{\text{load}}}{\eta_{GB} N_{GB}} = 0.38 \text{N} \cdot \text{m}$$

这样，根据式（3-37），$T_{\text{peak}} = 1.557 \text{N} \cdot \text{m}$。运行转矩 T_{run} 可以通过式（3-38）得到，它就等于 $T_{\text{load}\to M}$。减速转矩由式（3-39）求得，$T_{\text{dec}} = -0.796 \text{N} \cdot \text{m}$。最后，通过式（3-40）求得 $T_{\text{RMS}} = 0.273 \text{N} \cdot \text{m}$。电机选择的电子数据单如图 3-36 第二页所示。

（17）AKM23D-BN 电机的 $T_{\text{PR}} = 42 \text{N} \cdot \text{m}$，$T_{\text{CR}} = 52 \text{N} \cdot \text{m}$。由于 $T_{\text{peak}} \leqslant T_{\text{PR}}$，$T_{\text{RMS}} \leqslant T_{\text{CR}}$，因此选择这台电机。

（18）由式（3-19）可得惯量比 $J_R = 4.11$，满足设计要求。

（19）峰值转矩裕量可用下式计算：

$$峰值转矩裕量 = \frac{T_{\text{peak}}^{\text{m}} - T_{\text{peak}}^{\text{app}}}{T_{\text{peak}}^{\text{m}}} \times 100\%$$

式中：$T_{\text{peak}}^{\text{m}}$ 是电机在运行速度下的峰值转矩；$T_{\text{peak}}^{\text{app}}$ 是应用要求的峰值转矩。对于 AKM23D-BN 电机，$T_{\text{peak}}^{\text{m}} = 3.84 \text{N} \cdot \text{m}$，应用要求 $T_{\text{peak}}^{\text{app}} = 1.557 \text{N} \cdot \text{m}$，峰值转矩裕量为 59.5%。类似地，可通过下式算得连续转矩裕量为 73.5%。

Motor Torques		
电机加速度	αm =	10471.98 rad/s^2
总惯量	Jtotal =	1.12E-04 rad/s
折算的负载转矩	Tload_m	0.380 Nm
加速转矩	Tacc =	1.557 Nm
运行转矩	Trun =	0.380 Nm
减速转矩	Tdec =	-0.796 Nm
转矩有效值	Trms =	0.273 Nm

Motor Selection	
Selected motor	Kollmorgen AKM23D-BN
最大转矩　　TPR =	3.84 Nm
连续额定转矩　　TCR =	1.03 Nm
惯量比　　JR =	4.11
Tpeak < TPR ?	Y
Trms < TCR ?	Y
JR <= 5 ?	Y
最大转矩裕量	59.5 %
连续转矩裕量	73.5 %
转速裕量	14.3 %

图 3-36　Excel 电子表格的第二页用于例 3.10.1 中（a）部分的伺服电机选择。齿轮比为 20∶1；电机为 AKM23D—BN 伺服电机

$$连续转矩裕量 = \frac{T_{\text{RMS}}^{\text{m}} - T_{\text{RMS}}^{\text{app}}}{T_{\text{RMS}}^{\text{m}}} \times 100\%$$

这里，$T_{\text{RMS}}^{\text{m}} = 1.03 \text{N} \cdot \text{m}$，$T_{\text{RMS}}^{\text{app}} = 0.273 \text{N} \cdot \text{m}$。最后，速度裕量可用下式求得：

$$速度裕量 = \frac{\omega_{\text{avail}} - \omega_{\text{app}}}{\omega_{\text{avail}}}$$

式中：ω_{app} 为电机在应用中的运行速度。最大速度被齿轮减速器限制为 $\omega_{\text{avail}} = 3500 \text{rpm}$，而 $\omega_{\text{app}} = 3000 \text{rpm}$。因此，可求得速度裕量为 14.3%。

如果试车时条件变化，转矩和转速都留有一定的额外调整能力。这与设计中考虑的安全因子类似。它允许万一需要增加转速或转矩，对控制器增益作适当调整时不至于造成电机能力和驱动器能力的饱和。

选中的产品是 GAM 公司的 EPL-X23_020 齿轮减速器和 Kollmorgen 公司的 AKM23D-BN 电机（运行电压直流 320V）。

（b）

占空比为：

$$\% \text{ED} = \frac{t_a + t_c + t_d}{t_{\text{cycle}}} \times 100\% = \frac{0.03 + 5 + 0.03}{0.03 + 5 + 0.03 + 1} \times 100\% = 83.5\%$$

因此该机器可认为是工作于连续运行模式，从 3.10 节的步骤（10）开始进行选择。

（10）减速器的平均输出速度可由下式求得为：

$$n_{2m} = \frac{n_{2a}t_a + n_{2c}t_c + n_{2d}t_d}{t_a + t_c + t_d} = \frac{75 \times 0.03 + 150 \times 5 + 75 \times 0.03}{0.03 + 5 + 0.03} = 149.11 \text{rpm}$$

（11）根据手册，减速器的额定输入速度为 $n_{1N} = 3500 \text{rpm}$，AKM21C 电机的额定速度为 $\omega_R = 8000 \text{rpm}$。因此 $\omega_{avail} = 3500 \text{rpm}$。于是

$$N_{GB} = \frac{\omega_{avail}}{n_{2m}} = \frac{3500}{149.11} = 23.47$$

（12）从（a）部分的分析中，我们知道具有最小惯量的电机（AKM21C）和略大一些的电机（AKM22C）不能得到有效的标准齿轮比范围，故选用 AKM23D 电机，得到预选齿轮比的范围下限初始估计值为 $N_{GB,lower}^{est} = 13.48$。

（13）最接近的略大标准齿轮比是 16：1，从手册可知，这个减速器的效率 $\eta_{GB} = 0.92$，惯量 $J_{GB} = 0.38 \times 10^{-4} \text{kg} \cdot \text{m}^2$。将这些数据代入式（3-47），可得范围下限为 $N_{GB,lower} = 17.38$。

（14）从下面范围中选择可用的标准齿轮比：

$$17.38 \leqslant N_{GB1}, N_{GB2}, \cdots, N_{GBn} \leqslant 23.47$$

只能选择 20：1 的标准齿轮比。因此，选 $N_{GB} = 20$。查询手册可得这个减速器的参数为：$T_{2N} = 42 \text{N} \cdot \text{m}$，$T_{2B} = 52 \text{N} \cdot \text{m}$，$n_{1N} = 3500 \text{rpm}$，$J_{GB} = 0.36 \times 10^{-4} \text{kg} \cdot \text{m}^2$，$\eta_{GB} = 0.92$。

（15）由于 $T_{2m} < T_{2N}$，所选减速器可以承受平均输出转矩。于是可以选择这个减速器。

伺服电机选择

（16）用 $N_{GB} = 20$ 和 $J_m = 0.22 \times 10^{-4} \text{kg} \cdot \text{m}^2$ 计算电机的转矩峰值和有效值可得：

$$T_{peak} = 1.557 \text{N} \cdot \text{m}, T_{RMS} = 0.367 \text{N} \cdot \text{m}$$

（17）AKM23D-BN 电机 $T_{PR} = 42 \text{N} \cdot \text{m}$，$T_{CR} = 52 \text{N} \cdot \text{m}$，$T_{peak} \leqslant T_{PR}$，$T_{RMS} \leqslant T_{CR}$，因此选择这台电机。

（18）由式（3-19）可得惯量比 $J_R = 4.11$，满足设计要求。

（19）计算可得峰值和连续转矩裕量分别为 59.5% 和 64.4%。速度裕量为 14.3%。与间歇工作相比，连续转矩裕量从 73.5% 下降到 64.4%。因为电机在连续运行模式比间歇运行模式有更长的运行时间，它将增加对电机有效值转矩 T_{RMS} 的要求。

选中的产品是 GAM 公司的 EPL-X23_020 齿轮减速器和 Kollmorgen 公司的 AKM23D-BN 电机（运行电压直流 320V）。

3.11 交流感应电机和齿轮箱选择

矢量控制交流感应电机和兼容齿轮箱的选择与 3.10 节介绍的伺服电机和伺服齿轮减速器的选择步骤相似。电机必须用具有连续和峰值电机电流控制能力的矢量控制驱动器驱动。电机手册数据可直接或构造成图 3-26b 所示那样的机械特性曲线来使用。

选择与电机兼容的蜗轮减速器（齿轮箱）时需要考虑制造商推荐的安全系数。如果电机功率已知，则齿轮箱可根据输入额定选择。不过，在电机控制驱动链的设计中，常常是

驱动负载已知。因此,齿轮箱要根据它的输出转矩能力选择[6]。

在如图 3-37 所示的坐标轴配置中,减速器输入轴速是与电机速度 ω_m 一样的。这个输入速度在手册上通常称为蜗轮转速 RPM。减速器输出轴速为 $\omega_{GB.out}$。制造商限定了装置能承受的峰值和额定输出转矩。此外,还限定了输入轴额定(连续)速度($\omega_{GB.nom}$)。

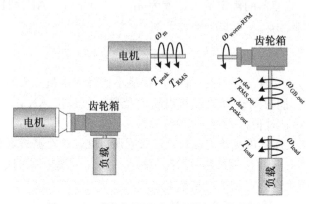

图 3-37   感应电机通过减速器与负载的耦合

矢量控制交流感应电机和齿轮箱选择步骤

1. 齿轮箱选择

(1)计算应用要求的齿轮箱输出速度 $\omega_{GB.out}$。它需要在驱动链设计中分析应用的运动轨迹和传动机构的运动情况。

(2)查找潜在的矢量控制电机产品类和兼容齿轮箱类。通常对这类电机采用蜗轮减速器。

(3)应用要求的齿轮箱输出速度 $\omega_{GB.out}$ 除以在基频下的电机满载速度 ω_{FL} 求需要的齿轮比,得到齿轮箱预选比。选出该齿轮箱类中最靠近预选比的可选比 N_{GB}。

(4)计算在齿轮箱输出轴上需要的 $T_{peak.out}$,$T_{RMS.out}$,以满足运动轨迹和负载的要求。注意由于它们是在驱动负载的齿轮箱输出端,计算不包括电机和齿轮箱。

(5)用齿轮箱手册提供的数据根据轴的运行条件确定合适的安全系数。用安全系数乘以 $T_{peak.out}$,$T_{RMS.out}$ 确定"设计"转矩 $T_{peak.out}^{des}$,$T_{RMS.out}^{des}$。如果安全系数大于 1.0,$T_{peak.out}^{des}$,$T_{RMS.out}^{des}$ 将增大,导致要选大一些的齿轮箱以提供装置的耐磨寿命。

(6)用齿轮箱手册中的功率(HP)和/或输出转矩参数表确定齿轮箱大小。采用电机的满载基速(蜗轮 RPM)和齿轮比 N_{GB},在表中找出最小尺寸齿轮箱的输出转矩(O.T.)限制值。齿轮箱输出转矩限制值必须大于在步骤(5)中算得的设计转矩值。

$$T_{RMS.out}^{des} \leqslant \text{O.T.}^{run} \quad \text{并且} \quad T_{peak.out}^{des} \leqslant \text{O.T.}^{acc}$$

式中:O.T.^{acc},O.T.^{run} 分别为齿轮箱的加速(峰值)和额定(连续)转矩输出限制。如果齿轮箱的限制转矩没有被超过,可以选择这一齿轮箱。如果超过,另选一个大一些的齿轮箱重复步骤(6)。

（7）如果负载是经过链轮或带轮与齿轮箱连接，还必须检查齿轮箱的额定悬臂负载。使用手册中适当的悬臂负载系数用式（3-42）计算悬臂负载和 $T_{\mathrm{RMS,\,out}}^{\mathrm{des}}$。应用负载必须小于所选齿轮箱的额定悬臂负载。

2. 电机选择

（8）用选定的 N_{GB} 计算电机将提供的 T_{peak}，T_{RMS}。这时电机是未知的。因此，在转矩计算时先令 $J_{\mathrm{m}}=0$。注意齿轮箱惯量 J_{GB} 和效率 η_{GB} 可以从步骤（6）选定的齿轮箱手册得到。

（9）从电机手册挑选能提供算出的转矩的尽可能小的电机。需要用到电机的数据表或机械特性曲线。

（10）用电机和齿轮箱数据依式（3-19）计算惯量比。

如果 $J_{\mathrm{R}}\leqslant5$，则接受这一电机齿轮箱组合的选择。$J_{\mathrm{R}}\leqslant5$ 是典型采用的判据，但也可根据期望的系统性能来判断，根据该坐标期望的性能采用一个适当的惯量比指标。

如果惯量比判据（$J_{\mathrm{R}}\leqslant5$）不满足，则对应用来说可能电机惯量太小，这可再挑选惯量大一点的下一型号电机重复步骤（10）。

（11）如果接受所选电机（如果已经选定电机），则再用该电机惯量 J_{m} 重新计算 T_{peak}，T_{RMS}，校验步骤（6）的齿轮箱输出转矩限制值，检查齿轮箱是否还在它的输出转矩限制范围内。如果超出，就应当另选下一型号的齿轮箱，重复步骤（8）到步骤（11）的所有计算。

（12）用所选电机的机械特性曲线或数据检查速度和转矩裕量，保证电机能够满足增加一定裕量时的期望性能要求。实践中对 T_{RMS} 常采用 30% 裕量，对 T_{peak} 采用 50% 裕量，以希望在机器试车期间如果条件变化，可以有一定的（额外转矩能力）调整空间。

例 3.11.1

机器如图 3-38 所示。它从盖匣中取出一个塑料盖，插入一个卷心的尾端。两端有真空吸盘和气动活塞的转台用于拿取和插入盖子。首先，转台从盖匣取出一个盖子，旋转180°，停止在卷心前的位置上。然后，活塞将盖子插入卷心，真空吸盘释放盖子。最后，转台再转 180° 返回盖匣。

转台惯量为 40lb·ft²。它按三角形速度曲线以 0.8s 完成每次 180° 运动。摩擦转矩是0.23lb·ft。假定不受驱动器电流能力限制，试为转台选择一台矢量控制感应电机和齿轮箱。

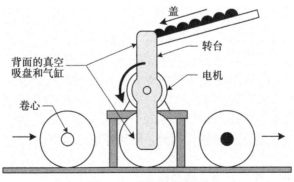

图 3-38　卷心加盖机器

解：

按 3-11 节所述步骤进行齿轮箱和电机选择。

齿轮箱选择

（1）齿轮箱的输出轴直接与转台连接，它也按三角形速度曲线工作（$t_m = 0$，$t_a = t_d = 0.4s$）。因此，根据三角形面积，我们可以求得齿轮箱最大输出速度为：

$$\omega_{GB.out} = \frac{S_{max}}{t_a} = \frac{180}{0.4} \times \frac{60}{360} \text{rpm} = 75 \text{rpm}$$

式中：60/360 是量纲转换为 rpm 的转换因子。

（2）在这个设计中，我们将采用 Marathon™-Motor 生产的 Black Max 1000：1 矢量控制电机[21] 和 Cone Drive Operations 公司生产的 RG 系列齿轮箱[9]。

（3）需要的齿轮比为：

$$N_{GB} = \frac{\omega_{FL}}{\omega_{GB.out}} = \frac{1750}{75} = 23.33$$

从齿轮箱手册，选 20：1 的标准齿轮比，这样，电机旋转速度将是 1500rpm。

（4）转矩计算需要的转台角加速度为：

$$\frac{d^2\theta_{out}}{dt^2} = \frac{\omega_{GB.out}}{t_a} = \frac{75}{0.4} \text{rpm/s} = 187.5 \text{rpm/s}$$

齿轮箱输出的峰值和有效值转矩为：

$$T_{acc.out} = J_{load}\frac{d^2\theta_{out}}{dt^2} + T_{fric} = \frac{40 \times 187.5}{308} + 0.23 = 24.58 \text{lb} \cdot \text{ft}$$

$$T_{run,out} = T_{fric} = 0.23 \text{lb} \cdot \text{ft}$$

$$T_{dec.out} = -J_{load}\frac{d^2\theta_{out}}{dt^2} + T_{fric} = -\frac{40 \times 187.5}{308} + 0.23 = -24.12 \text{lb} \cdot \text{ft}$$

式中：308 是转矩用 lb·ft 量纲的转换因子。

$$T_{RMS.out} = \sqrt{\frac{T_{acc.out}^2 t_a + T_{run.out}^2 t_m + T_{dec.out}^2 t_d}{t_a + t_m + t_d}} = 24.35 \text{lb} \cdot \text{ft}$$

（5）制造商对周期冲击和速度提供了两个安全系数。假定机器每小时起停 1000 次。因此，根据手册可取安全系数 $S_{f.shock} = 1.0$。用 20：1 齿轮比时电机速度为 1500rpm。使用手册中的表线性插值，可算出 $S_{f.speed} = 0.9$ 整个装置的安全系数 $S_f = 1.0 \times 0.9 = 0.9$。

设计转矩为：

$$T_{peak.out}^{des} = T_{acc.out} S_f = 22.12 \text{lb} \cdot \text{ft}$$

$$T_{RMS.out}^{des} = T_{RMS.out} S_f = 21.92 \text{lb} \cdot \text{ft}$$

（6）齿轮箱型号可以根据应用要求的齿轮箱输出转矩和选定的齿轮比从手册确定。用齿轮比 20：1，$T_{peak.out}^{des}$ 和 $T_{RMS.out}^{des}$，我们可以选择 Model RG15 型齿轮箱，因为它的 O. T. $^{run} = 422/12 = 35.17 \text{lb} \cdot \text{ft}$，O. T. $^{acc} = 525/12 = 43.81 \text{lb} \cdot \text{ft}$ 二者都大于设计转矩。

（7）转台直接与齿轮箱输出连接，因此，不用考虑悬臂负载。

电机选择

（8）选定的齿轮箱折算到它输入轴的惯量为 $J_{GB} = 11.4 \times 10^{-4} \text{lb} \cdot \text{in} \cdot \text{s}^2$，手册说明当

蜗轮速度为 100rpm 时效率为 72%，与应用最为接近。因此时电机未知，令 $J_m=0$，电机角加速度可求得为：

$$\frac{\mathrm{d}^2\theta_m}{\mathrm{d}t^2} = \frac{\mathrm{d}^2\theta_{out}}{\mathrm{d}t^2} N_{GB} = 3750\mathrm{rpm/s}$$

总惯量为：

$$J_{total} = J_m + J_{GB} + J_{ref} = 0 + 11.4\times10^{-4}\times\left(\frac{32.2}{12}\right) + \frac{1}{0.72\times20^2}\times40 = 0.142\mathrm{lb}\cdot\mathrm{ft}^2$$

式中：$(32.2/12)$ 是从 $\mathrm{lb}\cdot\mathrm{in}\cdot\mathrm{s}^2$ 到 $\mathrm{lb}\cdot\mathrm{ft}^2$ 的量纲转换因子。电机需要提供的峰值和有效值转矩为：

$$T_{peak} = J_{total}\frac{\mathrm{d}^2\theta_m}{\mathrm{d}t^2} + \frac{1}{\eta_{GB}N_{GB}}T_{fric} = \frac{0.142\times3750}{308} + \frac{1}{0.72\times20}\times0.23 = 1.73\mathrm{lb}\cdot\mathrm{ft}$$

$$T_{run} = \frac{1}{\eta_{GB}N_{GB}}T_{fric} = 7.99\times10^{-4}\mathrm{lb}\cdot\mathrm{ft}$$

$$T_{peak} = -J_{total}\frac{\mathrm{d}^2\theta_m}{\mathrm{d}t^2} + \frac{1}{\eta_{GB}N_{GB}}T_{fric} = -1.73\mathrm{lb}\cdot\mathrm{ft}$$

$$T_{RMS} = \sqrt{\frac{T_{peak}^2 t_a + T_{run}^2 t_m + T_{dec}^2 t_d}{t_a + t_m + t_d}} = 1.73\mathrm{lb}\cdot\mathrm{ft}$$

（9）由电机手册，我们可以选择 1.5HP 的 Black Max@ 电机，它具有 4.5lb·ft 的满载转矩和 0.140lb·ft² 的惯量。

（10）可求得惯量比为：

$$J_R = \frac{J_{GB}+J_{ref}}{J_m} = 1.014$$

因 $J_R\leqslant5$，它是可以接受的（因此这个惯量比是合理的）。

（11）用步骤（8）的方程，按所选电机惯量重新计算峰值和有效值转矩，得 $T_{peak}=3.44\mathrm{lb}\cdot\mathrm{ft}$ 和 $T_{RMS}=3.43\mathrm{lb}\cdot\mathrm{ft}$。可求得齿轮箱的峰值输出转矩为：

$$T_{peak.out}^{des} = \eta_{GB}N_{GB}T_{peak}S_f = 0.72\times20\times3.44\times0.95 = 47.06\mathrm{lb}\cdot\mathrm{ft}$$

类似地，$T_{RMS.out}^{des}=46.92\mathrm{lb}\cdot\mathrm{ft}$。但是由于 O.T.$^{run}=35.17\mathrm{lb}\cdot\mathrm{ft}$，O.T.$^{acc}=43.8\mathrm{lb}\cdot\mathrm{ft}$，超过了这个齿轮箱的输出转矩极限，因此需要重新尝试尺寸更大一些的齿轮箱。

接下来，换选 Model RG 25 齿轮箱，它的 O.T.$^{run}=1411/12=117.6\mathrm{lb}\cdot\mathrm{ft}$，O.T.$^{acc}=1920/12=160\mathrm{lb}\cdot\mathrm{ft}$，$\eta_{GB}=0.75$，$J_{GB}=32.2\times10^{-4}\mathrm{lb}\cdot\mathrm{in}\cdot\mathrm{s}^2$。重复步骤（8）到步骤（10），求得 $J_R=1.014$，$T_{peak}=3.43\mathrm{lb}\cdot\mathrm{ft}$，$T_{RMS}=3.43\mathrm{lb}\cdot\mathrm{ft}$。没有超过齿轮箱输出转矩限制，电机也可以提供需要的有效值转矩，因此可以选择这个齿轮箱。但是，连续转矩裕量仅有 24%。裕量期望值是 30% 或更高。

选下一规格的电机（2hp），满载转矩为 6.0 lb·ft，惯量为 0.130 lb·ft²。这将使作用在电机轴上的系统总惯量变为 $J_{tot}=0.272\mathrm{lb}\cdot\mathrm{ft}^2$。用这台 2hp 电机和 25 号齿轮箱重复步骤（8）到步骤（10），得到 $J_R=1.092$，$T_{peak}=3.31\mathrm{lb}\cdot\mathrm{ft}$ 和 $T_{RMS}=3.31\mathrm{lb}\cdot\mathrm{ft}$。没有超过齿轮箱输出限制。

（12）转矩裕量为：

$$\text{峰值转矩裕量} = \frac{T_{\text{peak}}^{\text{m}} - T_{\text{peak}}^{\text{app}}}{T_{\text{peak}}^{\text{m}}} \times 100\% = \frac{9 - 3.31}{9} \times 100\% = 63.2\%$$

$$\text{有效转矩裕量} = \frac{T_{\text{RMS}}^{\text{m}} - T_{\text{RMS}}^{\text{app}}}{T_{\text{RMS}}^{\text{m}}} \times 100\% = \frac{6 - 3.31}{6} \times 100\% = 45\%$$

上面转矩裕量计算中采用 $T_{\text{peak}}^{\text{m}} = 9\text{lb} \cdot \text{ft}$ 是以 150% 满载转矩作为电机可获得的最大瞬时转矩。这个转矩裕量是可以接受的，因此，选定 2hp（HP）Black Max® 矢量控制感应电机和 RG 型 25 号齿轮比为 20∶1 的齿轮箱，满足设计要求。

3.12 电机、齿轮箱和传动机构选择

图 3-39 所示的坐标配置可通过将电机和齿轮箱与 3.3 节所介绍的传动机构连接得到。传动机构将负载转矩、惯量和运动折算到它的输入轴，与齿轮箱的输出轴相联。齿轮箱再将这些运动、负载惯量和转矩折算到连接在它输入轴的电机上。

从电机侧看的总惯量为：

$$J_{\text{total}} = J_{\text{m}} + J_{\text{GB}} + \frac{1}{\eta_{\text{GB}} N_{\text{GB}}^2} J_{\text{ref}}^{\text{trans}} \tag{3-48}$$

式中：$T_{\text{load} \to \text{in}}$ 是被传动机构折算到它输入轴（或齿轮箱输出轴）的负载转矩。在 3.3 节中对每一种传动机构它们都有唯一的定义。

类似地，作用于负载上的力首先被传动机构换算成负载转矩到它的输入轴，然后被齿轮箱折算到电机轴：

$$T_{\text{load} \to \text{M}} = \frac{1}{\eta_{\text{GB}} N_{\text{GB}}} T_{\text{load} \to \text{in}} \tag{3-49}$$

式中：J_{GB} 是齿轮箱折算到电机轴的惯量。$J_{\text{ref}}^{\text{trans}}$ 是传动机构折算到它输入轴（或齿轮箱输出轴）的惯量。

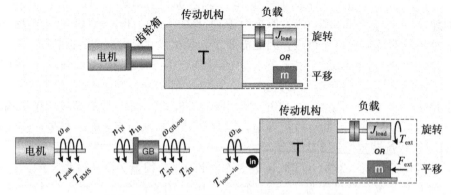

图 3-39 电机通过齿轮箱和传动机构与负载耦合

轴设计可以从选择传动机构类型（导螺杆、带传动、齿轮齿条，等等）开始。然后，

从手册选一种传动机构（例如文献［13，28］介绍的）。接下来，将 3.3 节中适当的 $J_{\text{ref}}^{\text{trans}}$ 方程代入式（3-48）计算坐标的 J_{total}。与之类似，用所选机构恰当的 $T_{\text{load}\to\text{in}}$ 方程计算 $T_{\text{load}\to\text{M}}$。然后，电机和齿轮箱的选择就可以按 3.10 节或 3.11 节介绍的步骤完成，取决于电机的类型。

设计中包含有两个比：①齿轮比；②传动比。首先选传动机构，然后确定齿轮箱的大小，可以先选定一个再尝试找另一个。步骤完成后，如果结果不满意，可以选择另一类的传动机构或有不同传动比的同类传动机构，再重复齿轮箱/电机选择步骤。

例 3.12.1

需要设计一台机器给 60in 长的产品涂胶。涂胶时要求胶头以恒速运行在产品上方。由于机器的结构设计限制，在 60in 直线运动的两端只有 4in 附加空间可用于胶头的加减速。胶头必须在 0.8s 内涂胶。胶头宽 7in，重 28lb。从下面的产品系列中挑选元件：Bosch Rexroth AG 生产的 MKR 系列直线皮带传动装置[32]，morgen[20] 的 AKM™ 伺服电机和 GAM[17] 的 EPL-H 齿轮减速器。

解：

设计要求选择一种直线带传动、齿轮箱和一台电机。按照 3.12 节介绍的步骤，首先通过直线执行器手册挑选一个合适的直线带传动装置，然后再按 3.10 节介绍的步骤选择齿轮箱和电机。

选择直线皮带传动

胶头有 7in（178mm）宽。MKR 15-65 或 MKR 20-80 是两种可选的最小直线型号，它们的架宽都有 190mm。MKR 系列有球状和齿状导轨带。对于 MKR 15-65 和 MKR 20-80，最大允许驱动转矩分别为 9.1N·m 和 32N·m。由于在这个应用中对加减速距离有严格限制，移动胶头更希望有高一些的加速转矩，因此，初选 MKR 20-80 型直线带传动。

这些型号可以由用户定长度。手册提供了一个计算需要长度的计算公式：

$$L = (S_{\text{eff}} + 2S_{\text{e}}) + 20 + L_{\text{ca}}$$

式中：S_{eff} 是有效冲程长度，此处为 60in；S_{e} 是为停车距离而在两端额外增加的推荐长度，此处为 4in；L_{ca} 是架宽度，此处 MKR 20-80 是 190mm。注意设计指标是根据 U.S. 单位制给出的，而带传动采用 SI 国际单位制，因此，先将所有设计数据量纲都转换成 SI 标准。需要的装置长度可求得为 $L=1937$mm。手册还给出了一个计算将装置惯量折算到它输入端的公式为：

$$J_{\text{BeltDrive}\to\text{in}} = (21.2 + 0.00379L) \times 10^{-4}\,\text{kg}\cdot\text{m}^2$$

将 $L=1937$mm 代入可得 $J_{\text{BeltDrive}\to\text{in}}=29\times10^{-4}\,\text{kg}\cdot\text{m}^2$。这个惯量即为带传动装置的总折算惯量。如例 3.8.1 中解释的那样，被带传动机构折算的惯量还必须包括负载惯量：

$$
\begin{aligned}
J_{\text{ref}}^{\text{trans}} &= J_{\text{BeltDrive}\to\text{in}} + \frac{1}{\eta N_{\text{BD}}^2}\left(\frac{W_{\text{L}}+W_{\text{C}}}{g}\right) \\
&= 29\times10^{-4} + \frac{1}{0.95\times30.6^2}\times\left(\frac{28\times4.448+1.4\times9.81}{9.81}\right) \\
&= 17.1\times10^{-3}\,\text{kg}\cdot\text{m}^2
\end{aligned}
$$

式中：带传动效率 $\eta=0.95$；输入带轮节圆直径为 $d_{ip}=65.27\times10^{-3}\text{m}$。因此，由式（3-31），$N_{BD}=30.6$（1/m）。此外，28lb 负载通过乘以 4.448 转换为牛顿。

根据式（3-28），可求得总外力。架的重量 W_C 手册给定为 1.4kg。假定摩擦因数 $\mu=0.5$，则外力可求得为 $F_{est}=69.14\text{N}$。由式（3-33），可以求得折算到皮带传动输入轴的负载转矩 $T_{load\to in}=2.38\text{N}\cdot\text{m}$。

齿轮减速器选择

下面准备开始按照 3.10 节步骤选择齿轮箱和交流伺服电机。注意由于带传动直接连接到齿轮减速器的输出轴，$T_{load\to in}$，J_{ref}^{trans} 与 3.10 节中的 T_{load}，J_{load} 是一样的。

GAM EPL-H 84 齿轮减速器[17]具备与带传动兼容的安装接口。因此初步选择这个减速器，而与之兼容的电机有 AKM4x 系列。其中 AKM41H 电机惯量最小：$J_m=0.81\times10^{-4}\text{kg}\cdot\text{m}^2$，作为初选。

（1）我们需要计算减速器的平均输出转矩。这个计算需要输出轴的角加速度 $\dfrac{\text{d}^2\theta_{GB.out}}{\text{d}t^2}$。

减速器的输出速度可以通过分析运动轨迹求得。该坐标必须在 0.8s 内恒速移动 60in 以均匀涂胶。因此，$v_{max}=60/0.8=75\text{in/s}$（1.9m/s），这是架的速度。如果我们将它除以带传动输入带轮的半径，就可以得到带传动输入轴需要的旋转速度，它也是减速器的输出转速：

$$n_{2c}=\frac{1.9}{(65.27\times10^{-3})/2}=58.37\text{rad/s}=557.4\text{rpm}$$

这样，可求得减速器输出轴（负载）的角加速度为：

$$\frac{\text{d}^2\theta_{GB.out}}{\text{d}t^2}=\frac{n_{2c}}{t_a}=547.25\text{rad/s}^2$$

加速期间的输出转矩为：

$$T_{2a}=J_{load}\frac{\text{d}^2\theta_{GB.out}}{\text{d}t^2}+T_{load}=17.1\times10^{-3}\times547.25+2.38=11.73\text{N}\cdot\text{m}$$

类似地，运行和减速期间的输出转矩可求得为 $T_{2c}=2.38\text{N}\cdot\text{m}$ 和 $T_{2d}=-6.976\text{N}\cdot\text{m}$。将它们和 $n_{2c}=557.4\text{rpm}$，$n_{2a}=n_{2d}=278.7\text{rpm}$ 一道代入均方根公式可得到 $T_{2m}=4.426\text{N}\cdot\text{m}$，即减速器输出轴上的平均转矩。

（2）经过观察，占空比是 100%，因为机器在周期运动中没有停歇时间。可用算式计算如下：

$$\%ED=\frac{t_a+t_c+t_d}{t_{cycle}}\times100\%=\frac{0.107+0.8+0.107}{0.107+0.8+0.107}\times100\%=100\%$$

机器连续运行。于是，下面的计算从 3.10 节的步骤（10）开始进行，序号从（10）开始以和步骤保持一致。

（10）减速器的平均输出速度为：

$$n_{2m}=\frac{n_{2a}t_a+n_{2c}t_c+n_{2d}t_d}{t_a+t_c+t_d}=498.74\text{rpm}$$

（11）根据手册，减速器额定输入速度为 $n_{1N}=3000\text{rpm}$，AKM41H 电机额定速度为 $\omega_R=6000\text{rpm}$。因此，$\omega_{avail}=3000\text{rpm}$，

$$N_{\text{GB. upper}} = \frac{\omega_{\text{avail}}}{n_{2\text{m}}} = \frac{3000}{498.74} = 6.015$$

（12）估算可能选用的齿轮比下限为：

$$N_{\text{GB. lower}}^{\text{est}} = \sqrt{\frac{J_{\text{load}}}{5J_{\text{m}} - J_{\text{on motot shaft}}}} = \sqrt{\frac{17.1 \times 10^{-3}}{5 \times 0.81 \times 10^{-4}}} = 6.496$$

式中：$J_{\text{on motor shaft}} = 0$。

（13）由于估算齿轮比的上下限重叠，无法定义一个范围，不可能找到标准齿轮比。这表明所选的电机惯量太小。选惯量稍大一点的 AKM42E 电机重复步骤（11）到步骤（13），得到同样的结果。

再选惯量更大一点的电机 AKM43L，$J_{\text{m}} = 2.1 \times 10^{-4} \text{kg} \cdot \text{m}^2$ 重复同样步骤，下限的初步估计值为 $N_{\text{GB. lower}}^{\text{est}} = 4.034$。最接近的大一些的标准齿轮比为 5：1。最后，用手册提供的这个齿轮减速器的数据 $N_{\text{GB}} = 5$，$\eta_{\text{GB}} = 0.92$，$J_{\text{GB}} = 1.05 \times 10^{-4} \text{kg} \cdot \text{m}^2$ 代入式（3-47）计算齿轮比实际的下限为 $N_{\text{GB. lower}} = 4.433$。

（14）齿轮比范围为：

$$4.433 \leqslant N_{\text{GB}} \leqslant 6.015$$

选的标准比在这个范围内。于是，维持 $N_{\text{GB}} = 5$ 的选择。这个减速器参数为 $T_{2\text{N}} = 50\text{N} \cdot \text{m}$，$T_{2\text{B}} = 75\text{N} \cdot \text{m}$，$n_{1\text{N}} = 3000\text{rpm}$，$\eta_{\text{GB}} = 0.92$，$J_{\text{GB}} = 1.05 \times 10^{-4} \text{kg} \cdot \text{m}^2$。减速器输入速度将为 $n_{1\text{c}} = N_{\text{GB}}n_{2\text{c}} = 2787\text{rpm}$，靠近但低于减速器的额定输入速度。

（15）选定的减速器可以承受平均输出转矩，因为 $T_{2\text{m}} < T_{2\text{N}}$。因此，可以选择这款减速器。

伺服电机选择

（16）用 $N_{\text{GB}} = 5$，$J_{\text{m}} = 2.1 \times 10^{-4} \text{kg} \cdot \text{m}^2$ 计算电机转矩的峰值和有效值，得 $T_{\text{peakx}} = 3.41\text{N} \cdot \text{m}$，$T_{\text{RMS}} = 1.43\text{N} \cdot \text{m}$。

（17）AKM43L 电机的 $T_{\text{PR}} = 16.0\text{N} \cdot \text{m}$，$T_{\text{CR}} = 2.53\text{N} \cdot \text{m}$。由于 $T_{\text{peak}} \leqslant T_{\text{PR}}$，$T_{\text{RMS}} \leqslant T_{\text{CR}}$，可以选择这台电机。

（18）根据式（3-19）算得惯量比 $J_{\text{R}} = 4.04$，满足判据。

（19）算得峰值和连续转矩裕量分别为 78.7% 和 43.7%，速度裕量为 7.1%。

选定的产品为 GAM 的 EPL-H-084-005 齿轮减速器，Kollmorgen 的 AKM43L 电机（运行在直流 320V），和 Bosch Rexroth AG 的 MKR 20-80 直线带传动。

习题

1. 图 3-40 所示的每个齿轮箱的齿轮比 N_{GB} 是多少？

2. 图 3-40b 所示的坐标参数为：$n_1 = 30$，$n_2 = 60$，$n_3 = 30$，$n_4 = 90$，$J_{\text{load}} = 5 \times 10^{-4} \text{kg} \cdot \text{m}^2$，$J_{\text{m}} = 3 \times 10^{-6} \text{kg} \cdot \text{m}^2$。齿轮箱效率为 94%。从电机侧看到的负载惯量是多少？惯量比是多少？

3. 一个带轮和带传动机构有一大一小两个带轮。图 3-41 所示的是带轮的横截面，尺寸如

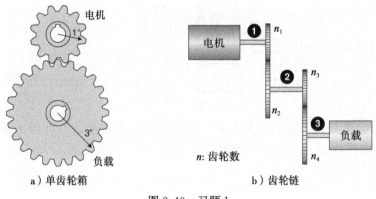

图 3-40　习题 1

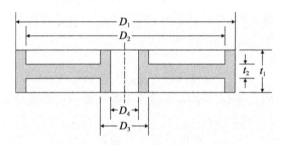

图 3-41　习题 3 中带轮的几何尺寸

表 3-4所示。如果带轮是钢制的，密度为 $\rho = 0.280\text{lb/in}^3$。求每个带轮的惯量（$\text{lb} \cdot \text{in} \cdot \text{s}^2$）。

表 3-4　习题 3 中的皮带轮尺寸

皮带轮	D_1	D_2	D_3	D_4	t_1	t_2
大	5	4.5	1.125	0.625	1.5	0.25
小	2.5	2	1.125	0.625	1.5	0.25

4. 图 3-42 所示传送带，驱动辊直径为 D_{DR}，惯量为 J_{DR}。回辊直径为 D_{BR}，惯量为 J_{BR}。三个惰轮每个的直径是 D_{ID}，惯量是 J_{ID}。传送带重量为 W_{Cbelt}。驱动辊有一个大的带轮，直径是 D_{BP}，惯量是 J_{BP}。它通过一个直径为 D_{SP}、惯量为 J_{SP} 的小带轮连接到齿轮箱。齿轮箱齿轮比为 N_{GB}，折算到输入端的惯量为 J_{GB}。电机惯量为 J_m。

　　当传送带传送最大额定负载 W_L 时，电机轴上的总惯量 J_{total}是多少？驱动带的重量可以忽略。

5. 图 3-42 所示驱动辊和回辊的直径为 6in。三个惰轮直径均为 2in。所有辊都是壁厚 0.25in 的中空圆柱体，长 18in，用密度 $\rho = 0.096\text{lb/in}^3$ 的铝制成。传送带重量为 18lb。驱动皮带轮如习题 3 所述、图 3-42 所示。传动带重量可以忽略。齿轮箱齿轮比为 5∶1，折算到输入的惯量为 $J_{GB} = 0.319\text{lb} \cdot \text{in}^2$。电机惯量为 $J_m = 0.110\text{lb} \cdot \text{ft}^2$。传送带和齿轮箱的效率均为 $\eta = 0.9$。

　　当传送带传送它的最大额定负载 500lb 时，求电机轴上的总惯量 J_{total} 和惯量比 J_R。

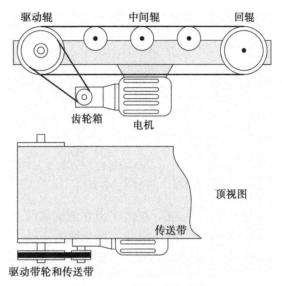

图 3-42　习题 4 的传送带

忽略驱动带的重量。

6. 例 3.4.1 中起重机 X 坐标电机的峰值和连续转矩裕量、速度裕量是多少?

7. 图 3-43 所示的是一台将装满产品的密封盒子从传送带推入一个箱子的机器。推杆采用滚珠丝杠直线传动和一台交流伺服电机驱动构造。钢制滚珠丝杠密度为 $\rho = 0.280\text{lb/in}^3$，节圆直径 16mm，长 533mm，螺距 10mm/rev。载荷重量 1.09lb，驱动丝杆效率为 90%。传动机构摩擦因数 $\mu_{\text{screw}} = 0.01$。盒子与传送带间的摩擦因数 $\mu_{\text{box}} = 0.4$。电机惯量 $1.5 \times 10^{-4}\text{lb} \cdot \text{in} \cdot \text{s}^2$，每盒重 15lb。

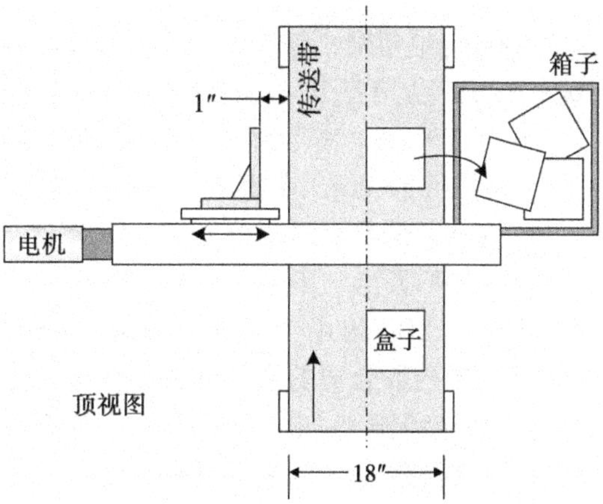

推杆在距离传送带左边侧 1in 位置等待。当一个盒子到达时，传送带停止。推杆加速越过 1in 距离，当它来到传送带左边侧时，速度为 18in/s。然后它保持这一速度行进 1s 将盒子推入箱子。当推杆到达传送带右边侧时，按加速同样的速率减速停车。

图 3-43　习题 7 的推盒子装置

在运动从等待位置出发之后，推杆什么时候可以碰到盒子? 为坐标的整个运动过程绘制速度时间图和转矩时间图。

8. 一台卷绕机用于生产纸巾卷，如图 3-44 所示，它被用在商务厕所的纸巾配送中。机器将一个大的卷筒纸开卷，印花，切成独立的段，然后卷到一个纸心上。生产卷纸的纸筒直径 8in、长 6ft、中空纸心 2in。然后将每卷纸筒切成 9 个 8in 宽的纸巾卷。

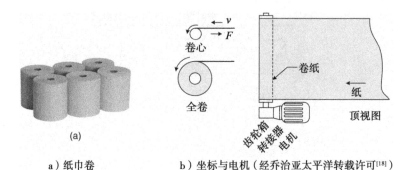

a）纸巾卷　　　　　　b）坐标与电机（经乔治亚太平洋转载许可[18]）

图 3-44　习题 8 的收卷机

机器运行时，纸张的速度为 200ft/min，纸的张力在纸的直线长度方向为 1lb/in。试从制造商手册（如文献［7］和［21］所介绍的）为卷纸轴选择一台三相交流感应矢量控制电机和一个齿轮箱。提示：考虑卷绕在保持纸的张力恒定时会要求电机的转矩和转速变化。

9. 一个陈旧的控制器将被另一个已经到手的控制器更新。这个新控制器有许多期望的特性，但是它的额定电流输出要稍微低于旧控制器的额定电流输出。机器上有一个轴电机的额定峰值转矩是 $T_{PR}=4.38N \cdot m$，额定连续转矩 $T_{CR}=1.33N \cdot m$。电机的额定峰值电流为 $I_{PR}=5.3A$，额定连续电流为 $I_{CR}=1.6A$。新控制器运行电压相同，但只能提供 $I_{PR}=4.0A$，$I_{CR}=1.1A$。当电机用新控制器时，它的额定转矩将按电流比例减小。新控制器与电机组合能提供的 T_{PR} 和 T_{CR} 新值是多少？

10. 一传送带上有三个完成的产品盒，每个盒子重 20kg，两个主辊每个的惯量为 $J_{roller}=2.33 \times 10^{-3}kg \cdot m^2$，直径为 $d_r=8cm$。传送带有几个惰轮支撑带上的重量，惰轮的惯量可以忽略。带重 5kg。期望运动的速度曲线是 $t_a=t_d=100ms$，$t_m=1s$，带速度为 $v_{max}=0.5m/s$，带摩擦因数为 $\mu=0.2$，传送带效率为 $\eta=0.8$。

　　（a）计算 T_{peak}，T_{RMS}；

　　（b）从 ABB 的用 IEC 安装标准的 BSM63N 系列中挑选一台伺服电机和 WITTEN-STEIN 控股公司的 LP+ 3 代系列中挑选一台兼容的行星齿轮减速器。

11. 一台托盘配送机如图 3-45 所示，它每次从一堆托盘中将一个托盘送到传送带上。机器有两个坐标，一个用来升降托盘堆，另一个用来移动一个叉子进出托盘堆。开始工作时，先将一堆托盘放入机器。

　　机器运行如下：（1）叉子移入托盘堆底部托盘上方的托盘中。（2）举起托盘堆将底部托盘留在传送带上，（3）传送带起动将托盘从机器送出，（4）传送带停止，托盘堆下落，放在传送带上，（5）叉子拉出并升高到倒数第二层托盘底部。回到第一步周期重复。

　　升降坐标需要在 5s（$t_a=t_d=1s$）内移动 24in。然后间歇 3s。机器可以处理一个 10 托盘的托盘堆。托盘和架子的总重量是 1500lb。链重 11lb，使用了两个 3in、每个惯量为 $J_{sp}=9.69 \times 10^{-4}lb \cdot in \cdot s^2$ 的链齿轮，链传动效率为 95％。试由生产商手册（如文献

[7] 和［21］所述）为升降坐标选一台三相交流感应矢量控制电机和一个减速齿轮箱。

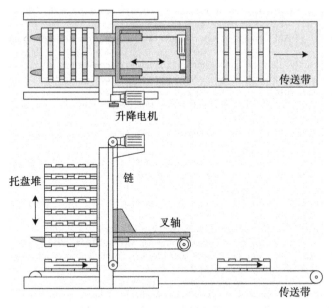

图 3-45 习题 11 的托盘供应机

参考文献

[1] ABB Corp. (2014) AC servo motors BSM Series. http://www.baldormotion.com/products/servomotors/n_series/bsm_nseries.asp (accessed 16 November 2014).

[2] Allied Motion Technologies, Inc. (2014) Quantum NEMA 23 Brushless Servo Motors. http://www.alliedmotion.com/Products/Series.aspx?s=51 (accessed 14 November 2014).

[3] Apex Dynamics USA. (2014) AB-Series High Precision Planetary Gearboxes. http://www.apexdynamicsusa.com/ab-series-high-precision-planetary-gearboxes.html (accessed 10 November 2014).

[4] Apex Dynamics USA. (2014) ABR-Series High Precision Planetary Gearboxes. http://www.apexdynamicsusa.com/products/abr-series-high-precision-planetary-gearboxes.html (accessed 10 November 2014).

[5] Apex Dynamics USA. (2014) PN-Series High Precision Planetary Gearboxes. http://www.apexdynamicsusa.com/pn-series-high-precision-planetary-gearboxes.html (accessed 10 November 2014).

[6] Baldor-Dodge. (2014) Tigear-2 Speed Reducers. http://www.dodge-pt.com/products/gearing/tigear2/index.html (accessed 2 September 2014).

[7] Cone Drive Operations, Inc. (2013) Cone Drive® Model HP Gearing Solutions (HP.0906.20). http://www.conedrive.com/library/userfiles/ModelHP-catalog-Printed.pdf (accessed 13 December 2013).

[8] Cone Drive Operations, Inc. (2014) Cone Drive Motion Control Solutions. http://conedrive.com/Products/Motion-Control-Solutions/motion-control-solutions.php (accessed 23 Februrary 2014).

[9] Cone Drive Operations, Inc. (2014)   Cone Drive® Model RG Servo Drive.   http://conedrive.com/Products/Motion-Control-Solutions/model-rg-gearheads.php (accessed 23 Februrary 2014).

[10] DieQua Corp. (2014) Manufacturer and Supplier of Gearboxes for Motion Control and Power Transmission. http://www.diequa.com/index.html (accessed 20 November 2014).

[11] George Ellis. *Control Systems Design Guide*. Elsevier Academic Press, Third edition, 2004.

[12] Emerson Industrial Automation. (2014)   Servo Motors Product Data, Unimotor HD.   http://www.emersonindustrial.com/en-EN/documentcenter/ControlTechniques/Brochures/CTA/BRO_SRVMTR_1107.pdf (accessed 14 November 2014).

[13] Festo Crop. (2014) EGC Electric Linear Axis with Toothed-belt. http://www.festo.com/cms/en-us_us /11939.htm (accessed 31 October 2014).

[14] Festo Crop. (2014) EGSK Electric Slide. http://www.festo.com/cat/de_de/data/doc_engb/PDF/EN/EGSK -EGSP_EN.PDF (accessed 31 October 2014).

[15] GAM. (2013) 2013 GAM Catalog. http://www.gamweb.com/documents/2013GAMCatalog.pdf (accessed 19 March 2013).

[16] GAM. (2014) Gear Reducers. http://www.gamweb.com/gear-reducers-main.html (accessed 21 January 2014).

[17] GAM. (2014) High Performance: EPL Series. http://www.gamweb.com/gear-reducers-high-precision-EPL.html (accessed 21 January 2014).

[18] Georgia-Pacific LLC. (2014) Envision® High Capacity Roll Paper Towel. http://catalog.gppro.com/catalog/ 6291/8373 (accessed 2 November 2014).

[19] Austin Hughes and Bill Drury. *Electric Motors and Drives; Fundamentals, Types and Applications.* Elsevier Ltd., Fourth edition, 2013.

[20] Kollmorgen. (2014) Kollmorgen AKM Servomotor Selection Guide with AKD Servo Drive Systems. http://www.kollmorgen.com/en-us/products/motors/servo/akm-series/akm-series-ac-synchronous-motors/ac -synchronous-servo-motors/ (accessed 21 March 2014).

[21] Marathon Motors. (2013) SB371-Variable Speed Motor Catalog. http://www.marathonelectric.com/motors /index.jsp (accessed 25 October 2013).

[22] Marathon Motors. (2014) Three Phase Inverter (Vector) Duty Black Max® 1000:1 Constant Torque, TENV Motor. http://www.marathonelectric.com/motors/index.jsp (accessed 4 May 2014).

[23] John Mazurkiewicz. (2007) Motion Control Basics. http://www.motioncontrolonline.org/files/public/Motion _Control_Basics.pdf (accessed 7 October 2012).

[24] Robert Norton. *Machine Design: An Integrated Approach.* Prentice-Hall, 1998.

[25] Warren Osak. *Motion Control Made Simple.* Electromate Industrial Sales Limited, 1996.

[26] Parker Hannifin Corp. (2008) ERV Series Rodless Actuators. http://www.parkermotion.com/actuator /18942ERV.pdf (accessed 2 December 2014).

[27] Parker Hannifin Corp. (2013) BE Series Servo Motors. http://divapps.parker.com/divapps/emn/download/Motors /BEServoMotors_2013.pdf (accessed 23 July 2013).

[28] Parker Hannifin Corp. (2013) Parker 404XE Ballscrew Linear Actuators. http://www.axiscontrols.co.uk /ballscrew-linear-actuators (accessed 23 July 2013).

[29] Parker Hannifin Corp. (2013) PE Series Gearheads: Power and Versatility in an Economical Package. http://www.parkermotion.com/gearheads/PV_Gearhead_Brochure.pdf (accessed 23 July 2013).

[30] Parker Hannifin Corp. (2014) Screw Driven Tables - XE Series. http://www.parkermotion.com/literature /precision_cd/CD-EM/daedal/cat/english/SectionB.pdf (accessed 6 June 2012).

[31] Parker Hannifin Corp. (2014) XE Economy Linear Positioners Catalog 2006/US. http://www.parkermotion .com/literature/precision_cd/CD-EM/daedal/cat/english/402XE-403XE%20print%20catalog%2012_8_06.pdf (accessed 6 June 2012).

[32] Rexroth Bosch AG. (2014) Bosch-Rexroth Linear Modules with Ball Rail Systems and Toothed Belt Drive (MKR). http://www.boschrexroth.com/en/xc/products/product-groups/linear-motion-technology/linear-motion -systems/linear-modules/index (accessed 20 May 2014).

[33] Rockford Ball Screw Co. (2014) ACME Screws. http://www.rockfordballscrew.com/products/acme-screws/ (accessed 5 December 2014).

[34] Rockford Ball Screw Co. (2014) Ball Screws. http://www.rockfordballscrew.com/products/ball-screws/ (accessed 5 December 2014).

[35] The Gates Corp. (2014) PowerGrip® Belt Drive. http://www.gates.com/products/industrial/industrial-belts (accessed 29 October 2014).

[36] WITTENSTEIN holding Corp. (2014) LP⁺/LPB⁺ Generation 3 Planetary Gearheads. http://www .wittenstein-us.com/planetary-gearhead-lp-plus-lpb-plus.php (accessed 26 November 2014).

[37] WITTENSTEIN holding Corp. (2014) Precision Gearboxes. http://www.wittenstein-us.com/Precision -Gearboxes.html (accessed 26 November 2014).

第 4 章 电 机

电机将电能转换成机械能。根据美国能源部的说法，美国全部电能中的 50% 以上都是由电机所消耗的。泵、机床、风扇、家电、磁盘驱动器和电动工具仅仅是电机应用中很小的一部分。

工业中用得最多的电机是三相交流伺服电机和感应电机。一台交流伺服电机在转子上装有永磁磁铁，定子上有三相绕组。这些电机按低惯量设计，因此，动态响应快，非常适合用于运动控制。它们还装有一个一体化的位置传感器，例如编码器，允许用一个驱动装置来实现精密的控制。感应电机有一个简单而坚固的外部或内部短路的转子，定子含有三相绕组。成本相对较低、结构坚固和良好的性能使感应电机在工业中得到更广泛使用。在运动控制中，采用逆变（矢量）控制感应电机。这些电机有专门的绕组能够承受频繁的起动、停止控制要求。它们都装有一个位置传感器，通过一台矢量控制驱动器控制，如卷取机应用。

本章从一些基本概念比如电周期、机械周期、磁极和三相绕组等开始，介绍定子产生的旋转磁场，霍尔传感器和六步换相，然后详细介绍交流伺服电机的结构。对正弦和六步换相产生的转矩性能进行比较。接下来介绍笼型交流感应电机概况，讨论它的直接接入电网恒速运行和通过变频驱动变速运行方法。本章还包括了这两种电机的数学和仿真模型。

4.1 基本概念

在本章我们学习的两种电机，定子都是由机械空间相差 120° 的三相绕组构成的。每相绕组基本是一个电磁铁。当定子绕组被激励时，它们会在电机内产生一个旋转磁场。注意定子是保持静止的，而绕组产生的磁场是旋转的。转子是电机的运动部件，它被旋转磁场拉着旋转。

将导线绕成一个线圈，并通入电流就可以构成一个电磁铁，如图 4-1 所示。如果线圈在铁心上，磁场将变得很强。磁通线产生一个 N 磁极和一个 S 磁极。电磁铁的极性由电流的方向决定。如果你沿着线圈电流方向卷起右手的四指，你的拇指将指向电磁铁的 N 极方向。如果电流反向，磁极也将反向。磁场强度可以通过增加绕组匝数或增大电流来增强。

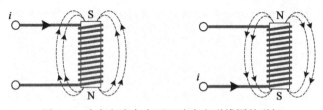

图 4-1 改变电流方向可以改变电磁线圈的磁极

一对绕组可以用来产生定子的一相，如图 4-2a 所示。每个绕组连同它的铁心称为一个磁极。绕组的方向应保证当电流流过该相时，可产生 N 极和 S 极。

假定有一根磁铁棒插入到定子中央。如果所加电流瞬时方向如图 4-2b 所示，磁铁棒将顺时针旋转到与该相绕组轴线对齐，因为定子和磁铁上相反的磁极相互吸引。当该相被激

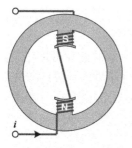

a）两个线圈构成一相绕组

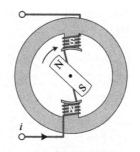

b）条形磁铁转子

图 4-2　一相定子绕组

励时，如果磁铁棒受力转动到与线圈不成一直线位置，磁场将对磁铁棒产生转矩，将它带回直线位置。电机转矩正是由这个在定子和转子间的磁拉力（或推力）产生的。

电机通常每相有两个或多个绕组。图 4-3 给出每相四绕组串联形成一台 4 极电机的情形。

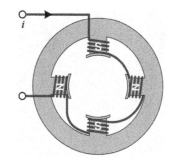

图 4-3　一台 4 极电机的一相绕组

4.1.1　电气周期与机械周期

转子旋转 360°机械角度（360°M 定义为一个机械周期。在一个机械周期中，转子上的一个点经过一周完整的旋转最后回到原来同一位置。360°电角度（360°E）定义为一个电周期。当完成一个电周期时，转子的磁极方向变得与初始位置相同。

图 4-4 展示了一个 2 极转子和一个 4 极转子。如果一个 2 极转子顺时针旋转 360°M，它的磁场方向将正好和原来一样，而 4 极转子仅需要旋转 180°M 就可以使转子回到与初始位置一样的磁场方向。这一关系可用下面的方程表述：

$$\theta_e = \frac{p}{2}\theta_m$$

式中：θ_e 为电角度；θ_m 为机械角度；p 为磁极数。对于图 4-4a 所示的 2 极转子，$p=2$，因此，$\theta_e=\theta_m$。对于图 4-4b 所示的 4 极转子，$p=4$；于是，$\theta_e=2\theta_m$。如果 $\theta_m=180°$M，则 $\theta_e=360°$E（转子转半圈等于一个电周期）。

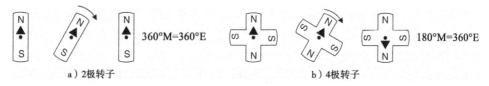

a）2极转子　　　　　　　　　　　　　　　　b）4极转子

图 4-4　电周期与机械周期

4.1.2　三相绕组

在运动控制应用中，三相电机非常普遍。图 4-2a 所示的概念可以拓展到图 4-5 所示的相互相隔 120°机械角度放置的三相定子绕组，形成每相有两个磁极的三相定子绕组。每相的两个绕组串联联接。三相按 WYE（星形）联接。这是最常用的一种联接方式，但是三相也可以按 DELTA（三角形）联接。对星形联接电机，绕组的公共端（中线）通常是不对外引出的，只有三个绕组的线头引出电机。

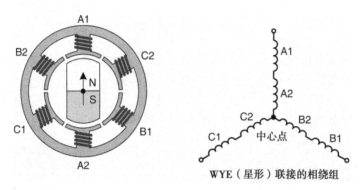

图 4-5　三相定子绕组和绕组的 WYE（星形）联接

4.2　旋转磁场

当一相绕组施加励磁时，产生对转子的吸力，使转子朝磁极中线方向旋转。为了保持转子的旋转，下一相必须施加励磁，而前一相电流关断。基本上当转子靠近电流相中线时，定子磁场就需要旋转到它的下一个方位，这样转子才可以持续运动并向下一个被励磁形成的定子磁极旋转。为了保持转子旋转，必须由定子产生一个旋转的磁场[11]。

4.2.1　霍尔传感器

为产生旋转磁场，我们需要知道转子的空间角度位置。最为典型的是采用三相霍尔传感器实现这一目的。它们通常装在电机后端盖内的印制电路板上。大多数电机都有一套装在电机轴端部的小磁铁来触发霍尔传感器。这些磁铁与转子本身主磁铁按同样方式配置。一个传感器每次经过这些小磁铁中的一个时，发出一个或低或高的电平信号以指示磁铁的 S 极或 N 极。这样，我们就可以知道转子的位置。霍尔传感器相互间隔 60°或 120°安装。每个传感器与三相定子的磁场相位电路之一保持一致。

如图 4-6 所示，转子磁场每旋转 60°电角度，就有一个霍尔传感器改变状态。因此，这三个霍尔传感器就将 360°分成了各 60°的 6 段区域。当转子进入这些段之一时，这些状态可提供对转子磁场绝对位置进程的测量。这些段中的每一个状态和一个 3 位二进制码对应，如 "001" 或 "010"。每 1 位二进制码是高还是低由相对应的一个霍尔传感器决定。

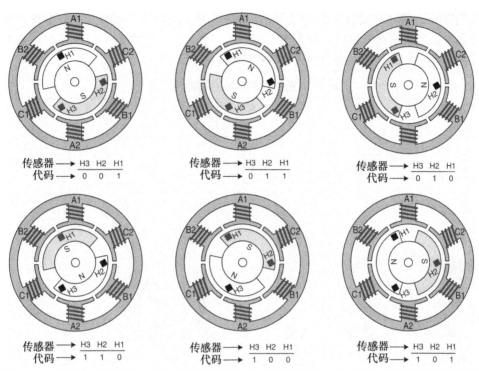

图 4-6　三个霍尔传感器产生的六段转子磁场绝对位置测量过程。每一段由传感器信号组合形成
　　　　的唯一三位数字代码识别。此处假定当霍尔传感器被转子 N 极触发时发出高电平信号
　　　　（"1"）

4.2.2　六步换相法

　　转矩由定子和转子磁场的相互作用产生。为产生最优转矩，两个磁场间的角度必须保持在 90°。这个角称为转矩角。90°角保证定子以最可能强的方式产生最大转矩来拉动转子。有刷的直流电机采用集电环和电刷来保持这个最优的 90°角。在无刷电机的场合，各相绕组必须按一定顺序使得电子开关通断，来保持两个磁场以正确的方向产生转矩。这个电子开关称为换相器。最常用的换相算法是六步换相。如 4.2.1 节所述，三个霍尔传感器将 360°电角度分成了各 60°的 6 段。当转子磁场轴落入这些区段之一时，定子的一个绕组必须施加励磁，以保持定子磁场领先于转子，使转子被定子磁场吸引向定子磁场方向旋转。当转子进入下一段时，对另一个绕组励磁，将定子磁场再次前移。通过这种方式，转子被定子磁场拉着连续旋转。

　　表 4-1 列出了在电机中产生一个旋转磁场需要加的各相电压。定子磁场按 60°增加前进。霍尔传感器代码指明了转子磁场在给定瞬间处在什么位置。例如，我们假定转子是顺时针（CW）旋转，刚刚进入到霍尔传感器代码为"001"的区段，像图 4-7 顶部图所示的那样。在这个瞬间，算法将定子磁场移动到 0°水平位置。转子磁场方向为沿转子 N 极的方向。因此，定子磁场与转子磁场在这一瞬间的夹角是 120°。为了将定子磁场定向到水平方

向，我们需要 B1 和 C2 成为 S 极、C1 和 B2 成为 N 极。通过对 C 相绕组加正电压、对 B 相绕组加负电压来达到这个目的，如表 4-1 所示。注意，在这个序列中，三相中总是有一相留着开路（浮空）的。记住转子仍在顺时针旋转。

表 4-1　图 4-7 中无刷电机的六步换相

定子磁场	霍尔传感器	A相电压	B相电压	C相电压	A1	A2	B1	B2	C1	C2
0°	001		−	+			S	N	N	S
60°	011	+	−		N	S	S	N		
120°	010	+		−	N	S			S	N
180°	110		+	−			N	S	S	N
240°	100	−	+		S	N	N	S		
300°	101	−		+	S	N			N	S

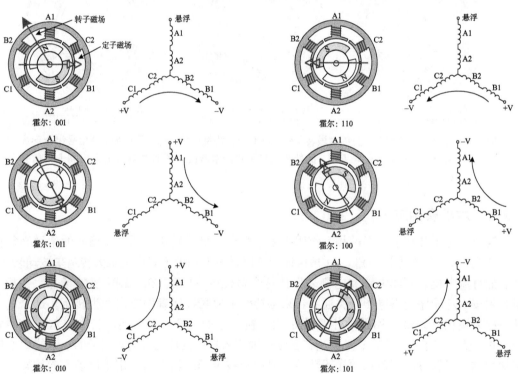

图 4-7　六步换相算法。定子和转子磁场方向和每步励磁相绕组令转子顺时针（CW）旋转

定子磁场保持水平时，转子被定子磁场拉着向定子磁场方向旋转。当转子扫过 60°到达 "001" 段的末端，定子与转子磁场间的瞬时角度下降到 60°（仍然参照图 4-7 所示的顶部图）。随着转子进入霍尔传感器代码为 "011" 的下一段，算法将定子磁场顺时针移到 60°方向定向（见图 4-7 中第二图）。磁场间的瞬时角度再次变为 120°。算法现在进入它的第二步。表 4-1 的第二行给出了这一步要适当励磁的绕组。在任意时间，电机的两相加载

电压而第三相浮空。

在这个方案中，目标是要维持定子磁场超前转子磁场 90°以产生最优转矩，然而，定子磁场只能根据霍尔传感器代码按 60°增量前进，实际的夹角是在 60°～120°之间变化的[2]。因此，当定子和转子磁场旋转时，期望的 90°最优角度并不能在所有时间上保持。只能用一个 90°的平均转矩角来取代，这将导致转矩存在不希望的波动，称为转矩纹波[1]。

4.3　交流伺服电机

一台典型的交流伺服电机是由一个采用三相分布绕组的定子、具有永久磁铁的转子和一个可检测转子位置的位置传感器组成的（见图 4-8）。对同一电机还有其他的名字，比如"永磁同步电机（PMSM）"和"永磁交流电机（PMAC）"。交流伺服电机和无刷直流电机（BLDC）的主要区别是反电动势电压的波形不同。BLDC 的电压波形是梯形而交流伺服电机为正弦电压波形。表 4-1 中给出的六步换相将电流从一相切换到另一相，导致转矩产生纹波。为了改善电机的运行性能，交流伺服电机的定子绕组采用正弦电流供电，它在电机中产生一种连续的旋转磁场。与六步换相不同，电流被分配到各相绕组间，在任意给定瞬间，每一绕组都有一定量的电流流过。各相电流的幅值和方向，根据转子瞬间位置确定。如 4.2.1 节解释的那样，霍尔传感器将周期划分成六个 60°区段，为了分配电流，我们必须以非常高的精度知道转子的位置。因此，交流伺服电机有一个高精度的位置传感器，比如一个编码器，这也使得这些电机比较贵。

图 4-8　交流伺服电机（经 Emerson Industrial Automation 公司同意转载[12]）

4.3.1　转子

交流伺服电机的转子是圆柱形的，用固体或层压铁心和径向磁化的永久磁铁构成。电机通常为 4、6 或 8 极结构。可有几种磁铁配置方式，比如像图 4-9 所示的表面粘贴和表面插入磁铁的方式。最常见的是表贴型，磁铁被粘贴在转子表面。由于结构简单，这类电机相对不太贵。磁铁通常选用不太贵的铁氧体磁铁。合金磁铁比如钕铁硼（Nd-FeB），单位体积具有更高的磁通密度[28]，可以缩小电机尺寸和产生更高的转矩，但是这种磁铁更昂贵。

表贴设计可以用比表插设计更小的磁铁得到同样的转矩，并且表贴型可提供最高的气隙磁通。由于在定子磁极和转子磁铁之间再没有其他器件，磁铁的相对磁导率几乎和空气的相等。因此，磁铁的表现像是气隙的延伸，使气隙中凸极效应和磁通密度均匀性无关紧要。它的一个缺点是转子结构的整体性问题。高速时，磁铁可能因离心力而从转子表面脱落。在一些电机中，装配转子是将它插入到一个不锈钢圆筒中以固定住磁铁。其他设计中，装配转子是采用带子缠住。表贴设计的转子具有较高动态性能所希望的较低惯量。

在表插设计中，磁铁被安装在转子上的凹槽中，这就提供了一种很强的整体性和一个均匀的转子表面。由于转子铁心和磁铁的相对磁导率之间的差别，这种设计存在凸极效应。当转子磁铁与定子一个磁极对齐时，将产生一确定的定子电抗。转子旋转，转子铁心不在磁铁与定子磁极对齐位置时，将产生不同的定子电抗。电抗的这种变化在表贴设计时是可以忽略的，因为磁铁和空气的磁导率几乎相同。不过，由于结构更强，插入式转子可以实现更高速的运行。

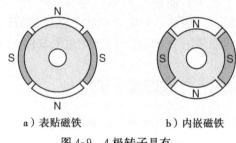

a）表贴磁铁   b）内嵌磁铁

图4-9 4极转子具有

4.3.2 定子

定子用薄合金片层压制成。层压片用合金片冲压出来，叠压后焊在一起形成。与固体的相比，层压可以减小涡流产生的能量损耗。槽中加绝缘材料，嵌入相线圈绕组，扎住线圈头，给绕组上热硬化漆完成装配。

定子绕组按获得正弦反电动势设计，因此，交流伺服电机有时也称为正弦电机。正弦的相电流和反电动势使转矩没有纹波，即使在非常低的速度下电机运行也很平稳。交流感应电机的定子由薄合金片叠压制成。

1. 分布绕组

4.1节中，定子绕组是将线圈绕在一个凸起的磁极上构造而成的。但多数电机采用一种称为分布绕组的不同构造方式。在这种构造方式中，定子齿间槽的组成如图4-10a所示。准备好大线圈，将线圈的两边放入各自槽中，如图4-10b所示，所有的线圈端分组整形分布到定子中心通路以外的地方，以便以后能插入转子。

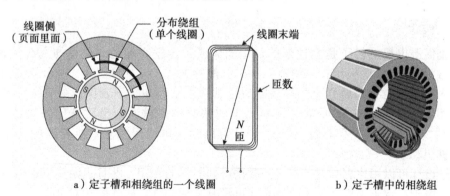

a）定子槽和相绕组的一个线圈   b）定子槽中的相绕组

图4-10 采用分布绕组的定子

一个4极电机的A相绕组分布如图4-11所示。它由4个插入槽中的线圈组成。每个线圈中的三个定子齿与图4-2所示的凸极相似。线圈的极性由线圈中的电流方向定义。因此，取决于线圈中的电流方向，线圈中的齿生成 N 极或 S 极[13,14]。A 相所有线圈串联连接，但是它们插入槽中时方向是交替的。例如，如果头一个线圈是顺时针绕在齿上，下一个插入时将按逆时针绕在齿上。通过这种方式，当电流送入该相线圈时，头一个线圈产生一个 N 极，第二个线圈产生一个 S 极，第三线圈产生一个 N 极，第四线圈产生一个 S 极。类似的，B 相、C 相绕组也插入定子上适当的槽内形成完整的三相绕组。

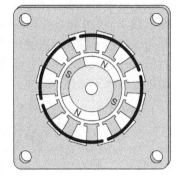

2. 线圈节距

线圈节距定义为线圈两个边的角距[19,24,26]。极距定义为转子磁极中心线间的角距（见图 4-12）。如果节距和极距相等，则线圈绕组称为整距绕组[22]，如果节距短于极距，则绕组称为分数节距绕组[22]，也称为短距绕组。

图 4-11　一台三相 4 极电机的
A 相绕组分布

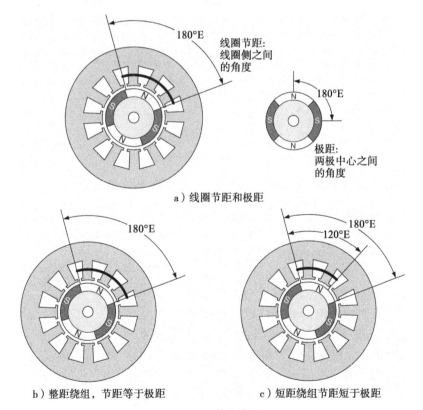

a）线圈节距和极距

b）整距绕组，节距等于极距

c）短距绕组节距短于极距

图 4-12　绕组术语

3. 采用整距绕组时的磁链和反电动势电压

一台采用整距绕组的 4 极电机如图 4-13 所示。转子旋转时，磁链 λ（穿过线圈的转子磁通量）将变化[14,16]。在位置 1，磁链为正（转子 N 极外）。当转子顺时针向位置 2 旋转时，N 极面对线圈的区域减小，S 极面对线圈的区域越来越多。因此，磁链也线性降低。在位置 2，N 极和 S 极面对线圈的区域相等，磁链为零。随着转子继续旋转，S 极面对线圈的区域越来越大，磁链持续下降，到位置 3，面对线圈的是整个 S 极，磁链达到负的最大值。过这一点以后，转子继续按原方向旋转，N 极面对线圈区域又渐渐增加，磁链线性增加。当转子转过 360°电角度，再次周期重复。

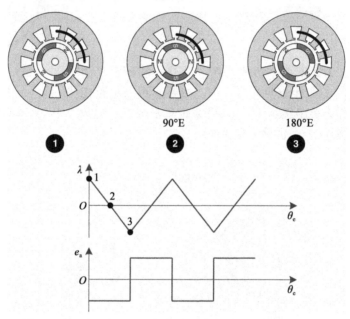

图 4-13　一台 4 极整距电机的转子旋转时一相线圈中的磁链

当转子磁铁从线圈旁经过时，会在线圈端感生出一个电压 e。这个电压称为反电动势（back emf）电压。它反抗线圈的输入电压，由法拉第定律 $e = d\lambda/dt$ 决定，其中，λ 为磁链[7]。因此，图 4-13 所示磁链图的斜率就等于反电动势电压 e_A。

图 4-11 所示的 A 相绕组，由 4 个线圈串联组成。每个线圈都为该相绕组的整个反电动势做贡献。由于它们都是整距线圈，所有线圈的反电动势波形都是相互同相的。结果，当对整个 A 相绕组的反电动势进行测量时，波形和 e_A 是一样的，如图 4-13 所示，只不过幅值是单个绕组波形的 4 倍。

在一个三相电机的情况下，每一相反电动势的形状都和图 4-13 所示的是一样的。不过，由于相绕组的安排，反电动势要移位 120°电角度，如图 4-14 所示。而且，在实际的电机中，相邻磁极

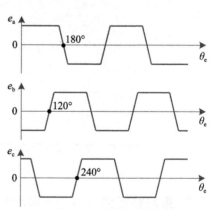

图 4-14　三相定子绕组每相中的反电势电压

间的漏磁通，使理想的矩形反电动势波形变成了梯形波。

4. 正弦反电动势

电机设计人员可以通过设计改变反电动势的形状，例如采用短距绕组，短距磁铁和短距槽定子。

每相每极槽数 q 为[24]：

$$q = \frac{S}{mp}$$

式中：S 为槽数；p 为磁极数；m 为相数。如果 q 是整数，电机就称为整数槽电机，否则就称为分数槽电机。例如，图 4-11 所示电机有 12 槽，4 极和 3 相，由于 $q=12/(3\times4)=1$，就是一台整数槽电机。如果这台电机有 18 槽，因为 $q=18/(3\times4)=1.5$ 不是整数，所以它将是分数槽电机。

如果电机是整数槽电机，每相中各线圈的反电动势就都是同相的。而在分数槽电机中，各线圈反电动势的相位将错开一个相位（见图 4-15）。结果，当一相线圈串联起来时，在相绕组端测量的整个反电动势波形就和每个线圈反电动势的波形不相同。而且由于漏磁通，波形的转角将变圆。经过细心选择参数，如槽数、线圈节距、极距和分数磁铁，交流伺服电机的反电动势可以变为正弦形。更详细的信息，建议读者参看参考文献 [14]。

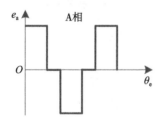

a) 整数槽电机。所有线圈的反电势同相，
因此整个相绕组的反电势形状和线圈的
相同，幅值是所有线圈电势的

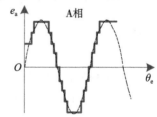

b) 分数槽电机。各线圈的反电势有
相移。整个相绕组的反电势近似
为正弦

图 4-15 整数槽与分数槽电机的反电势波形

4.3.3 正弦波换相

在正弦波换相中，定子各相均采用正弦电流（见图 4-16a）供电。这时每相绕组都产生一个沿该线圈磁场轴线的磁场。这个磁场的幅值随着相电流正弦变化，方向也沿磁场轴线正负变化，形成沿该轴线的脉振磁场。A 相正弦电流形成的定子 A 相脉振磁场 F 如图 4-16b 所示。图中，A 相绕组的一个器件边在 A1 槽中，另一器件边在 A2 槽中。假定 A1 槽中电流流出页面，而 A2 槽中电流流入页面。如果沿电流方向卷握你右手的 4 指，则拇指方向将是 A 相绕组的磁场轴线方向。

三相脉振磁场叠加，将形成一个旋转磁场[24]。例如，对于图 4-17 所示磁场，在位置 1，A 相电流在它的正最大值（I_{max}），而 B 相和 C 相电流幅值是它的一半，而且是负的

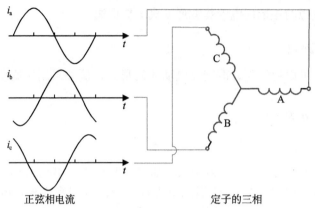

a) 相互相差120°的正弦相电流

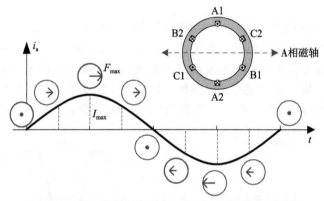

b) A相中的脉振磁场。它的幅值和方向沿线圈的磁轴来回变化

图 4-16 A 相中的正弦相电流和脉振磁场

$\left(i_b = i_c = -\dfrac{1}{2} I_{max}\right)$。每相电流产生相应的磁动势 F（MMF）。这些磁动势的矢量和形成三相的合成磁动势，产生总磁场，即

$$\boldsymbol{F}_R = \boldsymbol{F}_a + \boldsymbol{F}_b + \boldsymbol{F}_c$$

在位置 1，$\boldsymbol{F}_b$，$\boldsymbol{F}_c$ 的垂直分量相互抵消，因此总磁动势由所有矢量的水平分量决定，合矢量为：

$$\boldsymbol{F}_R = \left[F_{max} + 2\,\dfrac{F_{max}}{2}\cos(60°) \right]\boldsymbol{i} = 1.5 F_{max}\boldsymbol{i}$$

式中：$\dfrac{F_{max}}{2}\cos(60°)$ 为 B 相和 C 相产生的磁动势。A 相产生的磁动势为它的最大值 F_{max}。合矢量方向在沿 A 相磁场轴线的正方向，幅值为 $1.5 F_{max}$。

在位置 2，C 相电流达到它的最大值，方向为负，$i_c = -I_{max}$。A、B 相电流是正的，幅值是 i_c 的一半。磁动势矢量为：

$$\boldsymbol{F}_a = 0.5 F_{max}\boldsymbol{i}$$

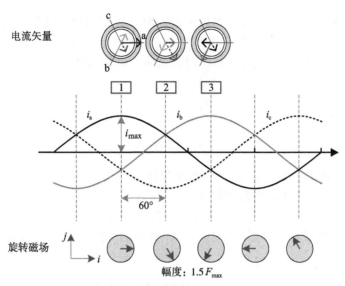

图 4-17 正弦相电流形成的旋转磁场

$$\boldsymbol{F}_\mathrm{b} = 0.5F_\mathrm{max}[-\cos(60°)\boldsymbol{i} - \sin(60°)\boldsymbol{j}]$$

$$\boldsymbol{F}_\mathrm{c} = F_\mathrm{max}[\cos(60°)\boldsymbol{i} - \sin(60°)\boldsymbol{j}]$$

式中：$\boldsymbol{i}$ 和 $\boldsymbol{j}$ 分别是坐标系中 x 和 y 方向的单位矢量。

于是，合成磁动势可以从它们的矢量和得到：

$$\boldsymbol{F}_\mathrm{R} = 1.5F_\mathrm{max}[\cos(60°)\boldsymbol{i} - \sin(60°)\boldsymbol{j}]$$

合成矢量方向在 C 相磁场轴线负方向，幅值为 $1.5F_\mathrm{max}$。

在位置 3，B 相电流达到它的最大值，方向为正，$i_\mathrm{b} = I_\mathrm{max}$。A、C 相电流是负的，幅值是 i_b 的一半。磁动势矢量为：

$$\boldsymbol{F}_\mathrm{a} = -0.5F_\mathrm{max}\boldsymbol{i}$$

$$\boldsymbol{F}_\mathrm{b} = F_\mathrm{max}[-\cos(60°)\boldsymbol{i} - \sin(60°)\boldsymbol{j}]$$

$$\boldsymbol{F}_\mathrm{c} = -0.5F_\mathrm{max}[\cos(60°)\boldsymbol{i} - \sin(60°)\boldsymbol{j}]$$

合成磁动势可以从它们的矢量和得到：

$$\boldsymbol{F}_\mathrm{R} = 1.5F_\mathrm{max}[-\cos(60°)\boldsymbol{i} - \sin(60°)\boldsymbol{j}]$$

合成矢量方向在 B 相磁场轴线正方向，幅值为 $1.5F_\mathrm{max}$。

从上述观察中我们看到，当三相绕组采用正弦电流供电时，会产生一个旋转的恒幅值合成磁动势。这个磁场旋转的速度称为同步速度 n_s，同步速度由下式决定：

$$n_\mathrm{s} = \frac{120f}{p} \tag{4-1}$$

式中：f 是相电流的频率，量纲为 Hz；p 为磁极数。

4.3.4 正弦波换相的转矩计算

由于三相正弦电流可以形成平滑的旋转磁场，采用正弦换相的交流伺服电机没有转矩纹波。在正弦换相方案中，放大器根据转子的瞬时位置正弦地改变各相电流，因此，它要求要用比霍尔传感器得到的六个位置高非常多的精度测定转子的位置，为达到这一目的，最典型的是采用一个编码器，它也使成本增加很多。电机相电流与转子位置的函数关系为：

$$I_a = U_c \sin(\theta)$$

$$I_b = U_c \sin\left(\theta + \frac{2\pi}{3}\right)$$

$$I_c = U_c \sin\left(\theta + \frac{4\pi}{3}\right)$$

(4-2)

式中：U_c 是放大器的电流指令信号；θ 是转子位置。

假定没有损耗，每相电能与机械能相等，有：

$$T \cdot \omega_m = e(\theta)i(\theta)$$

式中：ω_m 是转子的机械速度；T 是转矩；$e(\theta)$ 和 $i(\theta)$ 分别是相反电动势电压和电流。重新排列方程，有：

$$T = \frac{e(\theta)}{\omega_m}i(\theta) = k_e(\theta)i(\theta)$$

由于反电动势电压是正弦的，$k_e(\theta) = K_e \sin(\theta)$，其中，$K_e$ 为电机的电势常数。这样，三相定子的转矩方程为：

$$T_a = I_a K_e \sin(\theta)$$

$$T_b = I_b K_e \sin\left(\theta + \frac{2\pi}{3}\right)$$

$$T_c = I_c K_e \sin\left(\theta + \frac{4\pi}{3}\right)$$

(4-3)

电机的总转矩为它们的和：

$$T = T_a + T_b + T_c$$

(4-4)

如果将式（4-3）和式（4-2）代入式（4-4），可得：

$$T = \left[(U_c \sin(\theta) \cdot K_e \sin(\theta))\right] + \left[\left(U_c \sin\left(\theta + \frac{2\pi}{3}\right) \cdot K_e \sin\left(\theta + \frac{2\pi}{3}\right)\right)\right]$$

$$+ \left[\left(U_c \sin\left(\theta + \frac{4\pi}{3}\right) \cdot K_e \sin\left(\theta + \frac{4\pi}{3}\right)\right)\right]$$

整理可得：

$$T = K_e U_c \left[\sin^2(\theta) + \sin^2\left(\theta + \frac{2\pi}{3}\right) + \sin^2\left(\theta + \frac{4\pi}{3}\right)\right]$$

化简可得：

$$T = 1.5 K_e U_c$$

有意思的是，转矩不再是转子转角 θ 的函数，而是一个常数。因此，交流伺服电机采用正弦波换相驱动可以消除转矩纹波，而且也比六步换相要求的矩形波电流脉冲更容易产生正弦电流。

4.3.5　交流伺服电机的六步换相法

4.2.2 节介绍的六步换相简化了对电机反馈的要求，它仅采用简单的霍尔传感器来检测转子位置。而且，电流的控制与切换可以用简单的模拟电路实现，从而降低系统实现成本。因此，有时交流伺服电机也采用六步换相驱动。

在六步换相中，电流从一相流入从另一相流出，第三相断开不连接。假定无损耗，对电机运用能量转换公式：

$$e_{\mathrm{ph\text{-}ph}} I_{\mathrm{ph}} = T \cdot \omega_{\mathrm{m}} \tag{4-5}$$

式中：$e_{\mathrm{ph\text{-}ph}}$ 为相-相反电动势电压。如果电机速度 ω_{m} 为常数，转矩 T 的波形将和电流作用相的相-相反电动势波形相同，相电流 I_{ph} 为常数。

图 4-18 所示的为一台交流伺服电机采用六步换相时产生的转矩波形。在每个 60°区段，霍尔传感器决定哪一个相-相反电动势有效，产生转矩。例如，在 60°～120°区，$e_{\mathrm{a\text{-}b}}$ 有效。因此，在此段区间，这个有效电势弧线也就是该区间的转矩曲线。

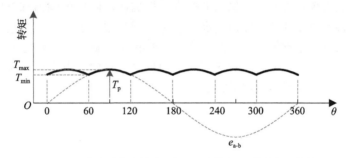

图 4-18　一台交流伺服电机采用六步换相驱动时产生的转矩

观察 60°～120°区间的转矩曲线，我们可以计算出理论上的转矩纹波为：

$$T_{\mathrm{min}} = T_{\mathrm{p}} \sin 60$$
$$T_{\mathrm{max}} = T_{\mathrm{p}} \sin 90$$
$$转矩纹波 = \frac{T_{\mathrm{max}} - T_{\mathrm{min}}}{T_{\mathrm{max}}} \times 100\% \approx 13\% \tag{4-6}$$

式中：T_{p} 为转矩峰值。

交流伺服电机采用六步换相会导致转矩有纹波[5]。这主要是相电流每 60°电角度要进行一次切换，导致磁场是跳跃旋转的，这一点与采用正弦电流换相的平滑旋转磁场是不同的。转矩纹波在低速时更值得注意，通常可以观察到速度的波动。速度的纹波也取决于机器的动态特性和负载。一个高柔性的耦合或负载将更易受转矩纹波的影响而呈现出振荡特性。类似地，惯量低的系统也一样。因此，在需要进行位置控制的应用中，不采用六步换相。

4.3.6　采用编码器和霍尔传感器的电机定相

所有的无刷电机在上电时，为了建立换相周期零位和反馈器件（通常是增量编码器）

的零位之间的关系，都需要进行对相位的定相搜索。

目标是要锁定一个相位作为增量编码器计数的起始位置。这样，编码器就可以用来精确知道转子转角对电机相绕组的位置。运动控制器将这一信息用来执行换相算法，以在转子运动的任意瞬间正确地施加正弦相电流。

定相搜索会引起电机轴的微小移动，电机磁极越多，轴的移动越小。运动控制器厂商开发了许多种定相算法[3]。最基本的一种是对电机三相中的两相施加相电流，迫使电机旋转到一个相位周期的已知位置，并将这个位置标定为编码器的零位。首先，控制器使电机的反馈闭环断开，这样，电机就可以自由旋转。然后，令电流从 A 相流进 B 相流出，这样可以引起电机旋转一个小角度直到转子磁铁与定子绕组磁极对齐。一旦转子到达锁定位置，霍尔传感器可读得信息，运动控制器将电机的编码器计数器复位为零，确认这个位置为计数起始位置，并将位置反馈环闭环，准备对电机进行正弦相电流换相。

这种算法的优点是对有摩擦和/或大的方向性负载如重力负载的系统鲁棒性较强。不过，对某些应用它可能引起的移动太多。另一种定相方法是对定相参考点作两次猜测。每次猜测发一个转矩指令，观察电机每次的响应。根据两次响应的幅值和方向，运动控制器计算出定相点以将编码器计数器复位到零。这种搜索是很温和的，因为它几乎不引起轴的移动，对大多数系统都是有效的。不过，它对那些有较大摩擦或方向负载的系统不大可靠。

有些应用不允许电机在上电时有任何的来回移动，这时，电机必须采用绝对位置反馈传感器和上电时能利用这类传感器的控制器。

4.4 交流感应电机

在工业机械中三相交流感应电机（见图 4-19）应用十分广泛。这种电机的主要优点，是结构简单、牢固、易维护、运行经济。额定输出功率相似时，一台交流感应电机的重量要比无刷电机轻，惯量也比无刷电机更小。而感应电机一个显著的缺点是转矩的控制比较复杂，因为它的转子磁场是由定子磁场感应产生的。直到近代，感应电机还仅主要用在恒速场合，比如传送带。但是，随着功率电子和计算机技术的进步，现在感应电机（变频或矢量控制）已广泛应用到变速和运动控制中。

图 4-19 矢量控制交流感应电机

4.4.1 定子

和交流伺服电机定子一样，一台交流感应电机的定子也是由薄合金片叠压制成的。定子槽中插入槽绝缘材料，然后按一定规律（见图 4-20a）装入相绕组线圈[25]。每相绕组间再放入绝缘材料，连接、焊接线头，扎住每个线圈的尾端以防止电机旋转时线圈摆动。最后，将装配好的定子浸漆后送入炉中烘干硬化（见图 4-20b）。

如 4.3.2 节所述，大多数感应电机具有正弦分布的相绕组。沿定子槽插入一相绕组的线圈。励磁时，每相绕组会产生一定数目的电机磁极，典型极数是 2、4、6 或 8。

a) 槽中的定子绕组　　　　　　　　b) 完整的定子[25]（经西门子公司许可转载）

图 4-20　交流感应电机定子

感应电机当采用铭牌指定频率和电压供电时，将运行在一个固定的额定速度。不过，有些电机通过不同连接可以改变定子的磁极数，因此，它们可以有两种速度，称为变极电机[10,21,27]，其低速总是高速的一半。2/4 极或 4/8 极最常见。定子绕组的外部连接还有△串联型和 WYE 并联型。串联△为低速而并联 WYE 为高速。

定子绕组用绝缘材料覆盖以抵抗高温。美国电气制造商协会（NEMA）按照绕组的最大允许运行温度制定了 4 个等级：A、B、F 和 H。A 级最高温度为 105℃；B 级为 130℃；F 级为 155℃；H 级为 180℃。F 级是最常用类型。这些温度限制标准还包括一个 40℃ 的标准化环境温度和被称为电机热点[4,6,9]的绕组中心附加的 5～15℃ 的裕量。

除了这 4 类电机之外，还专门设计了用于变速和运动控制的变频或矢量控制类交流感应电机。高频率的通断、电压瞬间的增高和电机在低速下的长时间运行将导致线圈中产生较高的温度，变频电机采用高温绝缘材料，比常规交流感应电机可承受更高的运行温度。

4.4.2　转子

感应电机通常有一个图 4-21 所示的笼型转子，它采用短路环将大尺寸的铜或铝导条两端短路构成，结构像一个仓鼠轮或松鼠笼。导条插在硅钢叠片堆中。钢片芯有助于集中转子导体间的磁通线，降低空气磁阻。导条稍微的倾斜有助于减小嗡嗡声。转子和轴采用刚性连接。

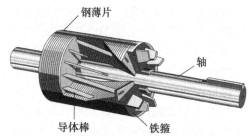

图 4-21　交流感应电机的笼型转子[25]（经西门子公司许可转载）

4.4.3　电机的运行

定子磁场在转子导体中感生电流，这个电流在转子导条和端环中流动。结果，在每根转子导条周围感生磁场（见图 4-22）。因定子磁场的旋转，鼠笼变成一个 N、S 极交变的电磁铁。转子磁场试图不落后于定子磁场。它们的相互作用产生转矩使电机旋转。

定子旋转磁场在转子导条中感生电压，根据法拉第电磁感应定律，感生的电压正比于磁通线切割转子导条随时间变化的变化率。如果转子旋转速度与定子磁场的相同，转子与定子磁场间就没有相对运动，结果就没有感生电压产生，电机将不能继续运转。因此，转子运行的速度要略低于定子磁场的运行速度。转子速度和定子磁场速度之间的差称为转差。

如4.3.3节所述的那样，定子磁场的速度叫同步速度 n_s，由式（4-1）决定。转子的实际速度 n 稍微低于同步速度。感应电机铭牌上提供了这个实际速度。转差率可用下面方程表示[15]：

$$s = \frac{n_s - n}{n_s} \qquad (4-7)$$

当电机起动时，定子绕组产生的磁场立即达到同步速度，而转子还没动。因此，起动时，转差率 $s = 1.0$（100%）。电机在起动期间电流

图 4-22　感应的转子电流和磁场[25]（经西门子公司许可转载）

非常大。这个电流可以达到铭牌上列出满载电流的 6 倍，又称为堵转电流。随着电机速度逐渐升高，电机电流减小。转子速度到达电机产生的转矩与负载需要的转矩相等的点，只要负载不变化，电机速度就在这个点上保持为常数。电机速度必须低于同步速度以产生有用转矩并随负载变化而变化。一台三相 60Hz 电机的典型转差率范围为 0.02～0.03（2%～3%）。因为电机不运行于同步转速，感应电机又称为异步电机。

4.4.4　直接电网恒速运行

一台交流感应电机可以通过一台电机起动器（5.4节）直接用三相电源线供电，或者通过交流驱动器控制。当它直接连接电网运行时，电机运行于一个固定的速度并提供恒转矩。如果它通过矢量控制器驱动，就可以获得可变的转速和转矩，如 3.5.2节所述。

三相感应电机被 NEMA 分成"A"，"B"，"C"和"D"类。这些分类的依据为 NEMA 指定的运行特性[17]。当电压刚加上时，定子旋转磁场立即以同步速度开始旋转，这时，转子必须产生足够的转矩来克服摩擦和加速自身和负载的惯量以达到运行速度。随转子加速逼近同步转速，转矩的变化情况通常用如图 4-23 所示的机械特性曲线来描述。这条曲线是一台 NEMA B 类电机的曲线，因为这种电机用得最为普遍。NEMA B 类电机直接连接电网起动，当电机电压为铭牌电压时，典型的起动转矩为满载运行转矩的 1.5 倍。

图 4-23 还给出了 NEMA B 类电机的几个典型运行点。当电机上电起动时，定子磁场立即达到同步速度，而转子还停着，这将使这台 NEMA B 类电机产生一个满载转矩 150% 的转矩，称为起动转矩。随着电机加速，转矩略微下降。电机继续加速，转矩增大直到到达临界转矩。在这点上，NEMA B 类电机的转矩大约是满载转矩的 200%。随着速度超过这一点，转矩迅速下降，直到到达满载转矩。注意在满载转矩时，电机以一个很小的转差运行。

当这台 NEMA B 类电机产生起动转矩时，起动电流大约是满载电流的 6 倍。这个起动电

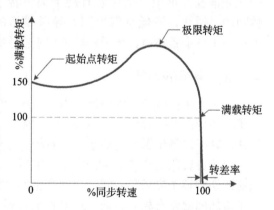

图 4-23　一台 NEMA B 类交流感应电机的机械特性曲线和各运行点

流也称为堵转电流，因为转子初始是静止的。满载电流是电机运行时加额定电压、额定频率时从电源送入定子的电流。

电机铭牌提供了所有正确使用电机的必要信息。安全系数可用来确定电机可运行的最大功率。安全系数大于 1.0 说明电机可短时超过铭牌标明的功率。例如，如果安全系数是 1.15，电机功率是 2hp，则电机可以运行在 $2 \times 1.15hp = 2.3hp$。但是这个运行条件只能短时使用，否则，电机寿命将会缩短。

以 $p = 4$，$f = 60Hz$ 应用式（4-1），可算得同步转速为 1800rpm。铭牌给出的电机实际速度是 1775rpm，与同步速度非常接近。这个速度也称为基速，它是给电机施加铭牌指定的线电压和频率时转子运动的实际速度。用式（4-7），可算得此时的转差率为 0.014（1.4%）。

其他 NEMA 电机

如前所述，三相感应电机被 NEMA 分成了"A""B""C"和"D"类。这个划分的依据是转子结构的变化。不同的转子结构产生不同的转矩、转速、转差和电流特性，如图 4-24 所示。

NEMA A 类电机具有与 B 类相似的机械特性，但是起动电流大一些。

NEMA B 类电机有较低的转子电阻，转差较小，效率较高。常用于电机需要运行于恒速、恒载和非频繁起制动的场合，如离心泵、风扇、鼓风机和小型传送带等。

NEMA C 类电机有和 A、B 类一样的转差和转矩特性，但起动转矩较高（约满载转矩的 240%）。此外，它们的起动电流也相对较低。这些电机常用于带负载难于起动的场合，例如碎石机、大型传送带和压缩机等。

NEMA D 类电机转子阻抗较高，效率降低、转差率增大，典型为 0.05～0.13（5%～13%）。它们的起动转矩达满载转矩的 280%。

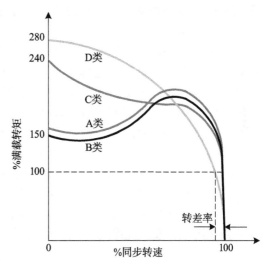

图 4-24　NEMA A/B/C 和 D 类电机的机械特性曲线

因此，这种电机可用在非常难起动、频繁起制动和反转的场合。典型应用包括吊车、冲压和起重机等。D 类电机在所有电机中是最贵的。

4.4.5　变频驱动器变速运行

交流感应电机在电网直接供电运行时是一种速度确定的电机，然而，在许多应用中，我们需要能够改变电机的速度。最常用的控制交流感应电机速度的方法是改变电机供电电压的频率。用于这种目的的交流驱动装置称为变频驱动器（VFD）。

电机中的气隙磁通正比于电机电压与频率之比。当一台交流感应电机恒速运行时，由于电压和频率是常数，磁通也保持为常数。转矩正比于磁通。如果频率变化，速度将变化，转矩也将变化。速度变化时为了保证转矩为常数，电压频率比必须保持为常数。这个比称为每赫兹伏特（V/Hz）比。变频驱动器将固定电压和频率的交流电源转变为频率与电压可变的电源。它们在改变电机速度时执行一种算法保持 V/Hz 比为常数。由于 VFD 控制电压的幅值和频率，这种控制方法也称为标量控制。

一台 VFD 可以在几赫兹到额定频率（在美国为 60Hz）的恒磁通下运行电机。因为磁通保持常数，电机以恒转矩运行。因此，这个运行范围称为恒转矩范围。例如，对一台标准的交流 460V、60Hz 电机，压频比为 V/Hz=460/60=7.67。在 60Hz，电机典型运行速度是如铭牌给出的 1775rpm。为了使电机在基速的一半（887rpm）运行，VFD 将使电机的电压下降到交流 230V，频率 30Hz，这样 V/Hz 比仍然是 7.67。

在有些应用中，电机必须运行在比基速更快的速度，这个区域称为恒功率区，电压保持常数，而速度（频率）增加，因此转矩必须减小以保持功率不变。这两个运行范围如图 4-25 所示。

VFD 可以用降低的电压和频率起动电机，这就防止了电机在加速到运行速度时产生过大的起动电流（对 NEMA B 类电机为满载电流的 600%）。驱动器谐调地增加电压和频率，保持 V/Hz 为常数。VFD 可以运行于开环或闭环模式。在工业应用中，开环模式用得最多。开环 VFD 没有来自负载的反馈，因此，它们不能根据负载条件变化自动调节。

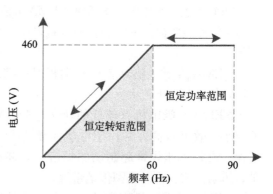

图 4-25　采用变频驱动控制（VFD）的交流感应电机的恒转矩和恒功率运行范围。（经西门子公司同意转载）[25]

它们可以提供良好的调速能力，但应对负载的突然变化缺乏快速的动态响应能力。VFD 最主要用在风扇、泵、搅拌机和传送带等的调速应用中。

4.5　数学模型

电机将电能转换为机械运动。由于电机是一个机电装置，它的功能就可以通过图 4-26b 所示的电气与机械器件的相互作用来描述。我们可以通过如图 4-27 所示的每相电路来建立电机电路侧的模型。电机的磁场结构用在该相电路端口线圈产生的反电动势电压"e"模拟。这个电压与输入电压极性相反，由法拉第定律 $e=\mathrm{d}\lambda/\mathrm{d}t$ 决定[7]。

电路可用方程表示为：

$$V_0(t) = iR + \frac{\mathrm{d}\lambda}{\mathrm{d}t} \tag{4-8}$$

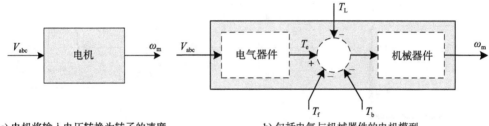

a) 电机将输入电压转换为转子的速度   b) 包括电气与机械器件的电机模型

图 4-26　电机概念性模型

机械侧的模型如图 4-28 所示。其中，T_e 是电机电路侧产生的转矩，T_f 模拟静摩擦，比如库仑摩擦，而 T_b 可计入电机轴承中摩擦消耗的能量。电路侧产生的转矩做功反抗静摩擦、黏滞摩擦和负载。这些转矩的差用来加速转子形成一个机械旋转速度 ω_m。应用牛顿第二运动定律，我们可以写出：

$$T_e - T_L - T_f - T_b = J \frac{\mathrm{d}\omega_m}{\mathrm{d}t}$$

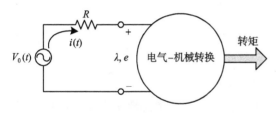

图 4-27　电机的每相电路模型

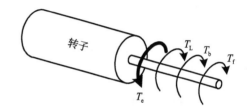

图 4-28　电机的机械模型

式中：J 为转子惯量。黏滞摩擦转矩常模拟为 $T_f = b\omega_m$，其中，b 是黏滞摩擦因数，量纲为 N・m/rad。代人重新排列可得：

$$T_e - T_L - T_f = J \frac{\mathrm{d}\omega_m}{\mathrm{d}t} + b\omega_m \tag{4-9}$$

而且，

$$\omega_m = \frac{\mathrm{d}\theta_m}{\mathrm{d}t}$$

式中：θ_m 是转子角位置（rad）。对式（4-9）两边取零初始条件下的拉普拉斯变换，得：

$$\omega_m(s) = \frac{1}{Js + b}(T_e - T_L - T_f) \tag{4-10}$$

这个式（4-10）的机械模型用 Simulink 实现，如图 4-29a 所示。这是一个顶层模块。当这个模块打开时，图 4-29b 显示了它的细节。这个模块将电气侧产生的转矩 T_e 和负载转矩 T_L 作为输入。它计算角速度 wm 和位置 theta。符号函数 Sign() 用来保证静摩擦转矩总是反抗输入转矩 T_e。为了完成电机的仿真，需要指定 J、B 和 T_f 的值，将它们输入到 MATLAB。

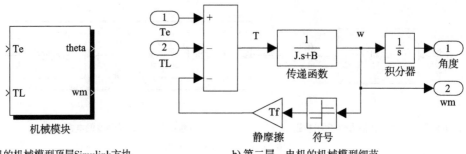

a) 电机的机械模型顶层Simulink方块   b) 第二层，电机的机械模型细节

图 4-29　Simulink 中的机械模型块

4.5.1　交流伺服电机模型

一台交流伺服电机接相电压 V_a、V_b、V_c，通过定、转子磁场相互作用转换成转矩。根据式（4-8），可写出电机所有各相方程：

$$V_a(t) = i_a R + \frac{d\lambda_a}{dt}$$

$$V_b(t) = i_b R + \frac{d\lambda_b}{dt} \qquad (4\text{-}11)$$

$$V_c(t) = i_c R + \frac{d\lambda_c}{dt}$$

式中：磁链 λ 定义为 $\lambda = Li$，L 是电感，i 是电流。然而，这个电感取决于转子的位置，不是常数。这就使得分析非常困难。通常的方法是将方程变换到一个称为"dq 坐标系"，新坐标系中，电感变为常数（见图 4-31）。这个变换将三相系统转换成两相系统。这个 dq 坐标系附在转子上随转子一起旋转，电机的动态模型转变成一个 dq 坐标系下的常系数微分方程组。

帕克（Park）变换被用来将三相定子变量（如相电压、电流、磁链）转换到旋转的 dq 坐标系。

$$\begin{bmatrix} S_d \\ S_q \\ S_0 \end{bmatrix} = \frac{2}{3} \begin{bmatrix} \cos\theta & \cos(\theta - 120) & \cos(\theta + 120) \\ -\sin\theta & -\sin(\theta - 120) & -\sin(\theta + 120) \\ 0.5 & 0.5 & 0.5 \end{bmatrix} \begin{bmatrix} S_a \\ S_b \\ S_c \end{bmatrix} \qquad (4\text{-}12)$$

式中：S_a，S_b，S_c 是定子变量；S_d，S_q 是相应的 dq 坐标系变量；θ 是转子的电角度。引入 S_0 项以构成方矩阵，对三相平衡系统，这一项可以忽略[7]。

式（4-13）给出的逆帕克变换可用来将 dq 坐标系变量变换回三相变量，即

$$\begin{bmatrix} S_a \\ S_b \\ S_c \end{bmatrix} = \begin{bmatrix} \cos\theta & -\sin\theta & 1 \\ \cos(\theta - 120) & -\sin(\theta - 120) & 1 \\ \cos(\theta + 120) & -\sin(\theta + 120) & 1 \end{bmatrix} \begin{bmatrix} S_d \\ S_q \\ S_0 \end{bmatrix} \qquad (4\text{-}13)$$

通过帕克变换应用于定子电流 $\begin{bmatrix} i_a & i_b & i_c \end{bmatrix}^T$ 和磁链 $\begin{bmatrix} \lambda_a & \lambda_b & \lambda_c \end{bmatrix}$，式（4-11）可以

转换到 dq 坐标系，其中，ω_e 是转子电速度[20]。有：

$$V_d = i_d R + \frac{\mathrm{d}\lambda_d}{\mathrm{d}t} - \omega_e \lambda_q \tag{4-14}$$

$$V_q = i_q R + \frac{\mathrm{d}\lambda_q}{\mathrm{d}t} + \omega_e \lambda_d \tag{4-15}$$

图 4-26b 所示模型现在可以重画成图 4-30 所示模型。帕克变换将静止的三相 ABC 线圈系统变换成两个等值线圈，L_d，L_q。这些虚拟线圈附在 dq 坐标系上，随转子旋转（见图 4-31）。因此，与位置相关的电感变成了常数电感 L_d，L_q。它们被称为直轴电感（L_d）和交轴电感（L_q）。类似地，电流 i_d 和 i_q 分别称为直轴电流和交轴电流。

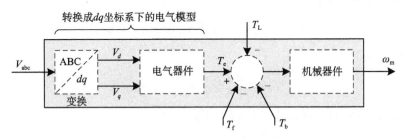

图 4-30　扩展的交流伺服电机概念性模型

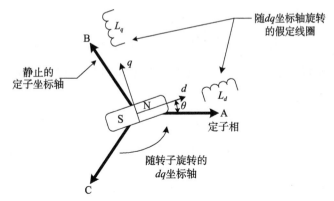

图 4-31　dq 坐标系和假定旋转中的直轴电抗 L_d 和交轴电抗 L_q

沿 d 轴，我们可以得到磁链 λ_d 和电流 i_d、转子永久磁铁（PM）间的关系方程：

$$\lambda_d = L_d i_d + \lambda_{\mathrm{PM}} \tag{4-16}$$

沿 q 轴，我们可以得到磁链 λ_q 和电流 i_q 的关系方程：

$$\lambda_q = L_q i_q \tag{4-17}$$

将式（4-16）、式（4-17）代入式（4-14），得：

$$V_d = i_d R + \frac{\mathrm{d}}{\mathrm{d}t}(L_d i_d + \lambda_{\mathrm{PM}}) - \omega_e L_q i_q = i_d R + L_d \frac{\mathrm{d}i_d}{\mathrm{d}t} - \omega_e L_q i_q$$

或

$$\frac{\mathrm{d}i_d}{\mathrm{d}t} = \frac{1}{L_d}[V_d - i_d R + \omega_e L_q i_q] \tag{4-18}$$

对两边取零初始条件下的拉普拉斯变换，得：

$$i_d(s) = \frac{1}{L_d s}[V_d - i_d R + \omega_e L_q i_q] \tag{4-19}$$

类似地，将式（4-16）、式（4-17）代入式（4-15），得：

$$V_q = i_q R + \frac{d}{dt}(L_q i_q) + \omega_e L_d i_d + \omega_e \lambda_{PM}$$

或

$$\frac{di_q}{dt} = \frac{1}{L_q}[V_q - i_q R + \omega_e(L_d i_d + \lambda_{PM})] \tag{4-20}$$

再次取拉普拉斯变换，得：

$$i_q(s) = \frac{1}{L_q s}[V_q - i_q R + \omega_e(L_d i_d + \lambda_{PM})] \tag{4-21}$$

电机产生的转矩为[7]：

$$T_e = \frac{3}{2}\left(\frac{p}{2}\right)[\lambda_d i_q - \lambda_q i_d] \tag{4-22}$$

将式（4-16）、式（4-17）代入式（4-22），得：

$$T_e = \frac{3}{2}\left(\frac{p}{2}\right)[(L_d i_d + \lambda_{PM})i_q - (L_q i_q)i_d]$$

重新排列方程，可得：

$$T_e = \frac{3}{2}\left(\frac{p}{2}\right)[(L_d - L_q)i_d i_q + \lambda_{PM} i_q] \tag{4-23}$$

电机的机械侧采用前面介绍的式（4-9）模拟。注意电气速度和机械速度相互间的关系如下面的方程描述，其中 p 为磁极数：

$$\omega_e = \frac{p}{2}\omega_m \tag{4-24}$$

综上，式（4-18）、式（4-20）和式（4-23）为电机电路侧模型，式（4-9）和式（4-22）为电机机械侧模型。

交流伺服电机仿真

交流伺服电机的仿真模型是用 Simulink 建立的。这个模型将在第 6 章学习用这种电机驱动的控制系统时使用。

该模型分层次组织。顶层的交流伺服电机模型如图 4-32 所示。如果我们打开这个顶层模块，可以看到第二层的细节，如图 4-33 所示。电气模块实现式（4-19）和式（4-21），如图 4-34a 所示。式（4-23）决定的电机产生的转矩计算如图 4-34b 所示。

abc→dq 和 dq→abc 模块如图 4-33 所示，各自实现式（4-12）与式（4-13）描述的帕克和帕克反变换。abc→dq 模块在电机模型方程计算前将 ABC 相电压（V_a、V_b、V_c）转换成 dq 坐标系等值电压（V_d、V_q）。在此计算之后，得到的

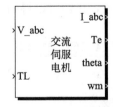

图 4-32　三相交流伺服电机的 Simulink 顶层模型

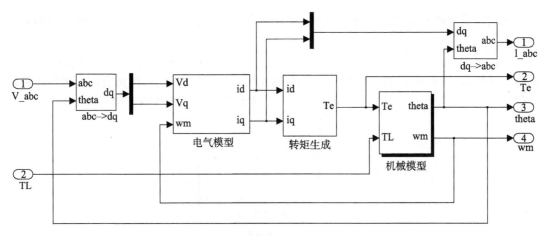

图 4-33 三相交流伺服电机的第二层 Simulink 模型

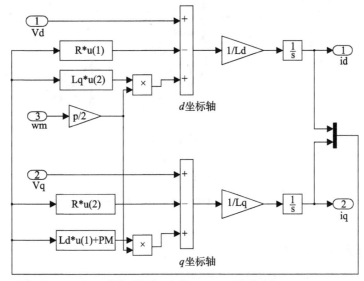

a) 电气模型细节。变量u(1)、u(2)分别对应i_d、i_q

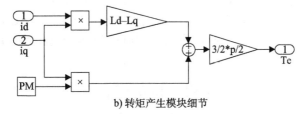

b) 转矩产生模块细节

图 4-34 交流伺服电机的电气模型与转矩产生模型

dq 坐标系电流 i_d, i_q用dq→abc 转换回三相电流。这些模块的细节如图 4-35 所示。在这些图中每个 $f(u)$ 模块是 Simulink 中的自定义模块。它们用来定义帕克变换中矩阵的每一行。例如，通过将下面的公式输入到图 4-35a 中顶部 $f(u)$ 模块实现式（4-12）中矩阵的第一行：

$$u(1) * \cos(u(4)) + u(2) * \cos(u(4) - 2 * \mathrm{pi}/3) + u(3) * \cos(u(4) + 2 * \mathrm{pi}/3)$$

式中：$u(1)$，$u(2)$ 和 $u(3)$ 分别是 V_a，V_b 和 V_c；$u(4)$ 是 θ。运行仿真前，为了对电机进行仿真，电机电参数 R，L_d，L_q，$\mathrm{PM}(=\lambda_{\mathrm{PM}})$ 的值需要输入到 MATLAB 中。

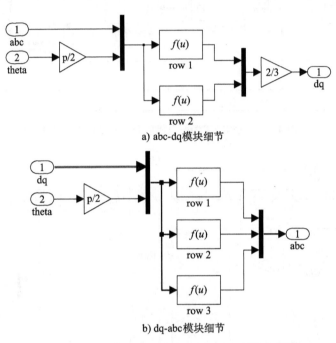

a) abc-dq模块细节

b) dq-abc模块细节

图 4-35　交流伺服电机模型中的帕克和帕克反变换

4.5.2　交流感应电机模型

交流感应电机有一个笼型转子和三相的定子。定子的旋转磁场在转子导体中感生电流从而产生转子磁场，两磁场相互作用产生转矩。与交流伺服电机的情况类似，交流感应电机的每一相可以模型化为图 4-27 所示模型和式（4-11）。不过，使用矢量形式使它更容易跟踪微分方程的求解。因此，我们将在电机的静止坐标系（用上标 s 表示）中应用下列矢量方程：

$$\boldsymbol{V}_{\mathrm{s}}^{\mathrm{s}} = R_{\mathrm{s}}\,\boldsymbol{i}_{\mathrm{s}}^{\mathrm{s}} + \frac{\mathrm{d}\boldsymbol{\lambda}_{\mathrm{s}}^{\mathrm{s}}}{\mathrm{d}t} \tag{4-25}$$

式中：$\boldsymbol{V}_{\mathrm{s}}^{\mathrm{s}} = \begin{bmatrix} V_{\mathrm{as}} & V_{\mathrm{bs}} & V_{\mathrm{cs}} \end{bmatrix}^{\mathrm{T}}$；$\boldsymbol{\lambda}_{\mathrm{s}}^{\mathrm{s}} = \begin{bmatrix} \lambda_{\mathrm{as}} & \lambda_{\mathrm{bs}} & \lambda_{\mathrm{cs}} \end{bmatrix}^{\mathrm{T}}$；$\boldsymbol{i}_{\mathrm{s}}^{\mathrm{s}} = \begin{bmatrix} i_{\mathrm{as}} & i_{\mathrm{bs}} & i_{\mathrm{cs}} \end{bmatrix}^{\mathrm{T}}$ 分别是静止坐标系中的瞬时电压、磁链和电流矢量。下标 s 代表定子变量，比如 A 相定子电压 V_{as}。和前面一样，电感取决于转子位置，不是常数。常用的方法是将 ABC 定子坐标系中写出的方程转换到新的 "k" 或 "dq" 坐标系，通过转换使电感成为常数。"k" 坐标系有几种选择的

可能。可以选择成静止坐标系，将原三相系统转换为等值的两相系统；也可选择转子坐标系使"k"或"dq"坐标系随转子一起旋转。另一种选择是和定子旋转磁场有关的同步坐标系，它的 dq 坐标和磁场同步旋转。坐标系选择与控制策略相关。如果参照系统正以速度 ω_k 旋转，式（4-25）变成[8]为：

$$\boldsymbol{V}_{\rm s} = R_{\rm s}\boldsymbol{i}_{\rm s} + \frac{{\rm d}\boldsymbol{\lambda}_{\rm s}}{{\rm d}t} + \boldsymbol{\omega}_k \otimes \boldsymbol{\lambda}_{\rm s}$$

附加相称为速度电压，它是由参照坐标系的旋转产生的。方程中的叉乘可以用一个旋转矩阵 $\boldsymbol{R}$ 和点积取代，如下式[23]：

$$\boldsymbol{V}_{\rm s} = R_{\rm s}\boldsymbol{i}_{\rm s} + \frac{{\rm d}\boldsymbol{\lambda}_{\rm s}}{{\rm d}t} + \boldsymbol{\omega}_k\boldsymbol{R} \odot \boldsymbol{\lambda}_{\rm s} \tag{4-26}$$

式中：

$$\boldsymbol{R} = \begin{bmatrix} 0 & -1 \\ 1 & 0 \end{bmatrix}$$

类似地，转子的电气方程为：

$$\boldsymbol{V}_{\rm r} = R_{\rm r}\boldsymbol{i}_{\rm r} + \frac{{\rm d}\boldsymbol{\lambda}_{\rm r}}{{\rm d}t} + (\boldsymbol{\omega}_k - \boldsymbol{\omega}_{\rm re})\boldsymbol{R} \odot \boldsymbol{\lambda}_{\rm r} \tag{4-27}$$

式中：$\boldsymbol{\omega}_{\rm re}$ 为转子电速度。由于"k"坐标系以速度 ω_k 运动，转子与坐标系的相对速度为（$\omega_k - \omega_{\rm re}$）。这些转换的方程中每个矢量都各有一个沿旋转坐标系 d 坐标和 q 坐标方向的分量。因此，式（4-26）和式（4-27）可以重新写成：

$$\begin{Bmatrix} V_{ds} \\ V_{qs} \end{Bmatrix} = R_{\rm s}\begin{Bmatrix} i_{ds} \\ i_{qs} \end{Bmatrix} + \frac{{\rm d}}{{\rm d}t}\begin{Bmatrix} \lambda_{ds} \\ \lambda_{qs} \end{Bmatrix} + \omega_k\begin{bmatrix} 0 & -1 \\ 1 & 0 \end{bmatrix}\begin{bmatrix} \lambda_{ds} \\ \lambda_{qs} \end{bmatrix}$$

$$\begin{Bmatrix} V_{dr} \\ V_{qr} \end{Bmatrix} = R_{\rm r}\begin{Bmatrix} i_{dr} \\ i_{qr} \end{Bmatrix} + \frac{{\rm d}}{{\rm d}t}\begin{Bmatrix} \lambda_{dr} \\ \lambda_{qr} \end{Bmatrix} + (\omega_k - \omega_{\rm re})\begin{bmatrix} 0 & -1 \\ 1 & 0 \end{bmatrix}\begin{Bmatrix} \lambda_{dr} \\ \lambda_{qr} \end{Bmatrix} \tag{4-28}$$

磁链定义为：

$$\boldsymbol{\lambda}_{\rm s} = L_{\rm s}\boldsymbol{i}_{\rm s} + L_{\rm m}\boldsymbol{i}_{\rm r}$$

$$\boldsymbol{\lambda}_{\rm r} = L_{\rm m}\boldsymbol{i}_{\rm s} + L_{\rm r}\boldsymbol{i}_{\rm r} \tag{4-29}$$

式中：$L_{\rm s}$，$L_{\rm r}$，$L_{\rm m}$ 分别为定子、转子和互感。定子电感由互感和定子自感组成（$L_{\rm s} = L_{\rm m} + L_{\rm sl}$）。类似地，转子电感由互感和转子自感组成（$L_{\rm r} = L_{\rm m} + L_{\rm rl}$）。这些方程可写成矩阵形式为：

$$\begin{Bmatrix} \boldsymbol{\lambda}_{\rm s} \\ \boldsymbol{\lambda}_{\rm r} \end{Bmatrix} = \begin{bmatrix} L_{\rm s} & L_{\rm m} \\ L_{\rm m} & L_{\rm r} \end{bmatrix}\begin{Bmatrix} \boldsymbol{i}_{\rm s} \\ \boldsymbol{i}_{\rm r} \end{Bmatrix}$$

解出电流，得：

$$\begin{Bmatrix} \boldsymbol{i}_{\rm s} \\ \boldsymbol{i}_{\rm r} \end{Bmatrix} = \begin{bmatrix} L_{\rm s} & L_{\rm m} \\ L_{\rm m} & L_{\rm r} \end{bmatrix}^{-1}\begin{Bmatrix} \boldsymbol{\lambda}_{\rm s} \\ \boldsymbol{\lambda}_{\rm r} \end{Bmatrix}$$

可以通过计算逆矩阵写出解如下：

$$\boldsymbol{i}_{\rm s} = C_1\boldsymbol{\lambda}_{\rm s} - C_2\boldsymbol{\lambda}_{\rm r}$$

$$\boldsymbol{i}_{\rm r} = -C_3\boldsymbol{\lambda}_{\rm s} + C_4\boldsymbol{\lambda}_{\rm r} \tag{4-30}$$

式中：各系数为 $C_1 = L_r/\Delta$，$C_2 = L_m/\Delta$，$C_3 = L_m/\Delta$，$C_4 = L_s/\Delta$，$\Delta = L_sL_r - L_m^2$。

电机产生的电磁转矩可以通过几种方法[23]计算。其中一种为：

$$
\begin{aligned}
T_e &= \frac{3}{2}\left(\frac{p}{2}\right)(\boldsymbol{i}_r \otimes \boldsymbol{\lambda}_r) \\
&= \frac{3}{2}\left(\frac{p}{2}\right)L_m(\boldsymbol{i}_r \otimes \boldsymbol{i}_s) \\
&= \frac{3}{2}\left(\frac{p}{2}\right)L_m(\boldsymbol{R}\boldsymbol{i}_r \odot \boldsymbol{i}_s)
\end{aligned}
\tag{4-31}
$$

综上，交流感应电机的电气侧模型由式（4-28）和式（4-30）组成，机械侧模型由式（4-9）和式（4-31）组成。

交流感应电机的仿真

交流感应电机的仿真模型用 Simulink 建成。这个模型将在第 6 章用来学习驱动器控制系统的实现。模型分层构建。顶层的感应电机模块如图 4-36 所示。

这个模型需要 dq 坐标系下的定子电压 $\boldsymbol{V}_{dq}^s$、dq 坐标系下的电速度 ω_k 和负载转矩作为输入。通过它计算出电机的电磁转矩 T_e、定子电流 $\boldsymbol{i}_s$、转子位置 θ 和转子机械速度 ω_m。$\boldsymbol{V}_{dq}^s$ 和 $\boldsymbol{i}_s$ 是矢量，与式（4-28）对应。

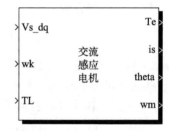

图 4-36 三相交流感应电机 Simulink 模型顶层

打开这个顶层模块，第二层的内部组成如图 4-37 所示。如果我们取式（4-28）中的第一个方程的拉普拉斯变换，重新排列可得：

$$
\begin{bmatrix} \lambda_{ds} \\ \lambda_{qs} \end{bmatrix} = \frac{1}{s}\left(\begin{Bmatrix} V_{ds} \\ V_{qs} \end{Bmatrix} - R_s \begin{Bmatrix} i_{ds} \\ i_{qs} \end{Bmatrix} - \omega_k \begin{bmatrix} 0 & -1 \\ 1 & 0 \end{bmatrix} \begin{Bmatrix} \lambda_{ds} \\ \lambda_{qs} \end{Bmatrix}\right)
\tag{4-32}
$$

图 4-37 中左上角的图计算这个方程。类似地，式（4-28）中底部方程可重新排列为：

$$
\begin{Bmatrix} \lambda_{dr} \\ \lambda_{qr} \end{Bmatrix} = \frac{1}{s}\left(\begin{Bmatrix} V_{dr} \\ V_{qr} \end{Bmatrix} - R_r \begin{Bmatrix} i_{dr} \\ i_{qr} \end{Bmatrix} - (\omega_k - \omega_{re}) \begin{bmatrix} 0 & -1 \\ 1 & 0 \end{bmatrix} \begin{Bmatrix} \lambda_{dr} \\ \lambda_{qr} \end{Bmatrix}\right)
\tag{4-33}
$$

图 4-37 中左下角的图计算这个方程。应当注意的是，Vs_dq、FXs 和 FXr 是矢量，分别对应这些方程中的 $[V_{ds}\ \ V_{qs}]^T$、$[\lambda_{ds}\ \ \lambda_{qs}]^T$ 和 $[\lambda_{dr}\ \ \lambda_{qr}]^T$。Simulink 将这些矢量放入一个 2×1 阵列，代入其中进行计算，就好像它们是只有一个变量的符号一样。由于模型是仿真的笼型感应电机，没有外加电压作用于转子绕组，转子的导条端环短路。因此，矢量 $[V_{dr}\ \ V_{qr}]^T$ 被设为 $[0\ \ 0]^T$。矩阵乘法 $\boldsymbol{R} \odot \boldsymbol{\lambda}_s$ 用 Simulink 中的增益矩阵模块处理，显示为中间含有 $K * u$ 的三角形模块。

图 4-38a 示出了磁通电流转换模块（flux to current conversion）的详细结构。它计算的是式（4-30）。电机产生的转矩由式（4-31）得到，它的计算如图 4-38b 所示。系数 C_1，C_2，C_3，C_4 用带 K 的增益模块进行矩阵以点乘计算得到。

机械模型块如前所述。它实现式（4-10），详图如图 4-29 所示。

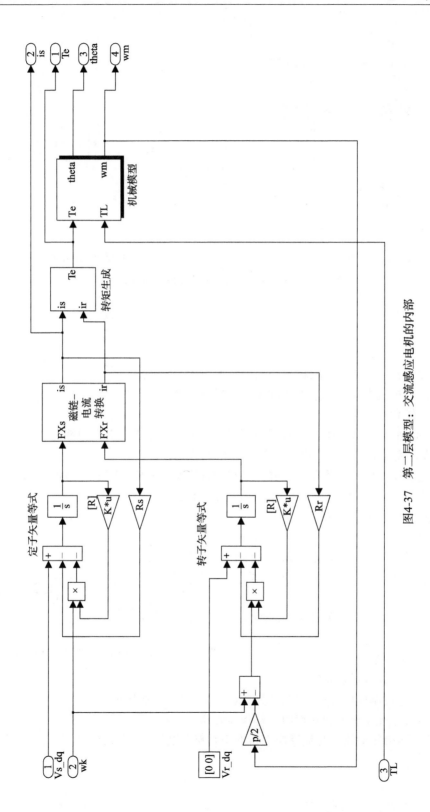

图4-37 第二层模型：交流感应电机的内部

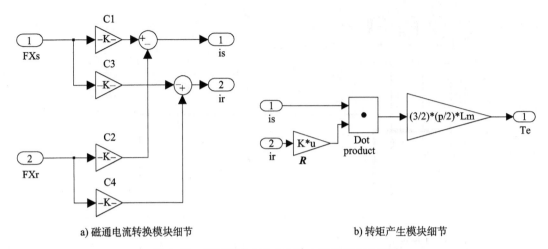

a) 磁通电流转换模块细节   b) 转矩产生模块细节

图 4-38   交流感应电机中产生电流和转矩的计算

习题

1. 什么是磁极？什么是定子的相？一相怎样产生 N、S 极？

2. 在一台 8 极电机中，一个电周期对应多少机械角度？

3. 什么是转矩角和换相？

4. 图 4-7 所示的为一台三相电机转子顺时针（CW）旋转的六步换相算法。作一个类似表 4-1 的表，实现对同一台电机逆时针（CCW）换相。

5. 一台交流伺服电机的主要器件有哪些？它与直流无刷电机（BLDC）的差别在什么地方？

6. 一台 6 极运行于 60Hz 电源的三相电机的同步速度是多少？

7. 什么是极距、整距绕组和短距绕组？

8. 给定短距绕组如图 4-39 所示，画出磁链 λ 的图形。用反电动势 e_a 来推断画出磁链图，它应当与图 4-13 所示的 λ 图相似。

9. 什么是转矩纹波？它是由什么引起的？

10. 三相交流感应电机与三相交流伺服电机的主要差别是什么？

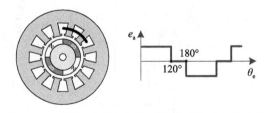

图 4-39   习题 8 中的短距线圈和导致的反电势波形

11. 什么是交流感应电机的转差率？

12. 变频或矢量控制电机与普通交流感应电机的主要区别在什么地方？

13. 一台 VFD 改变交流电机速度时怎样保持转矩为常数？

14. 为什么一台带驱动器的交流感应电机在恒功率范围转矩会减少？

参考文献

[1] Step Motor and Servo Motor Systems and Control. Compumotor, Parker, Inc., 1997.

[2] App Note 3414: Sinusoidal Commutation of Brushless Motors. Technical Report, Galil, Inc., 2002.

[3] Application Note: Setup for PMAC Commutation of Brushless PMDC (AC-Servo) Motors and Moving Coil Brushless Linear Motors. Technical Report, Delta Tau Data Systems Inc., 2006.

[4] NEMA Standards Publication Condensed MG 1-2007, Information Guide for General Purpose Industrial AC Small and Medium Squirrel-Cage Induction Motor Standards, 2007.

[5] Brushless Motor Commutation. www.motion-designs.com, May 2008.

[6] ANSI/NEMA MG 1-2011, American National Standards, Motors and Generators. Technical Report, National Electrical Manufacturers Association, 2011.

[7] Stephen D. Umans A.E. Fitzgerald, Charles Kingsley Jr. *Electric Machinery*. McGraw-Hill Publishing Company, 1990.

[8] B. K. Bose. *Power Electronics and AC Drives*. Prentice-Hall, 1986.

[9] Sabri Cetinkunt. *Mechatronics*. John Wiley & Sons, Inc., 2006.

[10] Bill Drury. *The Control Techniques Drives and Controls Handbook*. Number 35 in IEE Power Series. The Institute of Electrical Engineers, 2001.

[11] Mohamed A. El-Sharkawi. *Electric Energy: An Introduction*. CRC Press, Taylor & Francis Group, Third edition, 2013.

[12] Emerson Industrial Automation. (2014) Servo Motors Product Data, Unimotor HD. http://www.emersonindustrial.com/en-EN/documentcenter/ControlTechniques/Brochures/CTA/BRO_SRVMTR_1107.pdf (accessed April 2014).

[13] Augie Hand. *Electric Motor Maintenance and Troubleshooting*. McGraw-Hill Companies, Second edition, 2011.

[14] Duane Hanselman. *Brushless Motors Magnetic Design, Performance, and Control*. E-Man Press LLC, 2012.

[15] Leslie Sheets James Humphries. *Industrial Electronics*. Breton Publishers, 1986.

[16] R. Krishnan. *Permanent Magnet Synchronous and Brushless DC Motor Drives*. CRC Press, Taylor & Francis Group, 2010.

[17] Lester B. Manz. The Motor Designer's Point of View of an Adjustable Speed Drive Specificaion. *IEEE Industry Applications Magazine*, pages 16–21, January/February 1995.

[18] Marathon Motors. (2014) Three Phase Inverter (Vector) Duty Black Max® 1000:1 Constant Torque, TENV Motor. http://www.marathonelectric.com/motors/index.jsp (accessed 5 November 2014).

[19] James Robert Mevey. Sensorless Field Oriented Control of Brushless Permanent Magnet Synchronous Motors. Master's thesis, Kansas State University, 2006.

[20] Salih Baris Ozturk. Modeling, Simulation and Analysis of Low-Cost Direct Torque Control of PMSM Using Hall-Effect Sensors. Master's thesis, Texas A&M University, 2005.

[21] Frank D. Petruzella. *Electric Motors and Control Systems*. McGraw-Hill Higher Education, 2010.

[22] H. Polinder, M. J. Hoeijmakers, and M. Scuotto. Eddy-current losses in the Solid Back-Iron of PM Machines for different Concentrated Fractional Pitch Windings. *IEEE International Electric Machines and Drives Conference*, 1:652–657, 2007.

[23] M. Riaz. (2012) Simulation of Electrical Machine and Drive Systems Using MATLAB and SIMULINK. University of Minnesota. http://www.ece.umn.edu/users/riaz/ (accessed 7 April 2012).

[24] Suad Ibrahim Shahl. (2009) Introduction to AC Machines: Electrical Machines II. http://www.uotechnology.edu.iq/dep-eee/lectures/3rd/Electrical/Machines%202/I_Introduction.pdf (accessed 13 April 2012).

[25] Siemens Industry, Inc. (2008) Basics of AC Motors. http://cmsapps.sea.siemens.com/step/pdfs/ac_motors.pdf.

[26] F. J. Teago. The Nature of the Magnetic Field Produced by the Stator of a Three-phase Induction Motor, with Special Reference to Pole-changing Motors. *Journal of the Institution of Electrical Engineers*, 61(323): 1087–1096, 1923.

[27] Yasuhito Ueda, Hiroshi Takahashi, Toshikatsu Akiba, and Mitsunobu Yoshida. Fundamental Design of a Consequent-Pole Transverse-Flux Motor for Direct-Drive Systems. *IEEE Transactions on Magnetics*, 49(7), 2013.

[28] Padmaraja Yedamale. AN885: Brushless DC (BLDC) Motor Fundamentals. Technical Report, Microchip Technology Inc. Technology Inc., 2003.

第 5 章　传感器和控制器件

运动控制系统采用了许多种传感器和运动控制器及控制器件。传感器是一种用来检测位置、温度或压力等物理量的装置。它将其输入以某种函数关系转换为输出。输入是物理量，而输出一般为电信号。在实际运动控制时会使用许多种类的传感器。任何运动控制系统运行的核心问题都需要测量运动的位置和负载的速度。为此，最常见的传感器就是光电编码器。

构造用户接口和管理传送到电气负载如电机的电能需要使用控制器件。如按钮、选择开关和指示灯等就是常用于构造一个自动化系统控制面板上用户接口的控制器件。在强电回路，控制高电压电机运行则要使用像接触器和过载继电器这一类的控制器件。

本章首先介绍各种用于位置测量的光电编码器，讨论两种根据编码器数据估算速度的方法。接下来介绍限位开关、接近传感器、光电传感器和超声传感器等用于探测目标物的器件。探讨传感器对 I/O 卡兼容的输入、输出设计问题。然后介绍按钮、选择开关和指示灯等控制器件。本章还包括有电机起动器、接触器、软起动器的概述和一个三相电机控制电路。

5.1 光电编码器

光电编码器将旋转的或直线的位移转换成数字信号。如图 5-1 所示，一个典型的光电编码器由五部分组成：①光源（L），②码盘，③固定遮罩，④光检测器件（光电管），⑤信号处理电路。码盘位于发光管与光电管之间，随着码盘旋转，它上面的刻缝（刻线）图案或阻挡或者让光通过码盘，固定遮罩保证与光电管始终处于同一直线上，使得光电管信号就会或通或断。

主要有两类编码器：①增量式，②绝对式。它们工作原理相同但码盘上的刻线形状不同。

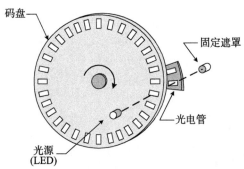

图 5-1 光电编码器的主要器件（信号电路没有画出）

5.1.1 增量式编码器

增量式编码器随码盘的旋转产生一系列的脉冲。图 5-2a 所示的是一个典型有一路信号的码盘，黑白图形沿码盘圆周均匀分布。这些码盘可以安装在各种毂上（见图 5-2b），然后插入检测单元完成编码器核心的装配，如图 5-2c 所示。

图 5-3 所示的为一个单路检测器在码盘图形通过它时产生的脉冲波形。轴旋转时，运动控制器中的电路可以对脉冲数计数。如果知道每转的计数值，运动控制器就可以将累计脉冲计数转换成轴的角位移。然而，由于顺时针和逆时针旋转时，控制器得到的脉冲看起来是相同的，所以我们不能识别轴的旋转方向。

如图 5-3 所示，如果采用两路检测器，就可以解决这个问题，其两个检测器安装相距90°电角度。数字脉冲的一个高和低脉冲构成一个电周期，一个电周期为 360°电角度。于

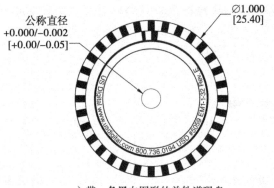

公称直径
+0.000/−0.002
[+0.00/−0.05]

∅1.000
[25.40]

a）带一条黑白图形的单轨道码盘

b）码盘装在一个毂上

c）码盘和检测器组合

图 5-2　增量式编码器（由 US Digital 公司许可转载）[28]

是，当两个相距 90°电角度的检测器并排安装时，每次都可指向一个四分之一电周期。这种安排形成一种两通道正交信号波形输出，CH A 和 CH B。当码盘运动时，从检测器产生的两路方波交变波形相位相差 90°电相角。

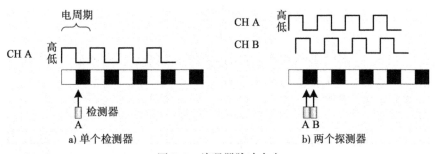

a) 单个检测器

b) 两个探测器

图 5-3　编码器脉冲来自

　　确定旋转方向的一种方法是监测哪一个通道首先探测到它的信号沿或信号发生了变化。图 5-4 显示在一个任意起始位置两个检测器碰巧都在黑色区域；于是，两路信号均为低。如果码盘右移，CH A 信号将首先变高；如果左移，则 CH B 信号首先变高。这样，通过检测哪一个通道信号先变，我们就可以知道码盘是向右还是向左转动。

　　如果将码盘上的每个黑色区域都看作径向线，沿着圆周从一条径向线前沿到下一条径向线前沿对应一个通道观察到波形的一个周期，如图 5-5 所示，在一个周期中，有四个边沿的变化。因此，如果运动控制器能够对每个边沿计数，则编码器的刻线数可以有效地乘以 4。例如，如果一编码器的刻线数是 2000，每转就可以得到 8000 个计数值。换句话说，这时编码器将具有 360°M/8000＝0.045°/cts 的分辨率。每转刻线数（LPR）或每转脉冲数是描述一增量编码器有多少刻线的术语。

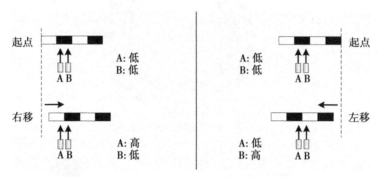

图 5-4　用两个检测器确定运动的方向

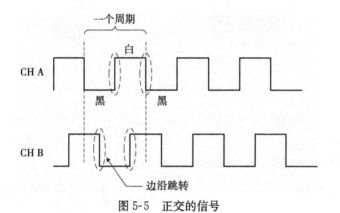

图 5-5　正交的信号

在图 5-2a 所示码盘中，具有黑白图形的主信道沿码盘的圆周分布，这个码盘在主信道内部还有第二个信道。这个信道除了顶部有一个单独的标志外其他位置都是白的。这个标志称为"零脉冲"，一般标为 CH C。这个脉冲每转产生一个，通常用在运动控制器中寻找轴的零点。

增量编码器还有直线形式，如图 5-6 所示，其运行原理与旋转的相同，不过直线型编码器采用直线的刻线码条，用于检测坐标的直线位移。

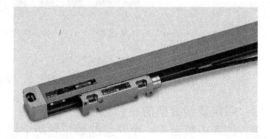

图 5-6　直线编码器（由 Heidenhain 公司许可转载）[10]

5.1.2　正余弦编码器

正余弦编码器是一种采用模拟输出的增量编码器。与普通增量编码器的通断输出不同，正余弦编码器输出两路相位相差 90° 的正弦波，因此，又称为正弦编码器。信号由正弦探测器产生。正余弦编码器输出的工业标准是峰峰 1V 的正余弦电压[1,4]。由于输出的是低压模拟信号，这种编码器对噪声很敏感。因此，每个信号提供互补信号通道。此外，为避免提供负电源，通常对信号加上 2.5V 的直流偏置电压，如图 5-7 所示。

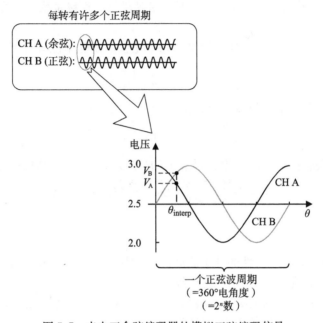

图 5-7　来自正余弦编码器的模拟正弦编码信号

　　如图 5-7 所示，两路模拟信道每转都会输出多个周期的正弦波。例如，一个正余弦编码器当它的轴旋转一周时一个信道可以提供 1024 个周期正弦波（1024＝2^{10}），与增量编码器的每转刻线数对应。

　　正余弦编码器的特点是可对它们的输出信号进行插补。这要求运动控制器的 A/D（模/数）转换器具有一个特别的电路。在一个正弦周期（360°电角度）中的某个点，从通道 A 和 B 读入模拟信号 V_A，V_B。如果信号 A 是余弦、B 是正弦，则这两个电压比的反正切可得到这个正弦波内的插补电角位移[8]，即

$$\theta_{interp} = \arctan\left(\frac{V_B}{V_A}\right)$$

或，用计数值表示为：

$$CTS_{interp} = \frac{2^n}{360}\arctan\left(\frac{V_B}{V_A}\right)$$

式中：n 为将模拟信号数字化的 A/D 转换器的分辨率。反正切函数必须通过对检测正弦和余弦信号的符号进行小心处理，以正确辨识角度在哪一个正交相位区。

　　这个电路同时也对正弦波的周期 n_{cycles} 计数。由于每个正弦波周期可以被 A/D 转换器量化为 2^n，轴位移可以计数为：

$$CTS_{pos} = n_{cycle} \times 2^n + CTS_{interp}$$

例 5.1.1

一正余弦编码器每转可提供 1024 个正弦波，如果

（a）运动控制器 A/D 转换器为 12 位的，位置分辨率为多少？

（b）如果位置计数器的读数为 4193102，编码器轴的机械角位移为多少？

解：

由于在每个正弦周期中可以通过插补将每个正弦周期的角位置分解成 12 位数字，总位置分辨率为：

$$1024 \times 2^{12} = 4\ 194\ 304 = 2^{22}$$

以 22 位的分辨率检测的最小位置变化将是：

$$\frac{360}{2^{22}} = 8.583 \times 10^{-5\circ}M$$

（b）这个编码器有 22 位分辨率，对应 4 194 304cts/rev，当前轴位移用度可表示为：

$$\theta = \frac{4\ 193\ 102}{4\ 194\ 304} \times 360° = 359.8968°M$$

互补信道

电噪声，例如功率电子器件的开关瞬间产生的噪声，可能会影响编码器信号导致错误的位置计数。工程实践中需采用屏蔽双绞线和良好的布线来降低这种影响。一种有效减小噪声影响的方法是使用互补信号和平衡差分线驱动（EIA 标准 RS422）。在这种方式中，每一个编码信道有它的反相互补信号输出，如图 5-8 所示。正交和正余弦

图 5-8 互补（差分）的编码通道提高噪声抑制能力

编码器都有互补信号输出。它们通常标示为 CH A＋，CH A－；CH B＋，CH B－和 CH C＋，CH C－（或下标＋，－）。这些互补信号允许采用较高的电压输出，例如用 0 到 10V 代替通常的 0 到 5V，这样更利于抑制噪声。

线驱动采用差分放大器，以增大每个输出通道的电流去"驱动"信号沿电缆从编码器传送到控制器。如图 5-9 所示，差分线驱动器将从编码器得到的信号反相产生互补信号，这些信号通过双绞屏蔽电缆线送往控制器，由于两根线处于相同的环境，所以任何电噪声产生的影响都是相同的。在控制器端，有一个差分接收器把 CH A－信号反相然后与 CH A＋合成，信号中的共模噪声就被差分放大器抑制，接着编码器原始的 CH A＋信号被提取出来。编码器的每个信道都有线驱动器。

5.1.3 绝对式编码器

通过对脉冲计数，增量编码器可以检测出相对的距离。如果这个计数值是参考一个特定点，比如原位或码盘的零脉冲位，就可以测出相对参考点的位置。然而，如果断电，计

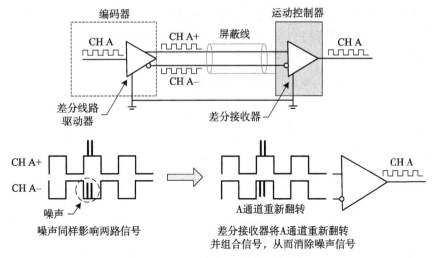

图 5-9 用差分线驱动器抑制噪声

数值就会丢失。类似原因，当机器首次通电时，增量编码器在执行回原点（回零）操作前也不可能知道上电时坐标的位置。

绝对式编码器采用一种对每一位置产生唯一代码的码盘。因此，在任何时候，都可以确定轴的绝对位置，即使在上电期间。如果一个坐标使用绝对编码器，就没有必要在上电时执行先将它移动到一个已知的参考点（原点或零位）的程序。

绝对式编码器的分辨率取决于它的输出位数。一个 3 位的码盘如图 5-10 所示。此时，这个编码器有三个检测器，每个轨道一个。可以检测的最小位置变化为 $360°/2^3 = 45°$。通常绝对编码器为 12 位的，可检测 $360°/2^{12} = 0.088°$。

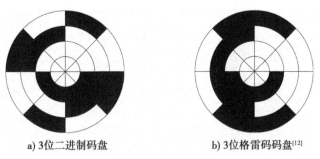

a) 3位二进制码盘   b) 3位格雷码码盘[12]

图 5-10 具有 3 位分辨率的绝对值编码器码盘

绝对式编码器可以采用二进制码，如图 5-10a 所示。每一个扇区（此例中为 45°）对应一个表 5-1 所示的 3 位数码。不过，由于在制造时这个编码器与检测器之间小的失配，当码盘在从一个扇区旋转到另一个扇区时，在同一时间可能这些代码没能全部送出，结果，编码器输出可能出现从当前位置跳到另一个位置而不是相邻位置的情况。为了克服这个问题，绝对式编码器常改用格雷码。由于格雷码在码盘从一个扇区旋转到下一个扇区时数码一次只有 1 位发生变化，产生错误读数的可能就极其稀少了。即便有制造上的误差，由于从一个扇区到另一个扇区数码只有单独 1 位变化，位置读数误差将只有一个扇区的大小（例如，对 12 位编码器等于 0.088°）。

表 5-1 绝对式编码器代码（3 位）①

扇区	二进制码			格雷码		
	D1	D2	D3	D1	D2	D3
0	0	0	0	0	0	0
1	0	0	1	0	0	1
2	0	1	0	0	1	1
3	0	1	1	0	1	0
4	1	0	0	1	1	0
5	1	0	1	1	1	1
6	1	1	0	1	0	1
7	1	1	1	1	0	0

① D1、D2、D3 为每一轨道的探测器。扇区 0 对应 0°到 45°。扇区数按逆时针增加。

单圈的绝对式编码器所在转轴内的每一角度对应唯一的代码。但是，如果旋转超过一圈，代码就会重复。一个多圈的绝对式编码器可以记录和存储圈数。它带有一个高精度的齿轮。每个齿轮有自己的计数码盘来记录圈数。常用的多圈编码器是 4 位码盘，这种码盘的圈计数通常采用 4 位格雷码（＝16 步）。每次主盘（第一个盘）转一圈，第二个盘前进一个计数角度。当第二个盘转完一圈，第三个盘前进一个计数角度。类似地，当第三盘转完一圈，第四盘前进一个计数角度。

例 5.1.2

一个多圈绝对式编码器主盘为 9 位格雷码盘，如图 5-11 所示。它有三个 4 位圈计数盘。这个编码器的分辨率是多少？

解：

每一个 4 位圈计数码盘有 $2^4 = 16$ 个计数值。主码盘 9 位，这个 4 盘的多圈编码器将有 21 位的分辨率，即

$$2^9 \times 2^4 \times 2^4 \times 2^4 = 2\,097\,152 = 2^{21}$$

图 5-11 格雷码盘（9 位）[16]

5.1.4 编码器的串行通信

增量式编码器输出的是脉冲序列。绝对式编码器可以通过并行接口将表示它绝对位置的所有代码一次性送出，其缺点是要求编码器有与码盘位数一样多的缆线，而数据的快速实时性则是它的优点。

目前，已经开发出了几种输出绝对式编码的串行通信协议。这些协议有些是有专利保护的，有些是公开的。它们的性能指标包括线数、特殊硬件需求和更新率等。

1. SSI（同步串行接口）

由 Max Stegmann GmbH 在 1984 年组织开发的 SSI 是一个通用的开放式串行通信协议。如图 5-12 所示，在编码器和控制器之间有两路信号线：①时钟和②数据。这些线携带差分信号并采用双绞方式以抑制噪声。此外，还需要两根线作电源和地线。因此，接口总共有六根线。

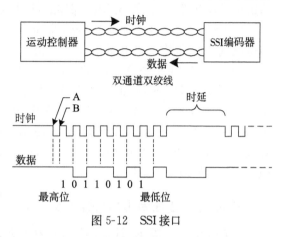

图 5-12　SSI 接口

初始时，时钟与数据线均为高电平。当控制器（主）需要编码器数据时，它开始发送一串时钟脉冲。在时钟信号的第一个下降沿（A 点），编码器将当前位置数据锁入它的移位寄存器。在时钟的下一个上升沿（B 点），编码器开始输出它的数据。每个时钟送出 1 位，首先送数据的最高位（MSB），最后送最低位（LSB）。通过对控制器的 SSI 接口编程，来适应编码器的字长。例如，对一个 9 位的编码器，如图 5-11 所示，控制器需要对 9 位字长编程，由于需要一个额外的时钟来开始启动通信，控制器接口需要增加一个用于传送的脉冲（此例共需 10 个脉冲周期）。当所有数据位传送结束时，时钟线要保持高电平一小段延迟时间，这样，编码器可以知道传送结束，在这个延时之后，才可以传送下一个数据。典型的数据传送速率最高可以达到 1.5MHz，但是随着频率的上升，电缆长度必须缩短[1,4]。

2. EnDat（编码器数据）

这是德国 Heidenhain 公司[9]专用的串行通信协议。EnDat 2.2 是一个可以从增量编码器和绝对编码器传送位置数据的双向接口。它还可以读/写信息，例如编码器型号、串行口型号、旋转方向、每转脉冲数、诊断和报警代码、将信息存入编码器或更新编码器的存储信息等。附加信息与位置值一道通过数据通道传递。数据格式通过传送模式指令定义。格式包括仅位置数据、位置加附加信息，或仅参数。

和 SSI 协议一样，它的时钟和数据仅用四根线。时钟频率可达 8MHz，电缆长度可达 100m。增量编码器数据通道和绝对编码器的数据/时钟通道是分离的。市场上存在含有或不含有增量编码器数据通道的型号。

3. HIPERFACE（编码器）

这是由 SICK/Stegmann 公司开发的专用协议。它可用于点对点通信（一主一从），就像 SSI 和 EnDat 一样。需要一次访问几个编码器时，它也可以采用总线连接[25]。

这种编码器有专用的码盘。该类码盘带有一个条形数码图形的信道，通过这个信道可以测量转轴一圈内的绝对位置，这种绝对位置测量可以达到 15 位的分辨率。第二信道是一个正余弦编码器，它为增量位置检测提供模拟的正余弦信号，在最低频带时对其插补以获得非常高的分辨率（可达 4M cts/rev）。通常，在系统首次上电时，要将绝对位置从编码器传送到控制器。控制器在电机换相时可能要用到绝对位置信息。增量位置信息通过正余弦信道传送，并像 5.1.2 节介绍的那样通过插补方式获得非常高的分辨率。

HIPERFACE 还具有智能传感器能力，可传送电气铭牌参数（如电机电压、电流）和存储（如运行与维护历史）等一些用户参数。如图 5-13 所示，HIPERFACE 只使用 8 根线。为了有效抑制噪声，必须使用双绞屏蔽电缆线。与 SSI 和 EnDat 不同，HIPERFACE 使用异步协议收发数据，虽然它传输速率仅为 38.4Kb/s，但是它的数据包含大量信息。

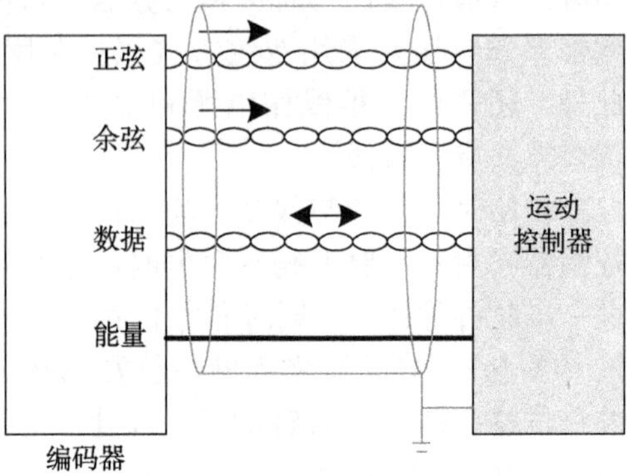

图 5-13 HIPERFACE 接口

4. BiSS（双向同步串行接口）

这是一个由德国 iC-Haus 公司开发的开放协议[11]。与正余弦编码器采用 1V 峰峰值模拟信号不同，BiSS 以全数字方法实现编码器与控制器之间的无噪声连接。通常，控制器接收到信号时正余弦编码器的进行数据插补，而 BiSS 编码器采用内部插补，因此不会受电容衰减影响。由于 BiSS 的位置更新可达 10MHz，即使在低速下也使得非常平滑的运动成为可能。

和 SSI 编码器一样，BiSS 也采用 4 根数据线，两根数据、两根时钟信号。还有两根电源线。和 HIPERFACE 一样，BiSS 编码器可以提供分辨率、器件 ID、加速度、温度等信息。这些参数可以在主控与编码器之间双向传送。类似 HIPERFACE 编码器，BiSS 可以实现点对点或总线连接运行，其电缆长可达 150m。BiSS 系统能够测量传输的延时，并自动进行补偿。因此，电缆长度不会影响系统的动态性能[14]。

5.1.5 速度估算

早期采用测速发电机作为测速器件来构造运动控制系统的速度闭环。采用编码器或旋转变压器来检测坐标位置。近年来，驱动器强大的计算能力和方便嵌入交流电机内，使得系统仅需要使用单独的位置反馈，速度则通过位置数据估算，位置数据通常来源于编码器。

编码器以有限分辨率对位置进行量化。例如，一个 1000 刻线的编码器通过 4 倍频可以得到 4000cts/rev。这样，可检测的最小分辨率为 1/4000＝0.000 25rad。控制器以采样周期 t_s 的固定时间间隔对位置进行采样。

一种估计速度的方法是计算位置计数值在采样周期中的变化[27]。这种方法称为定时（FT）方法（也称为 M 法），如下式：

$$V(k) = \frac{P(k) - P(k-1)}{t_s}$$

式中：$V(k)$ 是 k 时刻的速度估计值。$P(k)$ 和 $P(k-1)$ 分别是第 k 和 $k-1$ 次采样的位置计数值。让我们假定运动控制器运行于 2500kHz 的采样速率，t_s＝（1/2500）s，并采用前面提到的编码器以该采样速率进行采样，我们可以测量的最低速度将是 37.5rpm（详见例 5.1.3）。如果电机运行于 3750rpm，将意味着速度估计有 1%的误差。换句话说，如果电机运行在 375rpm 的低速，我们将有 10%的速度误差来自编码器的量化和速度估计。如果电机运行速度比 37.5rpm 还要低，情况就很糟糕。因为在某些采样中，检测不到位置计数值的变化，导致速度估算值为零。

定时方法的速度估计会在速度信号中产生噪声尖峰，这种噪声通过控制系统会导致对电机的电流尖峰。用低通滤波可以除去这种噪声，但会引起相位滞后，迫使控制器增益降低。

另一种估计速度的方法是测量两个连续编码器脉冲之间的时间（位置的一个计数增量）。这种方法称为 1/T 插补法（也称为 T 法），由下式给出：

$$V(k) = \frac{1}{T(k) - T(k-1)}$$

式中：$T(k)$ 是第 k 个编码器脉冲到来时间。分母是两个连续编码器脉冲之间的时间间隔。这种方法要求控制器具有高精度的定时器。现代运动控制器定时器精度为 1ms。

由于时间测量有很高的分辨率，采用 1/T 插补法的速度估算更精确，特别在速度非常低的时候[3]。编码器两个脉冲间的时间是与电机速度成反比的。如果用的是一个分辨率非常高的编码器，高速时两个计数间的时间将非常短。由于时间测量取决于定时器的精度，高速时速度估计会有显著的误差。此外，1/T 插补法有相位滞后，特别在低速时，会降低控制环的性能[5]。

例 5.1.3

电机的编码器为 1000 刻线，采用 4 倍频。

（a）假定控制器采样速率为 2500kHz，采样定时方法进行速度估算。当电机运行于最低可测速度时位置计数器一个计数误差引起的速度估计误差有多大？

（b）假定编码器连接的控制器以 1ms 定时器用 1/T 插补方法进行速度估算。当电机运行在与（a）小题同样低速时，定时器 1 个计数错误产生的速度估计误差是多少？

解：

（a）在给定的采样速率下，采样周期为 t_s＝(1/2500)s＝0.0004s。在这样多的时间内产生一个位置计数变化的速度是我们用这种方法能够估计的最低速度，即

$$v_{min} = \frac{1cts}{0.0004s} \times \frac{1rev}{4000cts} \times \frac{60s}{1min} = 37.5rpm$$

现在，让我们假定运行在这个 37.5rpm 的最低速。取决于采样区间如何对应编码器计数的变化，我们在采样周期中可能检测到 1 个或 2 个计数值的变化。如果在位置计数器中发生一个计数错误，控制器在这个采样区间将检测到 2 个计数变化，有：

$$v = \frac{2cts}{0.0004s} \times \frac{1rev}{4000cts} \times \frac{60s}{1min} = 75rpm$$

则速度估计误差为 $\frac{75-37.5}{37.5} \times 100\% = 100\%$

（b）如果电机运行在 37.5rpm，我们将得到 2500cts/s（=(37.5/60rev/s)×4000cts/rev）。一个计数变化间的时间间隔是 0.0004s(=(1/2500)s)。如果运动控制器的定时器以 $1\mu s$ 计数，一个编码器位置计数将对应 400 定时器计数。假定这个定时器计数产生了一个计数误差，使计数值为 401 而不是 400，则速度估计将是：

$$v = \frac{2cts}{0.000\,401s} \times \frac{1rev}{4000cts} \times \frac{60s}{1min} = 37.406rpm$$

则速度估计误差仅为 $\frac{37.5-37.406}{37.5} \times 100\% = 0.25\%$。

5.2 检测传感器

在自动化系统中，常需要检测一个目标物的存在与否。为了检测目标，系统需要采用多种检测电器，检测电器利用机械接触传感，红外光或超声信号等技术来检测目标。

不论采用什么技术，检测一个目标物是否存在的动作就像一个普通的开关或开或闭一样。如果一个电器是常开（N.O.）的，那么当检测到目标物时它就将闭合，类似地，如果它是常闭（N.C.）的，当检测到目标物时它就将断开。

5.2.1 限位开关

自动控制系统中最常见的检测传感器是限位开关。一个机械限位开关由一个开关和执行器组成。最常见的开关都具有一套常开和一套常闭触点。有很多种执行器，比如杠杆型、推辊型、摆杆型和叉杆型等[15]。机械开关通过目标物接触到开关的杠杆来检测目标物的存在。一个机械式限位开关和它在电路图中的典型图形符号如图 5-14 所示。

常开
(N.O.)

常闭
(N.C.)

a) 带滚轮杠杆的机械限位开关[17]（经Rockwell Automation公司许可转载）　　b) 常开、常闭限位开关电路图形符号

图 5-14　机械限位开关和电路图形符号

5.2.2 接近传感器

接近传感器（国内：接近开关）可以不用接触目标物而检测它的存在，其功能就像一个开关（开或闭）。接近开关有电感式和电容式两种类型。

电感型可以检测金属（铁或非铁）目标。这种传感器顶部有一个能产生高频电磁场的振荡器。当有一个金属目标物进入场内时，振荡幅值减小，幅值变化被传感器中的信号触发电路检测到，使"开关"闭合。接近开关的工作范围可达 2in。当有目标物进入这个范围时，传感器就可以检测到它。一个三线直流电感式接近开关如图 5-15 所示。更多的关于三线接近开关的信息在 5.2.6 小节中可以找到。

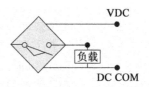

a) 电感式接近传感器[18]（经Rockwell Automation
　公司许可转载）

b) 三线常开接近传感器对负载的接线（运动
　控制器的输入卡）

图 5-15　电感式接近传感器与接线

电容式接近开关看起来和电感式的有些相似。它们产生一个静电场，通过静电场可以检测导电的或非导电的目标。传感器顶部的两个电极形成一个电容。当有一个目标靠近这个顶部时，电容量和振荡器的输出改变。传感器中的信号条件电路检测到这个变化，闭合开关。接近开关的工作范围通常比电感式的要小。

5.2.3　光电传感器

光电传感器采用光来探测目标物的存在，其作用类似一个开关。一个光电传感器包括一个发射器和一个接收器。发射器是光源，通常采用不可见的红外光。接收器对光进行检测。如果这个光电开关接收器接收到光时的输出是常闭，光被目标挡住时输出就变为断开。

有三种检测方法：①穿通光束，②反射光和③散射光，如图 5-16 所示。在穿通光方法中，发射器和接收器相互面对面配置在一条直线上，当一目标物阻断发射器和接收器之间的光束时，开关改变状态。

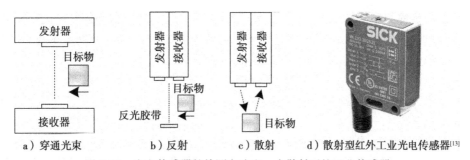

a）穿通光束　　　　b）反射　　　　c）散射　　d）散射型红外工业光电传感器[13]

图 5-16　光电传感器的检测方法和一个散射型的工业传感器

在反射光方式中，发射器与接收器相互紧靠安装在光源同侧。发射器发射的光经光束对面的一个反光带反射回来，被检测器接收。如果光束中断，没有被反射回检测器，则改变传感器的输出状态。

在散射方式中，发射器和接收器被封闭在一个盒子中，当目标物将发射光束反射回来时，接收器可检测到散射光。这种传感器的扫描距离有限，因为它们依赖于来自目标物的散射光。

5.2.4 超声波传感器

一种超声波传感器如图 5-17 所示，它产生一种高频声波。如果一个目标物在传感器检测范围内，这个声波会反射回传感器。传感器可以产生两种类型的输出：数字型和模拟型。超声波传感器可以检测不均匀表面、固体、清晰的目标、液体和层-粒状材料。它们也常用在工业织物处理系统中，用于在进行张力控制时测量织辊直径。

图 5-17 超声波传感器[19]（经 Rockwell Automation 公司许可转载）

传感器用模拟输出测量传感器发出的声脉冲与目标回波间的时间间隔。由于声波的速度是恒定的，测量时间间隔可以计算出目标物的距离。模拟传感器有一个可测的最大、最小距离。如果一个目标物太靠近传感器，小于最小距离，它将处于传感器的盲区而不能被检测到。在有效测量区域中，传感器可直接产生一个正比于目标距离的模拟输出信号。这个输出信号或者是电流（4～20mA）或者是电压（直流 0～10V）。超声波传感器有多种类型，取决于传感器，测量范围可以在 6～30cm 或 80～1000cm 中任意选择[26]。

数字输出的传感器功能像一个开关。它们用来测量目标的有无。例如，如果传感器的输出是常开，当它的检测范围发现一个目标物，输出就变为闭合状态。和光电开关（见图 5-16）一样，超声波传感器可以采用穿通、反射和散射模式。有的超声波传感器可编程，它们可以用模拟方式也可以用接近模式工作。它们的输出可以编程为常开或常闭。

5.2.5 扇入和扇出的概念

市场上有多种类型的传感器。对一个特定的应用，选择传感器必须考虑与运动控制器的 I/O 硬件电气兼容。扇入、扇出标志用于描述传感器与控制器 I/O 间电流流动的方向。这个定义是基于假定遵循直流电流从正向负流动的惯例。

考虑一个由电源、开关和灯泡组成的简单电路，如图 5-18 所示。开关连接这个电路可以有两种方法，一种开关在灯泡前，另一种在灯泡后。让我们分别讨论它的器件来理解扇入和扇出的概念。

如果开关接电源正端，如图 5-18a 所示，因为它对灯泡提供电流，这个开关就变为一个扇出器件。这个开关必须连接一个扇入器件，以构成通道让电流返回到电源负端。这时，灯泡就成为扇入器件，因为它从开关接收电流。

如果开关接电源负端，如图 5-18b 所示，因为它从灯泡接收电流，它就变成一个扇入器件。而灯泡现在是一个扇出器件，因为它向开关提供电流。同样，扇出器件必须与扇入器件连接以完成这个电路。

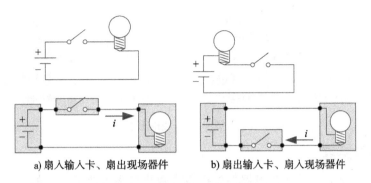

a) 扇入输入卡、扇出现场器件　　b) 扇出输入卡、扇入现场器件

图 5-18　简单电路与灯泡的两种接线方法

1. 输入卡

我们现在可以推广这个简单电路和扇入、扇出概念到运动控制器的应用中。这个开关更一般的术语称为现场器件，它不仅可以是一个开关，也可以是任意通/断传感器。类似地，我们可以将灯泡一般化为运动控制器的输入卡。输入卡通过插针或螺旋端口与现场器件连接。回想那个图 5-18 所示的灯泡，当开关闭合时开灯。类似，当开关闭合，输入卡上一个特定的输入（或引脚）"通电"。对灯泡，我们可以看见它亮，在输入卡中，运动控制器的软件可以"看见"这个特定的输入卡"通电"。

输入卡可以是扇入或扇出型。在图 5-19a 所示电路中，开关是一个连接到扇入输入卡的扇出现场器件，这个开关提供（扇出）电流到输入卡，输入卡接收（输入）这个电流。在图 5-19b所示电器中，开关是一个输入现场器件，它连接一个扇出的输入卡。在这种情况下，输入卡提供电流给开关，开关接收（扇入）电流。在两种情况中，当开关闭合，运动控制器软件就认为输入引脚（IN）通电。

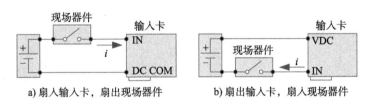

a) 扇入输入卡，扇出现场器件　　b) 扇出输入卡，扇入现场器件

图 5-19　扇入或扇出卡

2. 输出卡

继续使用扇入扇出的概念。一个输出卡给一个外部器件通/断电。卡本身不提供电源，其电源来自外部，因此输出卡必须连接一个外部电源。

在图 5-20a 所示电路中，输出卡对现场器件提供（扇出）电流。现场器件接收（扇入）电流。输出（开关）通过软件通断。扇出卡采用 pnp 晶体管。而在图 5-20b 所示电路中，现场器件是扇出、输出卡是扇入。当输出被软件接通时，输出卡扇入电流以提供电流返回到电源负端的通道。扇入卡采用 npn 晶体管。

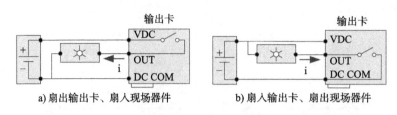

a) 扇出输出卡、扇入现场器件　　　b) 扇入输出卡、扇出现场器件

图 5-20　扇入或扇出卡

5.2.6　三线传感器

5.2.5 节中，我们讨论了现场器件怎样通过两线与扇入或扇出型的 I/O 卡接口。虽然图 5-19 和图 5-20 所示线路都是采用一个开关来介绍这个概念，但任何使用两线的通/断传感器都可以替换图中的开关。

三线传感器用一个固态电路来提供快速的开关动作而不像机械开关那样有触点的跳动。这些传感器的内部"开关"电路采用的是晶体管。因此，传感器必须有外部电源。IEC60947-5-2 标准规定了这些传感器线的颜色。棕色线和蓝色线分别用来连接电源的正、负端，黑色线是传感器的输出信号线。

一个三线扇出型传感器如图 5-21a 所示。扇出型传感器采用 pnp 晶体管作为开关器件。当传感器被一个外部事件触发时，晶体管导通，向输入卡提供电流。传感器生产商资料中常使用术语"负载"来表示被连接到传感器的器件。在图示情况中，负载是运动控制器的扇入输入卡。

图 5-21b 所示的为三线扇入型传感器。扇入型传感器采用 npn 晶体管作开关器件。当传感器触发时，晶体管导通接收来自负载扇出的电流。因此，在这种情况下输出卡必须是扇出型的。当传感器接通时，来自卡的电流进入传感器（晶体管），经 DC COM 端流回到供电电源的负端。

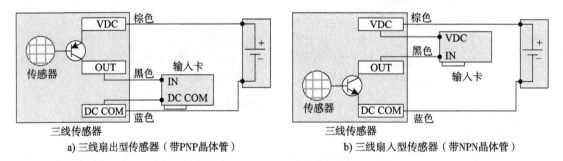

a) 三线扇出型传感器（带PNP晶体管）　　　b) 三线扇入型传感器（带NPN晶体管）

图 5-21　三线传感器接线

输入/输出接口规则如下。

（1）扇出器件必须连接到扇入卡；

（2）扇入器件必须连接到扇出卡。

5.3　主令控制器件

主令控制器件，如按钮，用于控制主控制器（如电机电源的电控接触器）的动作。主令控制器构建机器与用户的操作界面。典型的基本用户界面由按钮、选择开关和指示灯组成。

根据面板安装孔的要求，主令控制器件有基于孔直径的三种标准尺寸：16cm、22.5cm和30.5cm。在美国，30.5cm的最为常用，而16cm和22.5cm的来源于欧洲（见图5-22）。这些器件采用IEC（国际电工技术委员会）和NEMA（美国电气制造业协会）标准。

a) IEC风格按钮[20]　　　　　　　　　b) NEMA风格按钮[23]

图5-22　IEC与NEMA风格的按钮（经Rockwell Automation公司许可转载）

5.3.1　按钮

按钮通常用来手动控制接触器的通断。它们有各种风格、颜色和特性，比如有平头、外展头和带锁、不带锁的等等。

按钮由三个部件组成：①操作部件，②图文牌和③触点组。操作部件是通过推、按、扭转等使触点组动作的部件。图文牌是按钮的标注（例如，START）。触点组是外露的电气触点组合（见图5-23a）。有常开（N.O.）、常闭（N.C.）类型。对常开型，当按钮被压下时，触点就闭合，否则触点断开。常闭型则相反，按钮按下触点断开，否则触点闭合。触点组内部的电气触点用弹簧控制，当操作释放时弹簧会将触点还原。

操作部件有带自锁和无自锁两种。无自锁操作部件装有复位弹簧。只要操作释放，操作部件就会回到它的初始常态位置。例如，如果一个无自锁按钮装有常开触点，我们就拥有一个常开的开关。当按钮（操作部）压下时，触点就闭合。一旦按钮（操作部）松开，触点就断开。如果同样的操作部件装的是常闭触点，则我们拥有的将是一个常闭开关。按钮压下，触点断开，按钮松开，触点闭合。这些按钮的电路图形符号如图5-23b所示。

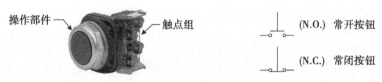

操作部件 ——　　　　　　　　—— 触点组　　　　　　 ⊥　(N.O.)　常开按钮

　　　　　　　　　　　　　　　　　　　　　　　　 ⊥　(N.C.)　常闭按钮

a）按钮和触点组[23]（经Rockwell Automation公司许可转载）　　b）按钮的图形符号

图5-23　工业按钮，触点组和图形符号

带自锁触点的操作部件可以保持它们的动作状态。例如，按下一个紧急停止按钮松开后将保持压下时的触点状态。这个状态将一直保持到它被物理性复位为止。典型的双位紧急停止按钮有推/拉复位（见图5-24）或推/扭转复位两种复位动作形式。

图5-24 推/拉紧停按钮[21]（经 Rockwell Automation 公司许可转载）

5.3.2 选择开关

选择开关的操作是采用旋转代替按钮动作来实现的，选择开关通常触点组与按钮的相同。正如名称所示，这些开关通过旋转操作部件到某个位置，可以选择两个或更多电路中的一个。例如，一个选择开关可以用来选择坐标是自动还是手动运行。

图5-25 展示了一个 3 位选择开关，它带有一个常开和一个常闭的触点组。开关各个位置的触点闭合情况可用真值表描述。选择开关有弹簧回位和/或自锁型、不同的真值表和各种外形、颜色。

	触点	
位置	A	B
左	X	0
中	0	0
右	0	X

X=关，0=开

a）选择开关[25]（经Rockwell Automation公司许可转载）　　b）真值表

图5-25 3位选择开关

5.3.3 指示灯

指示灯又称为标灯，图5-26 所示的是一个指示灯。它们用来作为设备状态的一种视觉指示，有各种颜色和形状。还有一种双输入压下测试指示灯，这种灯看起来像个按钮。将它接在灯泡两端，压下它可以指示照明中灯泡是否损坏。

图5-26 指示灯[24]（经 Rockwell Automation公司许可转载）

5.4 交流感应电机的控制器件

三相交流感应电机运行需要大电流和高电压。因此，跨接于电源线的三相交流感应电机需要使用一种称作接触器的控制器件。一个接触器最基本的功能就像房间里墙上的电灯开关。通过手动通断接触器开关，我们就可以起动和停止一台电机。和普通灯开关不同的地方是接触器的触点。由于电机需要的电流很大，接触器的触点额定电流值也比较大。

大多数电机应用都是通过一个控制电路来起动和停止电机，而不是靠手动去操作的。在这类应用中通常采用电磁式接触器。电磁接触器就像一个具有线圈和一套触点的继电器。当线圈被控制电路激励时，它的触点断开（或闭合）。这些触点与电机通过导线连接，同时具有较高的额定电流。

当接触器用于电机控制时，还要求使用一种称为过载继电器（OL）的辅助器件。OL 保护电机免于遭受过电流损害。例如，如果一台电机驱动的传送带被卡住了，电机将继续试图驱动传送带而使电流增大，电机过量的电流超过一定时间，OL 就将动作，切断电机的电源。

热过载继电器对电机每一相都有一个发热器件。电机相电流流过接触器和 OL 的触点，每相电机电流也流过 OL 中的发热器件。如果过载发生，器件温升会引起一个双金属片动作使电机的接触器跳闸。图 5-27 所示的是一个接触器和过载继电器 OL 的原理图和实物。电路图中三相线用 L1、L2 和 L3 表示。接触器的触点用 M 表示，图中显示的为常开（N.O.）触点。当接触器的线圈（图中没有画出）通电时，"M"触点闭合允许各相电流经过 OL 流入电机。如果接触器线圈断电，"M"触点断开，它就切断电机的各相电流。接触器与过载继电器的组合又称为电机起动器。市场中可以买到将两个器件集成封装成一个整体的产品。

当一台笼型转子的三相交流电机采用跨电源线起动方式运行时，起动电流很大（可以达到满载电流的 600% 左右）。这种情况是我们所不希望的。解决这个问题有许多方法，比如降压起动、自耦变压器起动或星-三角起动等。随着功率驱动装置的涌现，软起动器已十分普遍。它们可以通过一个由用户编程决定的时间周期，逐步增加电压，对起动转矩和电流进行限制。在令电机停止时也可以采用相同的处理。

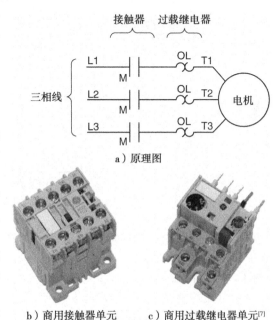

a) 原理图

b) 商用接触器单元　　　c) 商用过载继电器单元[7]

图 5-27　接触器和过载继电器原理图和模块

电机控制电路

一个简单常见的电机控制电路如图 5-28 所示。操作界面由三个按钮组成：紧急停止（E-Stop）、停止（Stop）和起动（Start）。三个按钮或者一起装在控制面板门上，或者装在一个单独的盒子上。电路图包括两部分：①控制电路和②功率电路。控制电路用细线画出，粗线画出的是功率电路。

功率电路由一个电磁接触器和一个 OL 组成。电磁接触器由它的 CR 线圈控制，线圈通电则它的触点闭合。这个 CR 线圈断电则它的触点断开。控制电路的电源使用三相主电

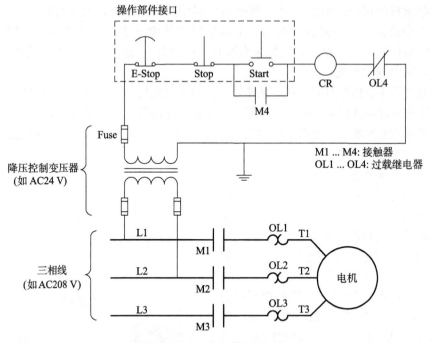

图 5-28 三相电机控制电路

源中的两相。通常控制电路需要的电压（如交流 24V）比功率电路的低很多（如交流 208V）。因此，要采用一个降压变压器来降低电压。操作界面构造采用了一个常闭 (N. C.) 无自锁的停止（Stop）按钮、一个常开 (N. O.) 无自锁的起动（Start）按钮和一个带自锁的紧急停止（E-Stop）按钮。过载继电器上的常闭 (N. C.) OL4 触点作为一个辅助触点用于控制电路中。控制电路中的触点 M4 是接触器的一个辅助触点。

如果紧急停止（E-Stop）按钮没有被使能，按动起动按钮，电磁接触器的 CR 线圈得电，触点 M1、M2 和 M3 闭合起动电机。当线圈通电时，触点 M4 也闭合。并联在起动按钮两端的 M4 触点在起动按钮释放以后保持对线圈供电，称为对起动按钮的"自锁"或"保持电路"。

如果压下停止（Stop）按钮，CR 线圈断电，所有接触器触点断开，电机停车。停止按钮释放不会使电机重新起动。电机运行时如果发生过载使 OL 触点断开，则 OL1、OL2 和 OL3 触点断开，切断电机电源，OL4 触点切断控制电路电源。以这种方法，当过载热继电器冷却下来时，触点重新闭合，电机也不会自己突然起动。如果紧急停止（E-Stop）按钮压下，控制电路和接触器线圈断电，电机停止。由于紧急停止（E-Stop）按钮是自锁的，电机此时已不能通过按起动按钮起动。紧急停止（E-Stop）按钮必须通过物理性地将按钮拉出才可复位。

习题

1. 什么是光电编码器？画出光电编码器主要器件的草图并予以标注。
2. 增量式编码器的 4 倍频是怎样产生的？我们怎样通过编码器 4 倍频信号决定旋转方向？

3. 为什么一个 2000 线的编码器用倍频解码模式可以得到每转 8000 个计数值？

4. 什么是零位脉冲？它在运动控制中有什么用？

5. 由于输出电压低，正余弦编码器每个通道都要使用互补信号。解释互补信号通道怎样可以有助于抑制噪声。

6. 一台伺服电机的增量式编码器为 1024 线。如果电机运行于 3600rpm，控制器采用 4 倍频，编码器每秒可以产生多少个计数脉冲？

7. 某机械坐标采用丝杠驱动，节距为 10rev/in。电机轴与滚珠丝杠直接连接。坐标必须达到 ±0.0005in 的精度。电机编码器的最小分辨率是多少？

8. 一个 4in 直径的测量轮装有一个 1024 线的增量式编码器，采用 4 倍频，如图 5-29 所示。使用这个轮子可以测量的最小直线位移是多少？如果被测部运动速度为 4ft/s，编码器脉冲的频率是多少？

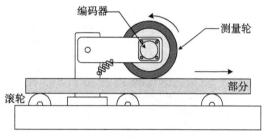

图 5-29　习题 8 的测量轮

9. 某正余弦编码器每转有 512 个正弦波输出。

(a) 如果运动控制器电路采用 10 位 A/D 转换器，位置分辨率为多少？

(b) 如果位置计数器读数为 522 262cts，编码器轴的机械角位移为多少？

10. 一个多圈绝对值编码器有一个 4 位的主码盘和三个 3 位计圈数的码盘。这个编码器的分辨率是多少？

11. 比较 SSI 和 EnDat 协议的协议类型、线数和数据传输速率。

12. 考虑一个安装在电机上的 512 线直线增量编码器。假定控制器采样速率为 2000kHz，采用 1/T 插补方法，用 1ms 的定时器。如果定时器有一个数的计数误差产生的速度估计误差百分比为多少？如果编码器用 1024 线，速度估计误差的百分比将变为多少？

13. 光电传感器的三种检测方法是什么？

14. 画出一个三线扇入传感器与一个扇出输入卡的接线草图。说明当传感器被触发时会发生什么情况。

15. 在交流感应电机控制中使用过载继电器的目的是什么？热过载继电器是怎样工作的？

16. 说明图 5-28 所示控制电路的工作原理。电路中的 OL4 触点有什么作用？

参考文献

[1] An Engineering Guide to Position and Speed Feedback Devices for Variable Speed Drives and Servos. Technical Report, Emerson Industrial Automation, 2011.

[2] Cburnett (2006). Encoder disc (3-bit-binary).svg. http://en.wikipedia.org/wiki/File:Encoder_disc_(3-Bit _binary).svg (accessed 1 July 2012).

[3] Sabri Cetinkunt. *Mechatronics*. John Wiley & Sons, Inc., 2006.

[4] Danaher Industrial Controls (2003). Encoder Application Handbook. http://www.dynapar.com/uploadedFiles /_Site_Root/Service_and_Support/Danaher_Encoder_Handbook.pdf (accessed 28 April 2013).

[5] George Ellis. *Control Systems Design Guide*. Elsevier Academic Press, Third edition, 2004.

[6] Dmitry G. (2013) GE MC2A310AT1.JPG. http://commons.wikimedia.org/wiki/File:GE_MC2A310AT1.JPG (accessed 11 May 2013).

[7] Dmitry G. (2013) GE MTO3N.JPG. http://commons.wikimedia.org/wiki/File:GE_MTO3N.JPG (accessed 11 May 2013).

[8] Galil Motion Control, Inc. (2005) Application Note #1248: Interfacing to DB-28104 Sinusoidal Encoder Interface. http://www.galilmc.com/support/appnotes/econo/note1248.pdf (accessed 4 January 2013).

[9] Heidenhain (2011). EnDat 2.2 – Bidirectional Interface for Position Encoders. http://www.heidenhain.us/enews/stories_1012/EnDat.pdf (accessed 10 October 2014).

[10] Heidenhain, Corp. (2014) Incremental Linear Encoder MSA 770. http://www.heidenhain.us (accessed 10 October 2014).

[11] iC Haus (2013). BiSS Interface. http://www.ichaus.de/product/BiSS%20Interface, 2013. (accessed 27 January 2013).

[12] Jjbeard (2006). Encoder disc (3-bit).svg. http://commons.wikimedia.org/wiki/File:Encoder_Disc_(3-Bit).svg (accessed 1 July 2012).

[13] Lucasbosch (2014). SICK WL12G-3B2531 photoelectric reflex switch angled upright.png. http://commons.wikimedia.org/wiki/File:SICK_WL12G-3B2531_Photoelectric_reflex_switch_angled_upright.png (accessed 5 February 2013).

[14] Cory Mahn. Open vs. Closed Encoder Communication Protocols: How to Choose the Right Protocol for Your Application. Danaher Industrial Controls, 2005.

[15] Frank D. Petruzella. *Electric Motors and Control Systems*. McGraw-Hill Higher Education, 2010.

[16] W. Rebel (2012). Gray disc.png. http://commons.wikimedia.org/wiki/File:Gray_disc.png (2012) (accessed 1 July 2012).

[17] Rockwell Automation, Inc. (2014) Bul. 802MC – Corrosion-Resistant Prewired, Factory-Sealed Switches (2014). http://www.ab.com/en/epub/catalogs/3784140/10676228/4129858/6343016/10707215/print.html (accessed 24 November 2014).

[18] Rockwell Automation, Inc. (2014) Bul. 871TM Inductive Proximity Sensors, 3-Wire DC. http://www.ab.com/en/epub/catalogs/3784140/10676228/4129858/6331438/10706844/Bul-871TM-Inductive-Proximity-Sensors.html (accessed 24 November 2014).

[19] Rockwell Automation, Inc. (2014) Bul. 873P Analog or Discrete Output Ultrasonic Sensors (2014). http://ab.rockwellautomation.com/Sensors-Switches/Ultrasonic-Sensors/Analog-or-Discrete-Output-Ultrasonic-Sensors#overview (accessed 24 November 2014).

[20] Rockwell Automation, Inc. (2014) Bulletin 800F 22.5 mm Push Buttons, Flush Operator Cat. No. 800FP-F3 (2014). http://www.ab.com/en/epub/catalogs/12768/229240/229244/2531081/1734224/Momentary-Push-Button-Operators.html (accessed 24 November 2014).

[21] Rockwell Automation, Inc. (2014) Bulletin 800T, Emergency Stop Devices, 2-Position Metal Push-Pull Cat. No. 800TC-FXLE6D4S (2014). http://www.ab.com/en/epub/catalogs/12768/229240/229244/2531083/Emergency-Stop-Devices.html (accessed 24 November 2014).

[22] Rockwell Automation, Inc. (2014) Bulletin 800T/800H 3-Position Selector Switch Devices, Standard Knob Operator, Cat. No. 800T-J2A (2014). http://www.ab.com/en/epub/catalogs/12768/229240/229244/2531083/Selector-Switches.html (accessed 24 November 2014).

[23] Rockwell Automation, Inc. (2014) Bulletin 800T/800H 30.5 mm Push Buttons, Flush Head Unit, Cat. No. 800T-A1A (2014). http://www.ab.com/en/epub/catalogs/12768/229240/229244/2531083/Momentary-Contact-Push-Buttons.html (accessed 24 November 2014).

[24] Rockwell Automation, Inc. (2014) Bulletin 800T/800H Pilot Light Devices, Transformer Type Pilot Light, Cat. No. 800T-P16R (2014). http://www.ab.com/en/epub/catalogs/12768/229240/229244/2531083/Pilot-Light-Devices.html (accessed 24 November 2014).

[25] SICK (2012). The World of Motor Feedback Systems for Electric Drives. http://www.sick-automation.ru/images/File/pdf/Hyperface_e.pdf (accessed 25 March 2013).

[26] Siemens Industry, Inc. (2013) Basics of Control Components. http://www.industry.usa.siemens.com/services/us/en/industry-services/training/self-study-courses/quick-step-courses/downloads/Pages/downloads.aspx (accessed 29 March 2013).

[27] Texas Instruments (2008). TMS320x2833x, 2823x Enhanced Quadrature Encoder Pulse (eQEP) Module. http://www.ti.com/lit/ug/sprug05a/sprug05a.pdf (accessed 8 July 2014).

[28] US Digital Corp. (2014) E5 Optical Kit Encoder. http://www.usdigital.com (accessed 11 November 2014).

第 6 章　交流驱动器

驱动器将控制器产生的弱电指令信号放大到电机运行所需要的高压/大电流等级，因此，驱动器也称为功率放大器。

在运动控制系统中，各坐标都运行于闭环控制状态。通常每个坐标上有三个闭环，即电流、速度和位置环。电机的速度和位置被检测并反馈送至控制器，而检测到的电机电流信号被反馈送至驱动器。换句话说，驱动器实现电流闭环。不过，近来的趋势表明，控制器的功能与驱动器的功能界线越来越模糊。控制器的许多功能，包括速度和位置闭环，现在都可由驱动器来实现。

本章从驱动器电路结构开始进行介绍，即整流器、直流环节和逆变器。讨论采用 120°和 180°导电方法的逆变器控制逻辑。介绍常用的脉冲宽度调制（PWM）控制技术。然后，介绍驱动器实现闭环控制的基本结构。深入讨论单闭环 PID 位置控制和带前馈的速度、位置级联双闭环控制。接下来介绍采用矢量控制交流伺服电机和感应电机的电流环实现。提供了控制器的数学与仿真模型。控制算法增益必须进行调整或整定，以使伺服系统的各个坐标能够尽量准确地跟踪它的指令轨迹。本章还介绍实际工程中考虑积分器饱和的控制算法整定步骤。

6.1 驱动器电路

如果定子直接与三相交流电网电源相连，那么三相电机定子的同步速度就是固定的。我们需要调节送至电机的三相正弦波电压的幅值和频率来实现变速的目的，为此目的设计出的功率电子设备称为交流驱动器或简称为驱动器。

驱动器的基本电路模块如图 6-1 所示。交流驱动器将交流电源变换成直流电源，再将直流电逆变成为电压、频率可变的三相交流电。驱动器可分为两大类：电压源逆变（VSI）驱动器和电流源逆变（CSI）驱动器。在逆变器章节中，通常采用 PWM 开关技术来实现直流转换为交流的目的。PWM 驱动器能量转换效率高、性能好。PWM 是通过驱动器中的开关逻辑电路组合实现的。VSI 为负载（电机）产生可调的三相 PWM 电压波形，CSI 则输出 PWM 电流波形[18]。

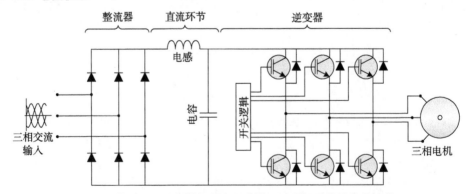

图 6-1　带 PWM 逆变器的交流驱动器（经西门子公司许可转载）

6.1.1 整流器和直流环节

一只二极管允许电流从正到负朝一个方向流动。如果电流反向（从负到正），二极管反向截止。在一个 60Hz 的交流电源中，电压的方向每分钟变化 60 次。如果这个交流电源与一只二极管相连，如图 6-2a 所示，从图中可以看出，二极管具有将波形的下半部切去的作用。在正弦波的正半周，二极管导通。在正弦波的负半周（波形的下半部），二极管反偏，不导通。当正弦波再次来到周期的正半周时，二极管又导通。这样，二极管就将交流变成了直流（一个方向），当然，这个直流含有非常大的纹波。

构建一个全波桥式整流器，电路如图 6-2b 所示，该电路使电流在周期的负半波也能够存在。在输入电压处于正半周时，电源电流从点 a 入桥，流经二极管 D1 和负载，通过二极管 D2 和点 b 返回电源。当输入波形进入负半波时，电源电流从点 b 入桥，流经二极管 D3 和负载，通过二极管 D4 和点 a 返回电源。当波形处于正半波时，二极管 D3、D4 反偏不导通；当波形处于负半波时，二极管 D1、D2 反偏不导通。值得注意的是，这个桥式整流器对电流的控制使得负载电流 i_L 总是按一个方向流过负载。因此，交变的源电流单向流经负载，输入电压的负半波就像被整流器翻转，变成了正的负载电压 V_L[9]。

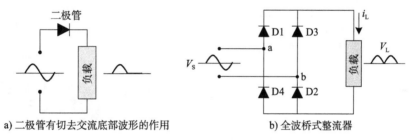

a) 二极管有切去交流底部波形的作用   b) 全波桥式整流器

图 6-2   用二极管整流器将交流转换成直流

一个三相二极管桥式整流器电路如图 6-3a 所示。它将输入的三相交流电源电压转换成直流电压（带有纹波）。因此，这个桥又称为整流器。二极管根据它们导通的顺序编号。D1、D3、D5 中相电压正向最高的一个导通。同样地，D2、D4、D6 中相电压负向最高的一个导通。每周期内每个二极管导通 120°，每个二极管的导通间隔 60°。输出波形由输入交流的 6 段线电压组成。这种整流器又称为 6 脉冲整流器，因为它的波形在一个电源周期中每 60°重复一次。三相桥式整流器可制成集成模块的紧凑式商用产品（见图 6-3b）。

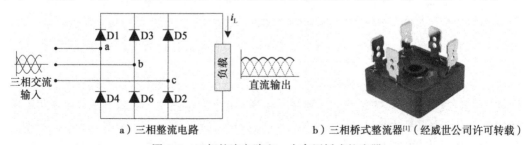

a）三相整流电路   b）三相桥式整流器[1]（经威世公司许可转载）

图 6-3   三相整流电路和一个商用桥式整流器

直流环节可看作一个滤波器,滤除整流器输出的直流电压中的纹波部分。直流环节的设计因驱动器的不同而不同。在 VSI 型驱动器中,直流环节有一个大电容,而在 CSI 型驱动器中,直流环节有一个大电感。有时,在 VSI 驱动器中会采用一个小电感(扼流圈)与大电容组合,如图 6-4 所示。

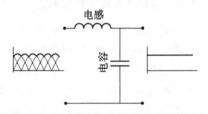

图 6-4 直流环节平滑输出的直流母线电压

6.1.2 逆变器

逆变器通过采用多个开关将直流输入转变成交流输出。在各种逆变器中,采用的开关器件有双极晶体管、MOSFET、晶闸管或 IGBT(绝缘门极双极型晶体管)。在众多新型驱动器中,IGBT 的应用最为普遍。IGBT 可以在接近 500ns 的时间内实现开通/关断。图 6-5a 所示的逆变器通过控制 6 个高速"开关"(IGBT)的开通或关断将直流环节的直流母线电压转换生产电机所需的的各相交流电压。与 IGBT 并联的二极管称为续流二极管。当一个晶体管关断时,电感试图强迫电流流过这个晶体管,在感性负载(电机)中存储的能量必须安全地被释放。续流二极管为电流提供了一条旁路通道,以保护这个晶体管[10]。三相逆变器可制成紧凑模块型产品(见图 6-5b)。

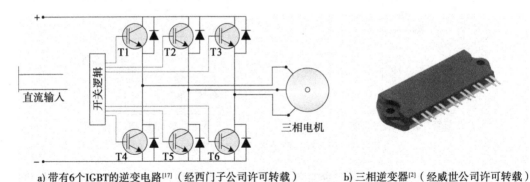

a) 带有6个IGBT的逆变电路[17](经西门子公司许可转载)　　b) 三相逆变器[2](经威世公司许可转载)

图 6-5 三相逆变电路和商用的逆变器模块

1. 开关逻辑

控制这些晶体管的开通和关断有两种常用方式:120°导电和180°导电方式。为了简化电路,逆变器中的 IGBT 用开关来代替,如图 6-6 所示。逆变器输出的电压和频率由开关的动作规律决定。如果画出各相的相电压(线对中线电压),可以看到每个周期中有 6 个不连续点,它们与开关点一一对应。因此,采用这两种导通方法的逆变器也常称为 6 步逆变器。

在 120°导电方法中,约定的开关方式为:逆变器的 3 个桥臂中,一个接直流母线正端、一个接直流母线负端、第三臂悬空。例如,在图 6-6 所示电路中,包含 T1 和 T4 的第一个臂通过使 T1 闭合(晶体管导通)、T4 断开(晶体管关断),可与正端相连;包含 T2 和 T5 的第二个臂通过使 T2 断开(晶体管关断)、T5 闭合(晶体管导通),与负端相连;第三个

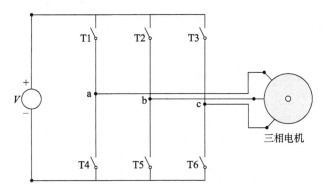

图 6-6　用开关代替 IGBT 的简化逆变器电路

臂的 T3 和 T6 保持断开，不参与连接。这种开关方式将允许电流从直流母线正端通过 T1、电机的 A 相和 B 相绕组，由 T5 流向直流母线负端。注意，在这种方法中，每个周期内一个开关连接直流母线正端和负端的时间区间是 120°。该方法因此而得名。

当采用这种 120°导电方法运行的逆变器与一台无刷电机相接时，得到的旋转如图 4-7 所示。开关模式如表 6-1 所示，每一行与图 4-7 中的一个图对应。我们再次注意到，在每一步中只有两个开关闭合（两个晶体管导通），因此，在每一步中，定子有两相与直流母线连接，第三相浮空。

表 6-1　120°导电方式的开关模式

开关区间（°）	霍尔传感器	晶 体 管						端 电 压		
		T1	T2	T3	T4	T5	T6	A	B	C
0～60	001	OFF	OFF	ON	OFF	ON	OFF	浮空	−	+
60～120	011	ON	OFF	OFF	OFF	ON	OFF	+	−	浮空
120～180	010	ON	OFF	OFF	OFF	OFF	ON	+	浮空	−
180～240	110	OFF	ON	OFF	OFF	OFF	ON	浮空	+	−
240～300	100	OFF	ON	OFF	ON	OFF	OFF	−	+	浮空
300～360	101	OFF	OFF	ON	ON	OFF	OFF	−	浮空	+

对于 180°导电方法，在输出周期中，每个开关 180°闭合，剩余的 180°断开。调节各个开关的时间，例如 T1 闭合 180°后 T2 闭合，类似地，T2 闭合 180°后 T3 闭合。使用这种技术，可以产生近似的正弦波。这个正弦波的频率取决于这些开关的闭合与关断有多快（开关频率）。

无论哪种导通方式，磁场每一步旋转 60°。但是，电机得到的相电压波形取决于导通方式。驱动感性负载时，如一台电机，线电压波形在 180°导电时是与负载特性无关的，而对于 120°导电场合，波形将受到瞬态电流的影响[11]。

表 6-2 所示的为这种模式的开关方式。注意，每 60°有一个开关闭合、另一个开关断开，且每一步中有三个开关闭合，与 120°导电方式不同，该模式没有浮空端，电机的每个端子都接有电压。因此，电源电流分布于相间并在各相中流动的。

表 6-2 180°导电方式的开关模式

开关区间（°）	霍尔传感器	晶 体 管						端 电 压		
		T1	T2	T3	T4	T5	T6	A	B	C
0～60	001	ON	OFF	ON	OFF	ON	OFF	+	−	+
60～120	011	ON	OFF	OFF	OFF	ON	ON	+	−	−
120～180	010	ON	ON	OFF	OFF	OFF	ON	+	+	−
180～240	110	OFF	ON	OFF	ON	OFF	ON	−	+	−
240～300	100	OFF	ON	ON	ON	OFF	OFF	−	+	+
300～360	101	OFF	OFF	ON	ON	ON	OFF	−	−	+

2. 脉冲宽度调制（PWM）控制

交流驱动器可以通过调节供给电机的三相正弦波电压和频率改变电机的速度。由前面所述，当使用一个不控整流桥取得固定直流母线电压时，我们需要一种通过逆变器产生不同幅值电压波形的方法。

PWM 是一种改变电压幅值非常有效的方法。PWM 技术有好几种，包括正弦、空间矢量和滞环电流控制[3]。通过改变一个方波在一个给定周期中占有的时间长度，可以得到一个可变的有效电压输出。占空比是导通时间与方波周期的百分比（见图 6-7a），即

$$D = \frac{t_{on}}{T} \times 100\%$$

式中：t_{on} 和 T 分别是方波占有时间和波形的周期。D 是百分占空比。平均电压为：

$$V_{ave} = DV_H + (1-D)V_L$$

通常，V_L 取 0。因此，平均电压与占空比成比例（见图 6-7b）。由于信号在 ON、OFF 之间的切换非常快，负载不受开关状态的影响而仅能看到电压的平均值。

用一个参考正弦信号 V_{ref} 和一个三角波载波信号 $V_{carrier}$ 作为控制信号产生相应的 PWM 信号，如图 6-8 所示。载波信号的电压和频率是固定的，而参考信号的电压和频率可调。在任意时刻，两信号的幅值相互比较。如果参考信号幅值比载波的高，则

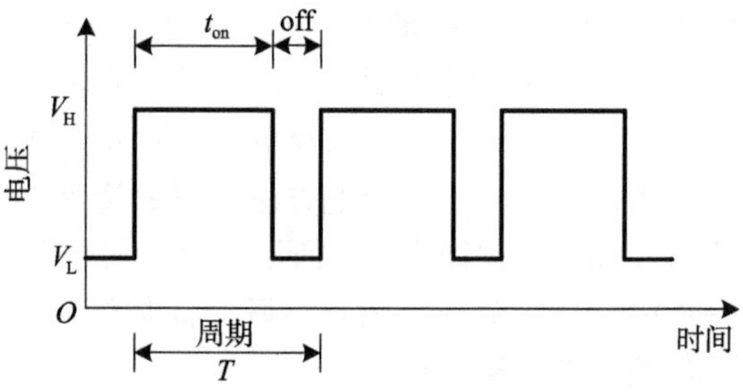

a) PWM 中的占空比

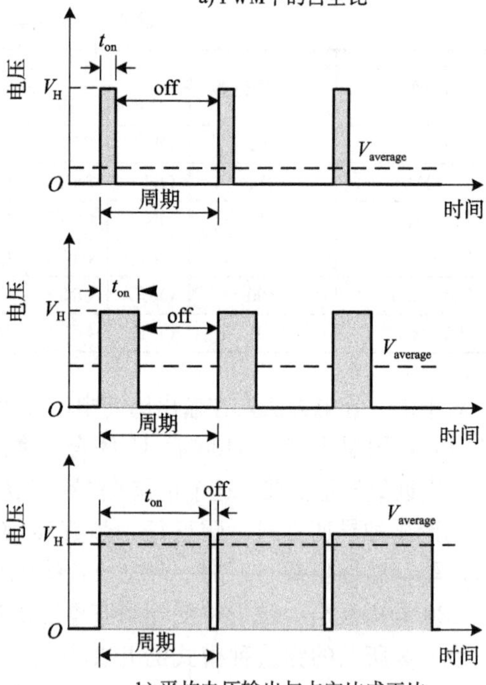

b) 平均电压输出与占空比成正比

图 6-7 PWM

PWM 信号为 1（开关闭合），否则为 0（开关断开）。

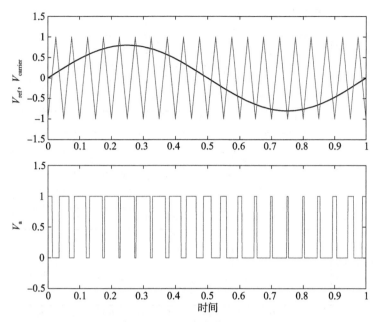

图 6-8　三角波载波信号和正弦参考信号产生相应的 PWM 信号

　　PWM 信号用来控制逆变器各桥臂上的晶体管。首先来看一下图 6-6 所示简化逆变器的第一个桥臂，它的 T1、T4 开关控制电源与 A 相的通断。如果 T1 闭合、T4 断开，直流母线电压 V 将加到 A 相；如果 T1 断开、T4 闭合，则 A 相电压为 0。可以根据参考信号与载波信号之间的差控制各桥臂的晶体管开关[6]，即

$$\Delta V = V_{\mathrm{ref}} - V_{\mathrm{carrier}}$$

这时，A 相的开关条件是：

$$\Delta V_a > 0, \text{T1 闭合}, \text{T4 断开}$$
$$\Delta V_a < 0, \text{T1 断开}, \text{T4 闭合}$$

PWM 信号通过改变占空比调节逆变器开关的通/断，从而得到一个可变的相电压。对于一个三相平衡系统，其他两臂的控制信号是彼此相位相差 120° 的正弦波，各相使用的载波信号相同。两相参考信号和生成的逆变器 A 相和 B 相 PWM 信号如图 6-9 所示。

　　逆变器 "a" 相和 "b" 相加至电机的线电压 V_{ab} 如图 6-10 所示。这个电压可以通过 V_a 和 V_b PWM 信号（见图 6-9）的差得到，此信号含有一个与参考正弦信号的频率相同的主导正弦基波分量。它的幅值由 $V_{\mathrm{ref}}/V_{\mathrm{carrier}}$ 决定。因此，改变参考信号的频率和幅值，就可以控制输出到电机端的线电压的频率和幅值[5,19]。

　　PWM 信号的频率范围通常为 2～30kHz。PWM 信号的占空比决定了与电机转速成比例的施加到定子端的平均电压，即电机速度随着占空比的增加而增加。除了效率上的优点外，PWM 方法在调节直流母线电压上也更便利。如果直流母线电压高于电机的额定电压，

则通过软件可以很容易地调节 PWM 信号的幅值，来匹配电机的额定电压。这样，控制器可以和不同额定电压的电机配套。

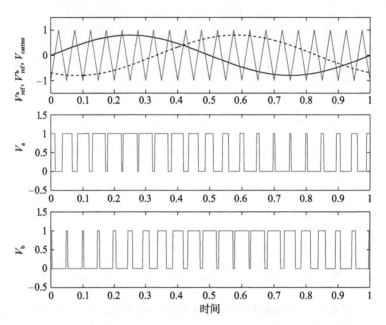

图 6-9   两路相位相差 120°的正弦参考信号与相应的 PWM 信号

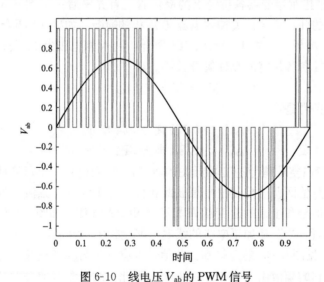

图 6-10   线电压 V_{ab} 的 PWM 信号

3. PWM 逆变器的仿真模型

分层建立一个 PWM 逆变器的模型，顶层如图 6-11a 所示。它需要 3 个参考电压作为输入端，与之相对应的相电流为 i_a、i_b、i_c。这个模型产生以直流母线中间接头为基准点的

PWM 相电压 V_a、V_b、V_c。

打开顶层模型，可以看到下一层模型的详细实现过程，如图 6-11b 所示。用户自定义这个模型中的直流母线电压、载波频率和幅值。这些信息用来构建模型的三角波载波信号和母线电压。作为参考值的相电流减去载波信号作为选择开关的条件，三个开关组合中的每一个与图 6-6 所示的一对晶体管对应。如果电流差（开关的中间输入）为正，相电压等于 $V_{dc}/2$。否则，相电压等于 $-V_{dc}/2$。

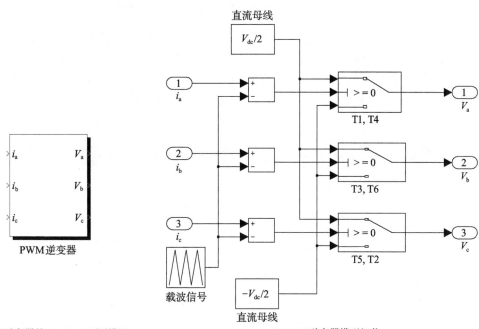

a) PWM逆变器的Simulink®顶层模型　　　　　b) PWM逆变器模型细节

图 6-11   PWM 逆变器的 Simulink 模型

6.2   基本控制结构

运动控制需要精确的速度和位置控制。有几种可能的控制结构，常用的有三种：

（1）级联的速度环和位置环；

（2）单环 PID（比例积分微分）位置控制；

（3）含有前馈控制的级联闭环。

6.2.1   级联的速度环和位置环

到目前为止，这种结构是最常用的，它含有一个内嵌一个速度环的位置环（见图 6-12）。位置环又称为外环。控制内环的电流即可调节电机的转矩，6.3 节将进一步讨论。

过去，运动控制系统常使用一个速度传感器（如测速机）和一个位置传感器（如编码

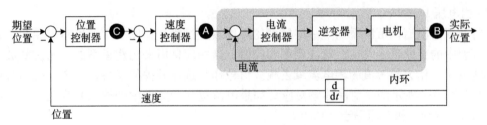

图 6-12 一个坐标的控制系统的级联速度环和位置环

器）。现在，大多数运动控制系统都仅使用一个编码器来测量电机轴的实际位置并用一个软件算法来推导速度，它可用模块 d/dt 表示。速度环通常采用 PI 控制器，如图 6-13 所示。比例增益（"P"）保证环的稳定性和响应的快速性，而积分项（"I"）将误差消除到 0[8]。速度环保证系统迅速跟随速度指令的变化，并利用它的高频响应提供对负载扰动的抑制。

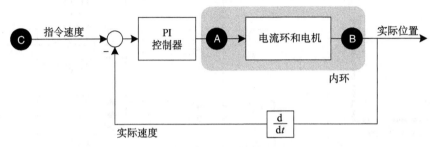

图 6-13 速度环

由内而外依次调整这些级联环的控制器增益。在内环和速度环整定好之后，位置环结构框图如图 6-14 所示，图中速度环可看作一个动态器件（一个低通滤波器）。这个位置环控制器的选择可以是"P"或"PI"。每个环的性能会影响包围它的外环性能。因此，每个环的整定都应该尽量按我们对外环整定时要求的响应进行。整定步骤见 6.5 节。

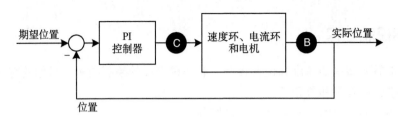

图 6-14 位置环

速度环简化理论模型

运动控制系统与许多其他控制系统的一个重要不同之处在于，它含有两个积分器（$1/s^2$）。在图 6-15 所示结构中，这两个积分器被分离成两个串联的单积分器。第一个积分器对电流积分得到速度，再对速度积分得到轴位置（$\theta(s)$）。从概念上来讲，速度环包含一个积分器，位置环包含第二个积分器。

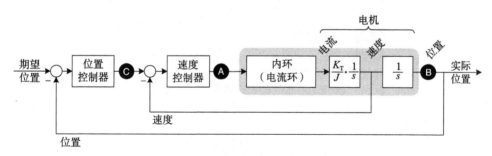

图 6-15　两个积分器

有大量关于控制系统的理论，读者可以参考本书附录的综述。这里将做一些假定，以简化级联系统并使用理论工具。这些简化使我们进一步了解控制系统的内部运作机理，预测它的性能。

在简化形式中，可以忽略所有摩擦损耗，将电机惯量与负载折算惯量合并为 J。这样，电机的响应将由下面的方程决定：

$$T = J \frac{d^2\theta}{dt^2}$$

式中：转矩 T 与电流成正比（$T = K_T i$）。这里的简化是将电机的电气模型化为一个增益 K_T（电机转矩常数）。回顾交流电机产生的转矩是和由内环调节的正交电流分量成正比的。将 $T = K_T i$ 代入上式，并对上式进行拉普拉斯变换可得传递函数：

$$\frac{\theta(s)}{I(s)} = \frac{K_T}{J} \frac{1}{s^2}$$

值得注意的是，这个双积分中有一个是从速度到位置的积分，上式可等效为：

$$\frac{s\theta(s)}{I(s)} = \frac{K_T}{J} \frac{1}{s}$$

而 $s\theta(s) = \omega(s)$。换句话说，在拉普拉斯变换域中，位置 $\theta(s)$ 的导数是拉普拉斯变换域的速度 $\omega(s)$。

因此，

$$\frac{\omega(s)}{I(s)} = \frac{K_T}{J} \frac{1}{s}$$

把它们放在一起，可以得到简化的速度控制器框图，如图 6-16 所示。

速度控制器的闭环传递函数[13]为：

$$\frac{\omega(s)}{\omega_d(s)} = \frac{G(s)}{1 + G(s)} \tag{6-1}$$

式中：$G(s)$ 为系统的前向通道增益，它等于所有增益的乘积，即

$$G(s) = \left(K_p + \frac{K_i}{s}\right) K_c \frac{K_T}{Js} \tag{6-2}$$

式中：K_p 是 PI 控制器的比例增益；K_i 是 PI 控制器的积分增益。将式（6-2）代入式（6-1），

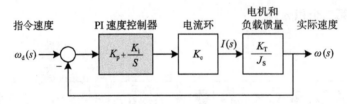

图 6-16　简化的理论速度控制器框图

简化可得闭环传递函数：

$$\frac{\omega(s)}{\omega_d(s)} = \frac{K_c K_T K_p s + K_i}{J s^2 + K_c K_T K_p s + K_c K_T K_i}$$

对于给定的电机，K_T 是固定的。在电机的电流控制器整定完成以后，K_c 也是固定的。因此可以将 K_T、K_c 合并为一个增益 $K_m = K_T K_c$，将传递函数简化为：

$$\frac{\omega(s)}{\omega_d(s)} = \frac{K_m K_p s + K_i}{J s^2 + K_m K_p s + K_m K_i} \tag{6-3}$$

从上式可以看出，所设计的系统一旦惯量确定之后，系统的响应就只是速度控制器增益 K_p、K_i 的函数。

式 (6-3) 可以改写为：

$$\frac{\omega(s)}{\omega_d(s)} = \frac{\dfrac{1}{J}(K_m K_p s + K_i)}{s^2 + \left(\dfrac{K_m K_p}{J}\right)s + \left(\dfrac{K_m K_i}{J}\right)} \tag{6-4}$$

一个标准的二阶系统[13]定义为：

$$s^2 + 2\xi \omega_n s + \omega_n^2$$

如果将式 (6-4) 分母的系数与标准形式的系数匹配，可以得到这个闭环系统的自然振荡频率 ω_n 和阻尼比 ξ，根据系统和控制器的 K_p、K_i 可表示为：

$$\omega_n = \sqrt{\frac{K_m K_i}{J}} \tag{6-5}$$

$$\xi = \frac{K_m K_p}{2\omega_n J} \tag{6-6}$$

从式 (6-5) 可以看出，积分增益 K_i 直接影响闭环系统的自然振荡频率。比例增益 K_p 和自然振荡频率与带宽相关。如果期望的自然振荡频率为固定值，通过式 (6-5) 可求出积分增益为：

$$K_i = \frac{J \omega_n^2}{K_m}$$

阻尼比必须根据应用的特定要求来选择。不过，在运动控制系统中，通常选择 $\xi=1$ 以期望获得一个临界的阻尼响应。式 (6-6) 取 $\xi=1$ 时，比例增益的计算公式为：

$$K_p = 2\sqrt{\frac{J K_i}{K_m}} \tag{6-7}$$

如果保持 K_i 为一固定值，改变 K_p，阻尼比也将改变。速度控制环在各种阻尼比下的闭环响应如图 6-17 所示。在阻尼比低于 1.0 以后，响应的振荡增多，并带有显著的超调。$\xi = 1.0$ 时，响应在理论上没有超调，但是式（6-4）中分子中的零点（"s"项）将影响系统的响应而引起一个大约 13% 的超调。一般说来，对于速度环，10%～15% 的超调是可以接受的。

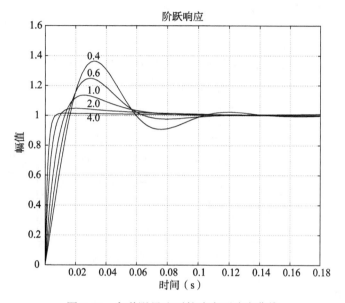

图 6-17　各种阻尼比下的速度环响应曲线

供应商采用内部的或产品指定的单元来设定它们产品中的增益。因此，对一个特定的商用产品而言，很难由理论计算来实际设定增益。另外，通常也很难得到待整定的实际坐标的精确数学模型。为了使系统模型更加精确，可以应用更复杂的方法和仪器，例如动态信号分析仪（DSA）。不过，整定控制器最常用的方法是，在实际的机器工作时应用简单的整定规则。并且，一些先进的运动控制器能自动调整增益，为以后手动更好地微调增益奠定了基础。

6.2.2　单环 PID 位置控制

如图 6-18 所示，这种控制结构没有速度环，仅由位置环构成。这个位置环包含两个积分器（图 6-18 中的两个 $1/s$ 项）。这是位置 PID 控制器与其他系统的 PID 控制器根本不同的地方，其他系统控制中绝大多数只含有一个积分器[8]。控制器加入微分（"D"）信号以解决双积分器的相位滞后。

如图 6-19 所示，PID 控制器需要对比例增益 K_p、积分增益 K_i 和微分增益 K_d 进行整定。在闭环控制系统中，每个控制信号都扮演一定的主导作用。但是应当记住，这些信号的功能并不是相互独立的，它们相互制约、相互影响。先来看一下在 PID 位置控制器中增益 K_p、K_i、K_d 各自的作用。

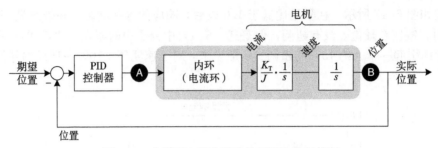

图 6-18 内嵌两个积分器的单环 PID 位置控制

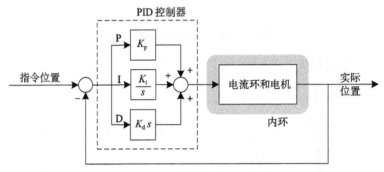

图 6-19 PID 控制器有三个增益

1. 增益 K_p 的作用

假定有一个 3.3.3 节中讨论过的滚珠丝杠和滑台的直线坐标轴。并假定摩擦、电机和丝杠的惯量忽略不计。电机通过闭环控制系统与运动控制器相连,如图 6-20 所示。由第 3 章的式(3-24)折算出负载惯量为 $J = m/(\eta N^2)$。电机轴的角位移通过乘以传递函数 $1/(2\pi p)$ 转换成滑台的直线位移,其中 p 为滚珠丝杠的螺距。电流环和直线坐标轴的整个传递函数为:

$$G(s) = \frac{K_c K_T \eta N^2}{2\pi p m s^2} = \frac{K_m}{m s^2}$$

式中:$K_m = (K_c K_T \eta N^2)/(2\pi p)$,为了简化符号,令 $K_m = 1$。

这样,这个系统的闭环传递函数(CLTF)为:

$$\frac{X(s)}{R(s)} = \frac{K_p}{m s^2 + K_p} \tag{6-8}$$

上式反映了一个包含运动控制器和直线坐标轴的闭环系统是怎样将位置输入指令 $R(s)$ 转换成滑台的位移输出 $X(s)$ 的。

现在,来考察一下一个理想弹簧−质量系统的动态性能,这个系统如图 6-21 所示。这是一个理想系统,没有摩擦和其他能量损耗。将力 $f(t)$ 作用于质量体,使弹簧拉伸。当位移等于 $x(t)$ 时的受力分析图如图 6-21 所示。使用这个受力分析图,根据牛顿第二定律可得运动学公式为:

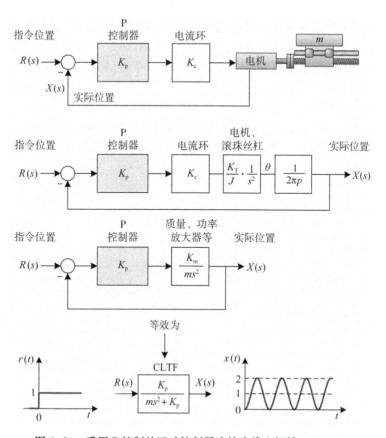

图 6-20 采用 P 控制的运动控制器连接直线坐标轴（$K_m = 1$）

$$\sum F = m \frac{\mathrm{d}^2 x}{\mathrm{d}t^2}$$

$$f(t) - kx = m \frac{\mathrm{d}^2 x}{\mathrm{d}t^2}$$

对上面两式整合并进行拉普拉斯变换可得：

$$(ms^2 + k)X(s) = F(s)$$

于是，这个系统的传递函数为：

$$\frac{X(s)}{F(s)} = \frac{1}{ms^2 + k} \qquad (6\text{-}9)$$

传递函数的分母决定系统的动态性能。比较式（6-8）和式（6-9）的分母，可以发现控制器中的比例增益 K_p 和图6-21所示简单弹簧-质量系统的弹性系数 k 的作用是一样的。换句话说，在直线坐标系统中，比例增益等同于虚拟弹性系数。K_p 设得越大，这个系统中的虚拟弹簧越硬。

如果这个理想的简单弹簧-质量系统在力 $f(t)$ 作用下

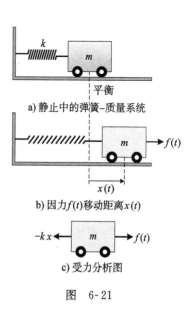

a) 静止中的弹簧-质量系统

b) 因力 $f(t)$ 移动距离 $x(t)$

c) 受力分析图

图　6-21

运动，则它将往复振荡。同样地，如果直线坐标的指令位置 $r(t)$ 发生阶跃变化，当控制器试图让它回到指令位置时，滑台也会往复振荡，如图 6-20 所示。基本来说，这个直线坐标（无摩擦）和控制器构成的闭环系统将呈现出与一个简单的弹簧-质量系统同样的特性。

2. 增益 K_d 的作用

假设图 6-20 所示的同一直线坐标轴运动控制器采用 PD 控制器控制，如图 6-22 所示。为了简化表达式，取 $K_m = 1$，可得系统的闭环传递函数（CLTF）：

$$\frac{X(s)}{R(s)} = \frac{K_d s + K_p}{ms^2 + K_d s + K_p} \tag{6-10}$$

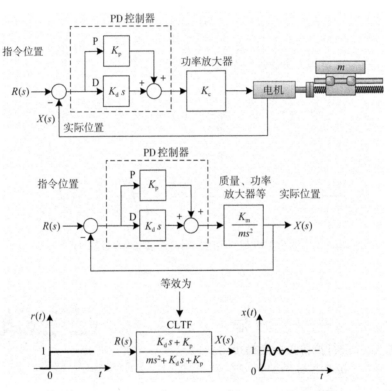

图 6-22　采用 PD 控制的运动控制器与直线坐标（$K_m = 1$）相连

现在假定在图 6-21 所示的简单系统中加一个阻尼器来产生一个弹簧-质量-阻尼器系统，如图 6-23 所示。阻尼器给系统施加一个与端点速度成正比的力 $\left(F_d = b\dfrac{dx}{dt}\right)$。

阻尼的作用是消耗掉系统的能量，使质量体最终归于静止。根据牛顿第二定律可得运动学公式：

$$\sum F = m\frac{d^2 x}{dt^2}$$

$$f(t) - kx - b\frac{\mathrm{d}x}{\mathrm{d}t} = m\frac{\mathrm{d}^2 x}{\mathrm{d}t^2} \qquad (6\text{-}11)$$

将式（6-11）整合并进行拉普拉斯变换可得传递函数：

$$\frac{X(s)}{F(s)} = \frac{1}{ms^2 + bs + k} \qquad (6\text{-}12)$$

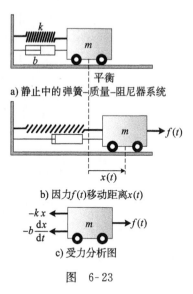

a) 静止中的弹簧-质量-阻尼器系统

b) 因力 $f(t)$ 移动距离 $x(t)$

c) 受力分析图

图 6-23

比较式（6-10）和式（6-12）的分母，可以看出微分增益 K_d 的作用与图6-23所示弹簧-质量-阻尼器系统中的阻尼系数是一样的。注意：直线坐标并没有一个物理的弹簧和阻尼器，然而，如果引入一个带 PD 控制的运动控制器，当一个阶跃位置指令送达它时，它的行为就像一个简单的弹簧-质量-阻尼器系统一样。比例增益加了一个虚拟的弹簧、微分增益加了一个虚拟的阻尼器到这个直线坐标系统。K_p 设得越大，系统中的虚拟弹簧越硬，K_d 越大，振荡消失得越快。

通过施加一个设定的力 $f(t)$，弹簧-质量-阻尼器系统将围绕平衡点振荡并稳定下来，而由 PD 控制的具有直线坐标（无摩擦）的闭环系统，当它的位置指令发生阶跃变化时，会展现出相同的特性。

3. 增益 K_i 的作用

假设图6-22所示同一直线坐标运动控制器采用 PID 控制器控制，如图6-24所示。这个系统的闭环传递函数 CLTF（$K_m = 1$）为

$$\frac{X(s)}{R(s)} = \frac{K_d s^2 + K_p s + K_i}{ms^3 + K_d s^2 + K_p s + K_i}$$

将上述方程的分母与式（6-12）相比较，可发现它们并不匹配。事实上，与增益 K_p、K_d 不同，在简单的弹簧-质量-阻尼器系统中没有物理器件与增益 K_i 对应。那么，增益 K_i 起什么作用呢？

这个积分增益 K_i 可以有效地消除稳态误差。例如，因机械摩擦导致偏离目标位置的位置误差可以用 K_i 补偿消除。另一种情况是伺服坐标完成定位以后，有一个固定重物被加到电机轴上，由重物产生的恒转矩会引起电机轴的旋转而稍微偏离原来的位置。靠增益 K_p 可以拖住重物，因为这个增益乘以增加的位置误差将使电机产生更多的转矩。增益 K_d 不起作用，因为没有速度。因此，重物由电机支撑，但会产生静态的位置误差。

积分器产生与误差累积成正比的控制信号，换句话说，积分器信号等于系统时间-误差曲线下的面积。在整个时间段，由固定重物引起的恒误差将被积分器不断累积。这将给放大器贡献一个附加的指令信号，由其增加的转矩超过靠增益 K_p 产生的转矩，结果不仅重物可以被电机轴支撑住，而且将返回到目标位置，使位置误差为零。增益 K_i 决定了系统以多快的速度消除位置误差（也称为跟踪误差）和受到扰动时多快返回定位

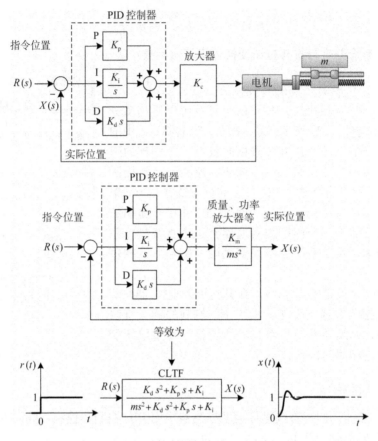

图 6-24 采用 PID 的运动控制器与直线运动坐标（$K_{\mathrm{m}}=1$）相连

位置。

一个在 PID 位置控制下电机拖动的滑轮吊有一个垂直方向负载时的系统框图，如图 6-25 所示。如前面所述，令 $K_{\mathrm{c}}=K_T=1$ 来简化公式，系统的输出可表示为：

$$\theta(s) = G_{\mathrm{PID}}(s)G_{\mathrm{s}}(s)E(s) - G_{\mathrm{s}}(s)D(s) \tag{6-13}$$

并且，

$$E(s) = R(s) - \theta(s) \tag{6-14}$$

由式（6-14）解出 $\theta(s)$ 且代入式（6-13），得：

$$E(s) = \frac{1}{1+G_{\mathrm{PID}}(s)G_{\mathrm{s}}(s)}R(s) + \frac{G_{\mathrm{s}}(s)}{1+G_{\mathrm{PID}}(s)G_{\mathrm{s}}(s)}D(s)$$

式中：第一项是由输入指令引起的位置误差；第二项是由作用于系统的扰动引起的位置误差。由重力引起的扰动可以用电机定位后的一个阶跃扰动来模拟。为简化方程，假定扰动转矩的幅值为单位 1（$mgr=1$），故 $D(s)=1/s$。

我们需要因扰动引起的误差（$e_{\mathrm{D}}(+\infty)$）最终变为零，以使系统能够对重力进行补偿而仍然保持定位于原来位置。运用终值定理[13]可得：

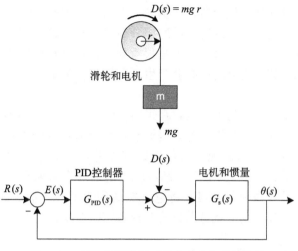

图 6-25　PID 位置控制下带有垂直负载的电机

$$e_D(+\infty) = \lim_{s \to 0} s E_D(s) = \frac{sG(s)}{1 + G_{\text{PID}}(s)G_s(s)} D(s) \tag{6-15}$$

式中：

$$G_{\text{PID}}(s) = K_p + \frac{K_i}{s} + K_d s$$

和

$$G_s(s) = \frac{1}{Js^2}$$

式中：J 是电机和滑轮的总惯量。将所有的传递函数都代入式（6-15），可得：

$$e_D(+\infty) = \lim_{s \to 0} \left(\frac{1}{Js^2 + K_d s + K_p + \dfrac{K_i}{s}} \right) \tag{6-16}$$

当 $s \to 0$ 时，K_i/s 项变为无穷大，从而使因重力扰动产生的误差变为零。因此，积分增益 K_i 使系统不受恒定干扰的影响。

如果控制器没有增益 K_i（只是一个 PD 控制器），则式（6-16）可写成：

$$e_D(+\infty) = \lim_{s \to 0} \left(\frac{1}{Js^2 + K_d s + K_p} \right)$$

在这种情况下，随着 $s \to 0$，我们将得到一个非零的有限误差：

$$e_D(+\infty) = \frac{1}{K_p}$$

加大增益 K_p 可以减小这个误差，但同时也将导致系统出现更大的振荡和超调。

6.2.3　含有前馈控制的级联闭环

伺服系统要求系统具有高增益，以保证系统具有良好的快速性、稳定性、准确性，以及抗干扰能力。然而，增益过高可能引起不稳定，特别是 PID 控制器中的积分增益。一个解决方法是仅在定位时才使用积分器，如例 6.5.2 所述。但是，这样做在运动期间会产生跟踪误差，虽然最终运动停止时的定位通过积分器可以消除这个跟踪误差。在多坐标联动跟踪应用中，在运动过程中消除跟踪误差是很重要的。在这种应用中，一个坐标的跟踪误差对其他坐标的跟踪和整个机器的性能会产生不利影响。那么在运动过程中怎样减小或消除跟踪误差呢？

工业运动控制器中最常用的方法是，在采用传统基于 PID 控制器的反馈控制的同时使用前馈控制。前馈工作在传统反馈环外，因而它不会导致系统的不稳定。如图 6-12 所示，在传统反馈控制方法中，仅当出现一个位置跟踪误差，就给电机发送一个速度指令（运动）。换句话说，系统仅会在已经落后于期望轨迹之后才会采取行动。而在速度前馈方法中，是根据期望轨迹计算需要的速度，将它直接送到速度环而不必等待先产生一个误差。这样，将反馈和前馈一起使用，就可以显著改善系统的性能。

1. 改变 PID 控制器结构

继续研究图 6-19 所示的传统 PID 结构，但是要稍微做一点修改。在实际系统中，机构总会存在一些摩擦，在数学模型中常将它模拟为黏性阻尼。假定机构中的摩擦引起的能量耗散可以通过前面的双积分器模型（$K_m/(ms^2)$）上加一个阻尼项来模拟。系统的传递函数可改写成：

$$G(s) = \frac{K_m}{ms^2 + bs} = \frac{K_m}{s(ms + b)} \tag{6-17}$$

式中：b 是代表机构能量耗散特性的黏性阻尼系数。注意：系统中并没有物理意义上的阻尼器，加上这一项是要计入由摩擦引起的能量损耗这一实际情况，它最终将减慢系统的运动。

PID 控制器的传递函数是：

$$C(s) = K_p + \frac{K_i}{s} + K_d s \tag{6-18}$$

系统配置如图 6-26 所示，闭环传递函数（CLTF）为：

$$\text{CLTF} = \frac{C(s)G(s)}{1 + C(s)G(s)} \tag{6-19}$$

将式（6-17）和式（6-18）代入式（6-19）并进行化简，可得系统的传递函数：

$$\text{CLTF} = \frac{K_m(K_d s^2 + K_p s + K_i)}{ms^3 + (b + K_m K_d)s^2 + K_m K_p s + K_m K_i} \tag{6-20}$$

因此，传统 PID 控制器系统的闭环传递函数的分子为一个二阶多项式。这个多项式是控制器增益的函数，它有两个零点（根）。取决于控制器增益的选择，如果这些零点靠近系统的主导极点（分母的根），可能会引起很大的超调。

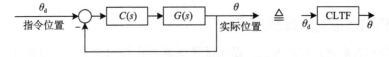

图 6-26　用传递函数描述的 PID 位置控制器和系统的控制结构

通过以图 6-27 所示的方式改变控制器的结构，可以消去其中的一个零点。

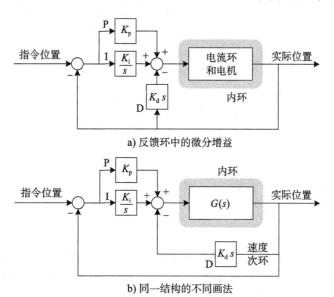

a) 反馈环中的微分增益

b) 同一结构的不同画法

图 6-27　通过将微分增益移到反馈环中得到的新 PID 控制器

现在，如前面所述，微分增益作用于实际系统的输出而不是直接作用于误差信号。可以先用一个内环传递函数 CLTF_v 替代速度环（见图 6-27b）再求新结构的 CLTF。

$$\text{CLTF}_v = \frac{G}{1 + GK_d s} = \frac{K_m}{ms^2 + (b + K_m K_d)s} \tag{6-21}$$

CLTF_v 与图 6-26 所示的 $G(s)$ 对应。图 6-26 所示结构中当前控制器的传递函数为：

$$C(s) = K_p + \frac{K_i}{s} \tag{6-22}$$

整个系统的闭环传递函数为：

$$\text{CLTF} = \frac{C(s)\text{CLTF}_v}{1 + C(s)\text{CLTF}_v} \tag{6-23}$$

将式（6-21）和式（6-22）代入式（6-23），整理可得：

$$\text{CLTF} = \frac{K_m(K_p s + K_i)}{ms^3 + (b + K_m K_d)s^2 + K_m K_p s + K_m K_i} \tag{6-24}$$

比较式（6-20）和式（6-24），可以看到它们的分母是一样的。由于系统的动态特性是由传递函数的分母主导决定的，所以控制结构的这种变化不会影响系统的动态性能，然而，当前分子的多项式仅为一阶系统，分子中仅存在一个零点。你可能会注意到，式（6-24）中的分子多项式和式（6-22）中的传递函数 $C(s)$ 代表一个 PI 控制器。如图 6-12 所示，新的 PID 结构为级联的速度/位置环。

如前面所述，高增益会引起不稳定，特别是 PID 控制器中的积分增益。工业运动控制器最常用的解决方法是使用选择性积分，仅当定位时才投入积分器，详见例 6.5.2。这意味着在运动期间积分器将被复位断开。当运动结束，系统停止时，使能积分器消除任何剩余的误差。新控制结构如图 6-27b 所示，如果在运动期间关闭积分器，此时的闭环传递函数为：

$$CLTF = \frac{K_m K_p}{ms^2 + (b + K_m K_d)s + K_m K_p} \tag{6-25}$$

它等价于一个单位反馈系统，如图 6-28 所示，其中的传递函数是 I 型系统，因为它只有一个积分器（分母中只有一个 s 乘以括号项，对应一个积分器，它在拉普拉斯变换域中为 $1/s$）。

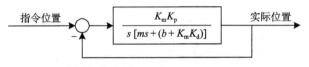

图 6-28　单位反馈 I 型系统

在跟踪恒速度输入时，I 型系统将会产生跟踪误差[13]。图 6-29 描述了一种典型的具有梯形速度曲线的定位运动。如果采用定位积分来控制级联的速度/位置环，系统在梯形曲线的恒速运动期间将存在跟踪误差。

如果在运动期间使用积分器，可能可以消除跟踪误差，但是将会遇到位置超调问题。减小比例增益可以减小增加的超调，但是又将会减小系统对扰动的刚度。

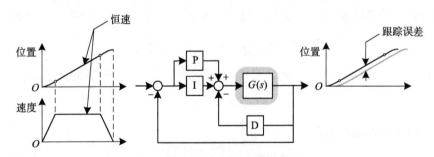

图 6-29　I 型系统中的恒速跟踪误差

2. 速度前馈

如果输入速度曲线直接反馈给速度环，当期望轨迹发生突变时，系统能更迅速地做出响应。任何轨迹的突然变化将直接通过前馈增益通知速度环，使系统立即做出响应。

在理想系统中，当以一个恒定的速度运行时，转矩 $T(t)$ 应该为 0。而实际系统中的转矩应该很小，仅够用于克服摩擦。参照图 6-30，为了使 $T(t)=0$，速度环的误差 $e_v(t)$ 必须等于零。如图 6-30 所示，当速度前馈增益为 K_{vff} 时，可以得到下面的方程

$$e_v(t) = u_p(t) + K_{vff}\frac{d\theta_d}{dt} - K_d\frac{d\theta}{dt}$$

式中：$u_p(t)$ 是位置控制器输出，它和跟踪误差 $e_p(t)$ 成比例。由于需要 $e_v(t)=0$，如果令 $K_{vff}=K_d$，则后两项抵消（$\theta_d \approx \theta$），因为 $u_p(t)$ 为 0，跟踪误差 $e_p(t)$ 就必须等于 0。因

此，速度前馈可以消除跟踪误差。然而，如果 K_{vff} 增益值设置得太高，速度前馈会引起超调，因为 K_{vff} 增益值设置得太高，在速度曲线的加/减速区间会产生大的误差尖峰。

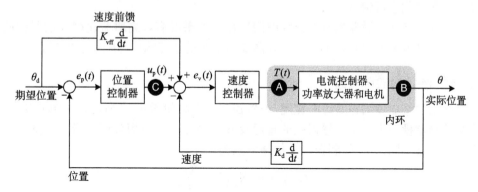

图 6-30　加到级联速度/位置控制结构上的速度前馈

3. 加速度前馈

通过加一个加速度前馈可解决速度前馈增益太高引起的超调问题。加速度前馈消除超调，使整个系统具有快速响应能力以及强扰动抑制能力。

在加/减速期间，我们需要转矩。获得转矩的一个方法是使 $e_v(t) \neq 0$，但这不是我们所希望的，因为这样会导致跟踪误差，代替的方法是需要的转矩指令从加速度前馈通道进入速度环，如图 6-31 所示。它用正比于输入运动曲线指令的加速度 $\left(= K_{aff}\dfrac{d^2\theta}{dt^2} \right)$ 通过调节增益 K_{aff} 直接生成。如果增益 K_{aff} 取值：

$$K_{aff} = \frac{m}{K_m}$$

则可以写出下面的运动方程：

$$\frac{m}{K_m}\frac{d^2\theta_d}{dt^2}K_m = m\frac{d^2\theta}{dt^2}$$

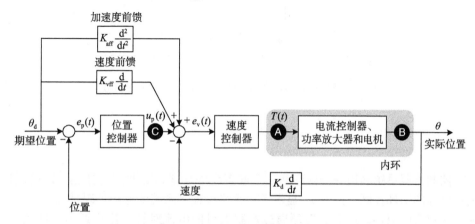

图 6-31　加到级联速度/位置控制结构上的加速度和速度前馈

方程的左边是由控制器产生的转矩，右边是产生的加速度。从这个方程可以明显看出 $\theta_d =$ θ，这就意味系统没有跟踪误差。注意：增益 K_{aff} 隐含正比于惯量（质量），因此，它需要随时根据负载变化进行调节。

不是所有的运动控制器都有加速度前馈特性。如果没有，高增益速度前馈引起的超调可以通过降低其他环增益来减小。设计者需要对系统的快速响应与刚度加以权衡。

4. 前馈增益的实际实现

一个常用的带前馈增益的级联速度/位置控制器方案如图 6-32 所示。在图 6-31 所示系统中位置控制器模块由一个位置误差的直通及其并联分支上的积分所替换。这基本上是一个实现方法稍微不同的 PI 控制器，其传递函数为：

$$G_{PI}(s) = K_p\left(1 + \frac{K_i}{s}\right)$$

注意：比例增益 K_p 与两项相乘，它出现在图 6-31 所示系统中速度控制器的位置。比较图 6-24 所示"P"和"I"信号和相应控制器的传递函数式（6-22）可以看出，二者有稍许的不同之处。事实上，在图 6-32 所示系统中，增益 K_p 乘以所有 3 个控制信号，即

$$G_{PID}(s) = K_p\left(1 + \frac{K_i}{s} - K_d s\right)$$

速度前馈支路求取期望的位置曲线的微分，通过增益 K_{vff} 产生比例于指令速度的信号。类似地，加速度前馈支路两次求取期望的位置曲线的微分，通过增益 K_{aff} 产生正比于指令加速度的信号。

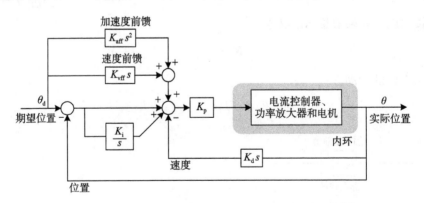

图 6-32　带速度和加速度前馈增益的级联速度/位置控制器

6.3 内环

运动控制伺服系统利用一个内环和一个或多个外环来达到期望的性能。这些反馈环用来产生各坐标的闭环控制。图 6-12 显示了一个坐标控制系统的通用实现过程。

内环又称为电流环。这个反馈环通过控制电机的电流对转矩进行调节。如图 6-33 所

示，内环的输入为期望电流，电机的期望电流与实际的反馈电流的差值即为瞬时电流差值。这个差值作为电流控制器的输入，电流控制器的输出为逆变器三相桥臂的相电压指令。这些电压通常为 6.1.2 节所述的 PWM 信号形式。逆变器将相电压输入到电机中，测量相电流并反馈给电机。

图 6-33　内环（电流环）的一般结构

外环（见图 6-12 中的速度和位置环）的设计在一定程度上有些相似，与被控电机类型无关。然而，内环设计需要指定被控电机类型[16]。下节将首先讨论本书研究的两类电机控制采用的内环，用特定类型电机设计的内环取代图 6-12 所示 A、B 两点间的通用内环。

由直流有刷电机产生的转矩与流入电机终端的电流成正比。由于这类电机的自身换向性，调节提供给电机的电流大小即可控制电机的转矩。在无刷电机的场合，如直流无刷电机、交流伺服电机或交流感应电机，必须分别对输入电机绕组的电流和电压进行准确的控制，它们产生的转矩都是转子位置的函数。

在无刷电机中，定子产生一个旋转磁场。转矩由定子磁场和转子磁场间的吸引或排斥产生。在无刷电机的运行过程中，当这两个磁场相互垂直时，产生的转矩最大。

定子磁场可以根据相电流模型化。电流空间矢量定义为幅值与相绕组电流成正比、方向与绕组产生的磁场方向相同的矢量。电流空间矢量给我们展示了合成为一个矢量的各相电流的综合效果。图 6-34 所示的描述了一个三相交流伺服电机。每一相绕组的电流代表一个电流空间矢量，每一矢量的方向与对应绕组产生的磁场方向相同。合成的定子电流空间矢量可以通过矢量和求得，它位于定子磁场相同的方向。

可以将所合成的定子电流空间矢量，沿着 d/q 轴分解成它的直轴分量和交轴分量。转子磁场与 d 轴对齐。交轴电流分量产生转矩，因为它与转子磁场矢量垂直。直轴电流分量消耗能量，同时将转子径向压向它的轴承。因此，驱动控制器必须使定子磁场的直轴分量最小化，交轴分量最大化，以产生尽可能多的转矩。转子旋转时，内环连续调节每相的电流以取得期望的定子磁场定向。

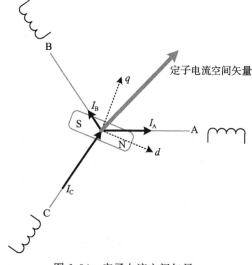

图 6-34　定子电流空间矢量

6.3.1 交流感应电机的内环

在一个笼型交流感应电机中，给定子绕组提供三相电压，形成的定子磁场在转子导条中感生电流，同时生成转子磁场。转子磁场试图追赶旋转的定子磁场，它们相互作用产生转矩。在直流有刷电机中，可以通过调节进入电机端的电流控制转矩，在交流感应电机里从一个外部电源直接控制转子电流是不可能的，因为转子电流是两个磁场相互作用感应产生的。

矢量控制或磁场定向控制的目的在于要使对交流感应电机的控制变得与直流电机相似。这可以通过直接控制 dq 坐标系中转子的电流空间矢量实现。如 6.3 节所述，电流空间矢量可以分解成直轴分量和交轴分量。交轴分量产生转矩的电流，直轴分量又称为励磁电流，决定电机的转矩增益 K_T[4]，有

$$T = K_T(i_{ds})i_{qs}$$

这个方程与直流电机转矩方程（$T = K_T i$）相类似。一般情况下，要求是恒转矩增益。因此，励磁电流需要保持为常数。

交轴电流分量和直轴电流分量采用两个独立的 PI 控制器进行控制，如图 6-35 所示。其中，i_{qs}^* 对应图 6-33 所示的期望电流（或转矩），期望的直轴电流分量为 i_{ds}^*。只要直轴电流分量保持与转子磁通对齐，且交轴电流分量保持与直轴分量垂直，就可以对磁通和转矩分别进行控制，交流电机产生的机械特性曲线与直流无刷电机的相似。

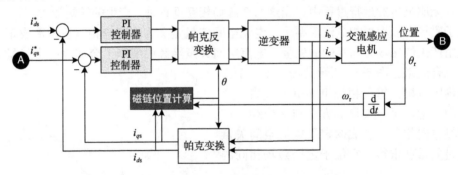

图 6-35　矢量控制交流感应电机的内环实现

矢量控制算法控制在 dq 坐标下的相电压和电机电流。在用 PI 控制器进行闭环控制之前，该算法需要通过数学变换将它们变换到 dq 坐标系上，在计算完需要的控制信号以后，还必须把它们变换回三相定子电压以被 PWM 逆变器用来驱动电机。这些数学变换包括 4.5.1 节介绍过的帕克变换和帕克反变换。它要求在运动控制器中有快速的数字信号处理器（DSP）。

直轴电流分量与转子磁通的对齐是一个难点。在交流感应电机中感生的转子磁场对于转子不是固定的，在转子和它的磁场之间有一个转差。因此，用编码器检测转子位置并不足以检测出定子磁场与转子磁场间的角度，编码器只能检测转子本身的位置。如果电机在气隙中装有磁通传感器，则转子磁通矢量方向是可以测量的，这种方法称为直接磁场定向

控制。在本书中，我们研究更常用的间接磁场定向控制，它的转子磁场方向是通过计算得到的（见图 6-35）。这些计算的详细介绍见 6.4.1 节。

6.3.2　交流伺服电机的内环

在交流伺服电机中，矢量控制方法（见图 6-35）控制方便。在交流伺服电机中，转子用永久磁铁产生磁通，因此，为了控制交流伺服电机，给定的直轴分量（电流产生的磁链）设为 0。即调节 d 轴电流使之保持为零，因此，迫使电流空间矢量只有交轴分量。q 轴电流分量仅产生有用转矩，这样，电机的效率可达到最大化。在交流伺服电机中，由于转子磁通对转子固定，没有转差，因此，不需要磁通位置传感器。有这些变化的矢量控制方法如图 6-36 所示。

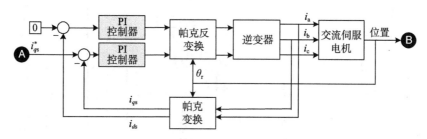

图 6-36　矢量控制交流伺服电机的内环实现

6.4　控制器的仿真模型

利用 Simulink® 构建每一种结构的控制器仿真模型。在每一种情形下，模型采用一个速度外环和一个与特定被控电机类型对应的电流内环组成。速度外环实现的框图如图 6-13 所示。如 6.2 节讨论的那样，用于位置控制的第二个外环可以加到这些模型上。

6.4.1　交流感应电机矢量控制的仿真模型

速度环的实现框图如图 6-37a 所示。在这种情况中，模型的输入是量纲为 rad/s 的期望梯形速度曲线。PI Controller 模块实现 PI 速度控制，PI 控制器的输入是速度误差，模块的输出是对内环的转矩参考值（期望电流指令）。内环和感应电机模块的输出是电机轴的实际位置，对位置求微分并反馈给 PI 控制器，并通过示波器显示出来。

图 6-37b 所示的为内环和交流感应电机模块的具体实现过程。内环实现矢量控制算法，如图 6-35所示。装在电机轴上的编码器检测转子位置。不过，它并不足以确定定子、转子磁场之间的夹角，因为转子磁场有转差。通过计算求得转子磁场，或转子磁通方向，这样，矢量控制算法才能将直轴电流分量与转子磁场对齐并保持交轴分量与直轴分量垂直，使电机的转矩控制与直流电机相似。

在下面的章节中，我们来看看转子磁通的方向是如何计算的，同时附上仿真模型的具体过程。

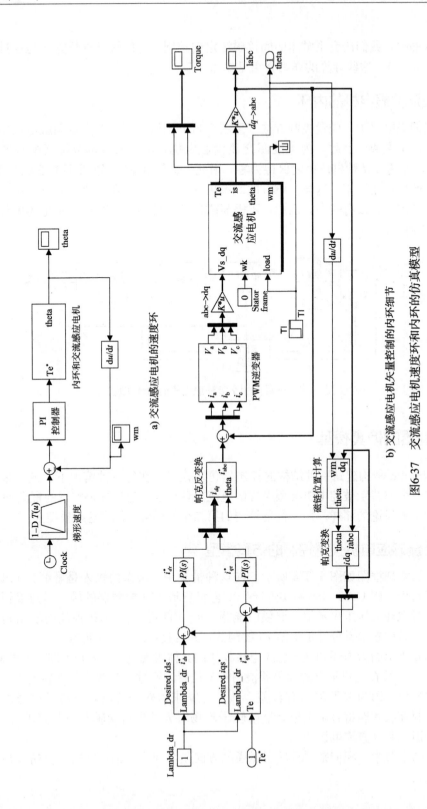

a) 交流感应电机的速度环

b) 交流感应电机矢量控制的内环细节

图6-37 交流感应电机速度环和内环的仿真模型

1. 矢量控制算法

4.5.2 节曾给出决定感应电机动态性能的方程。根据文献[4,12,15]中明确给出的式（4-28），我们可以得到转子电压为：

$$V_{dr} = R_r i_{dr} + \frac{\mathrm{d}\lambda_{dr}}{\mathrm{d}t} - (\omega_k - \omega_{re})\lambda_{qr} \qquad (6\text{-}26)$$

$$V_{qr} = R_r i_{qr} + \frac{\mathrm{d}\lambda_{qr}}{\mathrm{d}t} + (\omega_k - \omega_{re})\lambda_{dr} \qquad (6\text{-}27)$$

根据式（4-29）可得转子磁链方程为：

$$\lambda_{dr} = L_m i_{ds} + L_r i_{dr} \qquad (6\text{-}28)$$

$$\lambda_{qr} = L_m i_{qs} + L_r i_{qr} \qquad (6\text{-}29)$$

如果 dq 坐标系固定在转子磁场上，则 $\lambda_{qr} = 0$，由式（6-29）可得：

$$i_{qr} = -\frac{L_m}{L_r} i_{qs} \qquad (6\text{-}30)$$

由于 $\lambda_{qr} = 0$，所以它的导数也是 0。另外，由于仿真的对象是笼型感应电机，转子导条是通过端部短路环短路的，没有外电压加到转子绕组上，因此 V_{dr}，V_{qr} 被设为 0。将式（6-30）代入式（6-27），可解得：

$$\omega_k - \omega_{re} = \frac{L_m}{\lambda_{dr}}\left(\frac{R_r}{L_r}\right) i_{qs} \qquad (6\text{-}31)$$

注意：$\omega_s = \omega_k - \omega_{re}$ 是转差频率，$\tau_r = \frac{L_r}{R_r}$ 为转子电气时间常数。由式（6-26）可得：

$$i_{dr} = -\left(\frac{1}{R_r}\right)\frac{\mathrm{d}\lambda_{dr}}{\mathrm{d}t} \qquad (6\text{-}32)$$

将式（6-32）代入式（6-28），可得：

$$\tau_r \frac{\mathrm{d}\lambda_{dr}}{\mathrm{d}t} + \lambda_{dr} = L_m i_{ds}$$

如果 i_{ds} 保持为常数，上述方程可简化为：

$$\lambda_{dr} = L_m i_{ds} \qquad (6\text{-}33)$$

将式（6-33）代入式（6-31），可得：

$$\omega_s = \left(\frac{R_r}{L_r}\right)\frac{i_{qs}}{i_{ds}} \qquad (6\text{-}34)$$

通过对式（6-34）积分可以得到转差角 θ_s。如果转子相对定子的机械位置 θ_r 可以测到（通常使用装在电机轴上的编码器），我们就可以将两个角度相加得到转子磁场的位置，即

$$\theta = \theta_s + \theta_r$$

式中：θ 是定子坐标系和 dq 坐标系 d 轴间的夹角。这个角度被用于电流换相以维持在定、转子坐标系间期望的矢量定向。

文献 [14] 给出了电机转矩的计算公式为：

$$T_e = \frac{3}{2}\left(\frac{p}{2}\right)\left(\frac{L_m}{L_r}\right)(\boldsymbol{\lambda}_r \otimes \boldsymbol{i}_s)$$

$$= \frac{3}{2}\left(\frac{p}{2}\right)\left(\frac{L_m}{L_r}\right)\left(\left[\vec{R}\lambda_r \odot \vec{i_s}\right]\right)$$

$$= \frac{3}{2}\left(\frac{p}{2}\right)\left(\frac{L_m}{L_r}\right)(\lambda_{dr}i_{qs} - \lambda_{qr}i_{ds})$$

由于 $\lambda_{qr} = 0$，上式可简化为：

$$T_e = \frac{3}{2}\left(\frac{p}{2}\right)\left(\frac{L_m}{L_r}\right)\lambda_{dr}i_{qs} \tag{6-35}$$

上式可改写为：

$$T_e = Ki_{qs} \tag{6-36}$$

式中：$K = \frac{3}{2}\left(\frac{p}{2}\right)\left(\frac{L_m}{L_r}\right)\lambda_{dr}$。如果 λ_{dr} 为常数，则 K 就等于常数。这样，式（6-36）看起来就像一个直流电机的转矩方程，转矩直接和电流成正比。

给定要求的转子磁通 λ_{dr} 和转矩量 T_e，通过式（6-33）和式（6-35），利用间接磁场定向控制算法就可以生成在 dq 坐标系下电机的电流指令为：

$$i_{ds} = \frac{1}{L_m}\lambda_{dr} \tag{6-37}$$

$$i_{qs} = \frac{2}{3}\left(\frac{2}{p}\right)\left(\frac{L_r}{L_m}\right)\left(\frac{T_e}{\lambda_{dr}}\right) \tag{6-38}$$

检测得到的转子位置与式（6-34）转差频率的积分相加得到：

$$\theta = \int\left(\frac{R_r}{L_r}\right)\frac{i_{qs}}{i_{ds}}\mathrm{d}t + \theta_r \tag{6-39}$$

估算转子磁场方向，进而在坐标变换中运用帕克变换和帕克反变换计算需要的定子相电压 (V_{abc})。

2. 矢量控制电流内环的仿真

矢量控制算法控制在 dq 坐标系中的电流和相电压，PI 控制器工作于直流信号，这样就可使得电机在低速和高速下都具有同样好的性能。

图 6-35 所示的矢量控制内环需要两个输入指令：①期望的直轴电流分量（i_{ds}^*）和②期望的交轴电流（或转矩）i_{qs}^*。"期望 ids*"模块和"期望 iqs*"模块如图 6-37b 左边所示，用式（6-37）和式（6-38）可计算内环的这两个输入量。这里，要求的转子磁通 λ_{dr} 被设为一个定值，以确定需要的励磁电流。转矩指令 T_e 来自外环速度控制器。"期望 ids*"模块和"期望 iqs*"模块的细节如图 6-38 所示。

PI(s) 模块中的 PI 控制器根据 dq 坐标系中的电流误差进行工作，电流误差就是期望电流与实际电流之间的差。这些误差通过将电机测得的实际电流变换到 dq 坐标系进行计算。PI 电流控制器的输出通过帕克反变换转换到 abc 坐标系。到帕克反变换右边这一点上，获得作为 PWM 逆变器的三相电流参考输入指令。PWM 逆变器模块基于每相的电流误差产生电机的相电压 (V_a, V_b, V_c)。

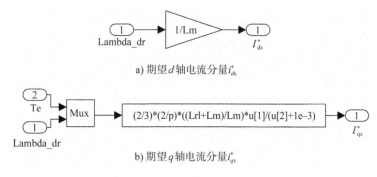

a) 期望d轴电流分量i_{ds}^*

b) 期望q轴电流分量i_{qs}^*

图 6-38　"期望 ids* 和 iqs* "电流模块细节

在这个模型中，我们使用同 4.5.2 节介绍过的交流感应电机模型。这个模型是基于 dq 坐标的，因此，必须把逆变器输出的三相电压用 abc→dq 模块转换到 dq 坐标系以便和交流感应电机模型一起使用。转子机械速度用于磁通位置计算模块中。

图 6-39 所示的磁通位置计算模块用式（6-39）估算转子磁场的位置。得到的这个磁通位置被送到帕克反变换模块，用来计算三相电流指令。在图 6-38b 和图 6-39 所示控制系统中，方程的分母加上一个很小的非零量（1×10^{-3}），以避免在仿真开始时除数为零。

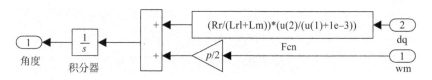

图 6-39　磁通位置计算模块细节

6.4.2　交流伺服电机矢量控制的仿真模型

图 6-40a 所示的速度外环和交流感应电机控制模型相同。内环的细节和交流伺服电机如图 6-40b 所示。内环采用改进的矢量控制算法来实现，如图 6-36 所示。这种控制结构和交流感应电机矢量控制有两个区别：①因为该控制结构的转子磁通位置对转子是固定的，所以它没有磁通位置计算模块。②因为该控制结构用永久磁铁产生转子磁通，所以它的直轴电流分量被设定为 0。

如图 6-40b 所示，在 PI(s) 模块中有两个 PI 控制器来调节 dq 坐标系电流，再经过帕克反变换将电流转换成 abc 坐标系下的三相电流。PWM 逆变器模块产生电机的相电压（V_a, V_b, V_c）。在这个模型中，我们使用 4.5.1 节介绍过的同一交流伺服电机模型。在交流伺服电机模块输出位置，检测电机的各相电流，并用帕克变换将它们转换到 dq 坐标系，反馈给 PI 控制器。

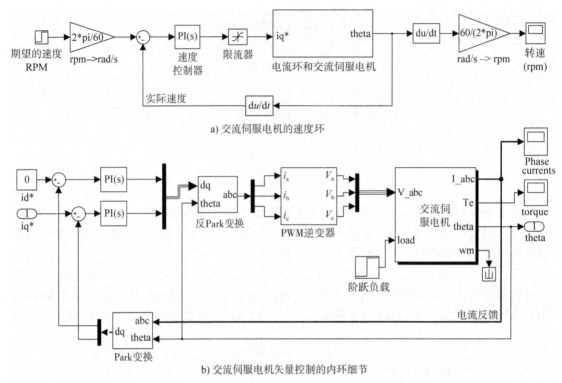

a) 交流伺服电机的速度环

b) 交流伺服电机矢量控制的内环细节

图 6-40   交流伺服电机速度环和内环的仿真模型

6.5 参数整定

参数整定就是通过调整控制器增益使伺服系统能尽可能逼近跟踪输入指令的过程。伺服系统性能可以根据它跟踪输入指令的快速性、准确性以及稳定性来量化。

伺服系统可以采用时域或频域方法进行分析。频域分析依赖于波特图，而时域分析采用阶跃响应。当对机械装置的控制器进行整定时，通常的难点在于获得波特图，除非有仪器，比如DSA，可以测出机械装置的频率响应并生成波特图。有些运动控制器内部带有频域分析能力，但它不是运动控制器的一个共有特征。而所有控制器都具有产生一个阶跃输入来捕捉其响应的能力。

对指令的响应可以用调节时间来度量。它告诉我们系统如何快速地跟踪一个输入。对系统加一个阶跃输入并捕捉产生的响应，调节时间定义为系统响应进入并停留在指令的±2%范围所耗费的时间[13]。图 6-41 显示了一个系统指令为 100rpm，调

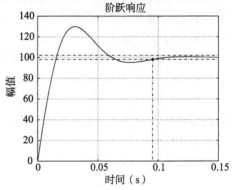

图 6-41   度量响应的调节时间

节时间为 0.096s 的情形。注意：响应首次进入 2% 区域的时间约为 0.06s，但它没有保持在这个区域内。首次进入并保持在这个区域内的时间是 0.096s。越慢越迟钝的系统调节时间越长。

实践中，运动控制系统并不需要对阶跃输入指令作出响应。例如，由位置外环产生给速度环的输入指令是平滑得多的指令，比如梯形速度曲线。某种程度上来说，阶跃响应是系统可能遇到的非常糟糕的情况。如果系统能够对阶跃响应调到一个满意的响应，它在平常更平滑的运行条件下响应将更好一些。

如果一个伺服系统可预测出指令的响应，它就被认为是稳定的。过大的超调或持续振荡被认为是不稳定的。在时域中，超调百分比通常用来作为对稳定性的度量。超调百分比（OS%）定义为指令响应的峰值与输入指令之差对指令输入的百分比。在图 6-42a 所示系统响应中，该系统有 13% 的超调（＝(113－110)/100）。指令输入为 100rpm，响应峰值与输入指令的差为 13rpm。类似地，图 6-24b 所示系统响应中系统有 36% 的超调。虽然两个系统都是稳定的，但图 6-42b 所示的系统稳定裕量比较小。换句话说，如果运行条件变化，它更容易变得不稳定。

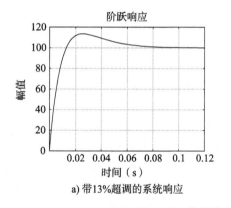

a) 带13%超调的系统响应

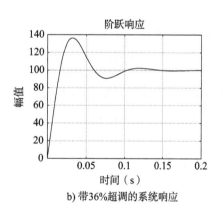

b) 带36%超调的系统响应

图 6-42　度量稳定性的百分比超调量

一个伺服系统在它跟踪输入时总是试图减小或消除指令输入与系统实际响应之间的误差。控制系统的增益决定了系统试图减小这个误差的难度。如果增益高，系统对即使很小的误差也会产生大的转矩来试图很快地纠正这个误差。一个运动控制系统运动期间需要对负载进行加减速。当系统试图跟踪输入指令的变化时，惯量和高增益会导致过调。因此，系统可能围绕期望的目标位置振荡。这种振荡又称为振铃，这被认为是一种不稳定的情况。

每一应用都要求在响应性能和稳定性间做平衡。高增益的设定可以改善响应性能，但也会增加超调从而降低系统稳定性。增益应取得低一些以获得更稳定的系统。可是，得到的实际系统响应迟钝，当受到外部扰动（例如负载的突然变化）时没有刚度。整定就是在所有这些相互矛盾的要求当中寻求一个最佳的平衡，以在指定的应用中获得最优的性能。一般来说，一个整定良好的伺服系统抗干扰性强、具有可能达到的最快响应能力，超调和稳态误差小或无超调和稳态误差。

在整定过程中，必须避免控制信号出现饱和现象。使用阶跃或梯形输入指令来整定系统，在整定时应适当选择输入指令的幅值避免控制信号饱和（输入到放大器的电流指令）。如果采用重复的输入指令，比如阶跃型方波，它的频率应当适当低一些，这样当整定时系统就能够顺利跟踪。通常送往功率放大器的电流指令（控制信号）是一个±10V的信号，其中+10V为电机最大正转矩（电流）指令，-10V为电机最大负转矩（电流）指令。如果增益的整定导致运动期间接近或超过这些值，特别是这种情况持续时间比较长，就意味着系统推动过度。为避免饱和，应当减小指令的幅值。例如，在采用梯形速度曲线运动的场合，在梯形水平段的运行速度以及加减速率应当减小，以使系统在运动期间推动不会过度。在整定时，大多数运动控制器可以用软件监视控制信号。

6.5.1　PI 控制器的参数整定

调节时间、允许超调量等性能要求是随应用不同而变化的，因此，系统设计者需要根据这些要求和系统的硬件能力进行必要的调整。不过作为一般方法，PI 控制器的整定可以采用下面的步骤[8]。

PI 整定方法

（1）设 $K_i = 0$，K_p 取比较小的值；

（2）采用方波作为输入指令；

（3）缓慢增大 K_p，直到响应达到方波输入目标值并且超调很小或者没有超调；

（4）增加 K_i 使超调达到 15%；

（5）检查电流指令在应用的运动进行期间是否饱和。如果有饱和发生，特别是时间比较长，说明系统难以推动，这时应向下调整增益，直到不再发生饱和为止。

在这个整定步骤中，方波代表理论的阶跃输入。方波的上升沿就像理论的阶跃输入，下降沿也像阶跃输入，除了它是一个相反方向的指令以外。应当选择合适的方波幅值以避免控制信号进入饱和区间，并且方波频率不能过高，以保证系统能够有充足的时间对输入作出响应。如 6.2.1 小节所述，式（6.7）中两个控制器增益相互影响，调节一个会影响另一个和整个系统的响应。因此，在完成上述步骤之后，还需要对增益另外再做些更好的调整。

在级联的速度-位置环结构中，每个外环都包含一个 PI 控制器。上面的整定步骤可以用于这些环，从速度环开始进行。每个环都必须整定到它的最佳性能，因为它的性能会影响到下个环的整定。通常每个环的带宽是它包围的前一个环的 20%～40%[8]。内环（电流）必须有最快的响应（最大的带宽）。同样的步骤也可以用于整定电流环。不过，依赖驱动器的电力电子设计，在后面步骤里并不总是能得到 10%～15% 的超调。同样，增益 K_p 可增加电流控制器的响应能力，而增益 K_i 可以提供电流环对任何扰动抑制的刚性。

如前面所述，阶跃输入代表最糟糕的情况。也就是说，一个实际的系统在运行期间不会遇到这样的输入。通常，系统在采用阶跃输入整定之后，可使用像梯形或 S 形这类更实际的输入对系统进行测试。

由于误差会在积分器累积，持续长时间的跟踪误差可能会产生一个很大的积分信号。6.5.2 小节介绍了两种保持积分信号在合理水平的方法。

例 6.5.1

单轴单台交流伺服电机采用图 6-40a 所示的速度环控制。包括负载折算在内的总惯量为 $J=8\times10^{-4}\mathrm{kg\cdot m^2}$，电机为 8 极电机，电阻 $R=2.9\Omega$，电感 $L=11\mathrm{mH}$。整定 PI 速度控制器使系统能够尽可能快地跟踪速度阶跃指令，同时超调量小于或等于 15%。

解：

首先，我们需要从内环（电流环）开始整定。为了这个目的，需要加一个阶跃电流指令到电流内环，捕捉对应的电流响应。在运动控制器产品中，有一种办法可使速度环开路或不使能并给电流环输入提供方波信号。为了与 6.4.2 小节介绍的仿真模型实现相同的目的，修改后的速度环如图 6-43 所示。用一个电流输入开关来选择内环的输入信号。在完成整定之后，另外添加一个称为"速度输入开关"的开关，用梯形速度输入来测试系统的性能。

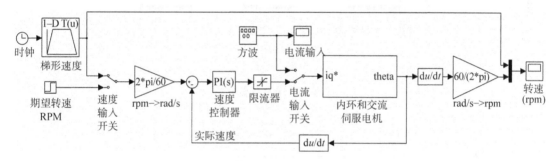

图 6-43　用开关选择输入整定速度环和电流环

为了整定电流环，电流输入开关打到向上的位置，断开（不使能）速度环，电流环的输入来自方波模块。这个方波电流指令被设定为 1A，频率为 25Hz。这个信号被连接到图 6-40b 所示内环的交轴电流输入 i_q^* 上，从内环中的电流反馈信号 i_q 测量电流响应曲线（图中未显示）。

我们的目标是整定 i_q 电流环的 PI 控制器增益 K_p、K_i。先尝试设 $K_p=3$，$K_i=0$。如图 6-44a 所示，尽管电流响应可以跟踪输入，但它是振荡且不精确的。经过整定其他增益的附加实验后，当 $K_p=100$，$K_i=500$ 时得到的电流响应比较满意，如图 6-44b 所示。这时，电流环可以非常精确地跟踪方波，响应也非常快，带宽很大。

为了整定速度环，将电流输入开关打到向下位置。这样，速度环闭环，电流环的方波输入断开。速度输入开关切换到"Desired speed RPM"模块，这是一个设定为 200rpm 的阶跃输入。在运动控制器产品中，这个输入通常是一个方波。在这一步的整定过程中，我们的目标是调节速度环中速度 PI 控制器的增益 K_p，K_i。

按照 6.5.1 节介绍的步骤规则，初始化 K_i 为 0，比例增益设一个很小的值（$K_p=0.03$）。如图 6-45a 所示，这时得到速度响应是缓慢、迟钝的。慢慢增加增益 K_p，监视系统的响应，到 $K_p=2.5$ 时，得到一个没有任何超调的最快响应如图 6-45b 所示。任何稍微超过这个值的设定（例如 $K_p=2.7$），都会导致超调。最后，保持 $K_p=2.5$，增大 K_i 的值并监视每一个新的设定值下的响应曲线，在 $K_p = 2.5$，$K_i = 300$ 时，整定结束。这时系统响应有 15% 的超调，如图 6-45c 所示。

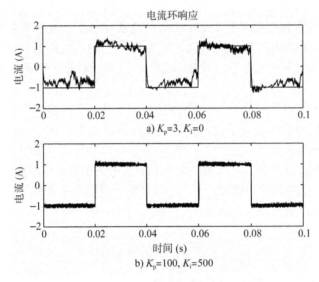

图 6-44   电流环整定

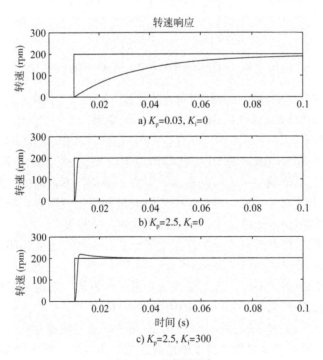

图 6-45   速度环整定

这个系统在正常运行时性能如何？通常，在用阶跃输入完成速度环整定之后，设计者会用更实际的输入，比如梯形速度曲线输入来检验这个系统。为了检验我们的仿真系统，我们使用图 6-43 所示的速度输入开关。当开关打到向上位置时，输入的速度指令就是一个梯形速度曲线，这条曲线将系统加速到 200rpm，保持这个速度运行一段时间，然后减速到 0。

为了展示整定对系统性能的重要性，首先用初始设定的增益来进行系统仿真，然后再用整定后的增益。图 6-46a 所示的描述了当 $K_p=0.03$，$K_i=0$ 时系统的性能。可以看出，系统根本不能跟踪期望速度。图 6-46b 所示的是 $K_p=2.5$，$K_i=300$ 时同样系统的响应。这时系统能够很好地跟踪期望速度。事实上，观察图形除了在 0.02s 时略微有点超调之外，我们很难将输入信号和响应信号区分开来。

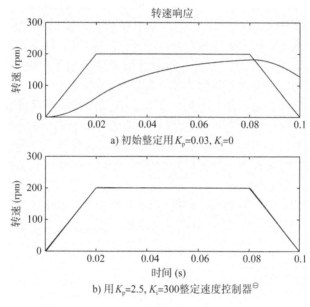

图 6-46　梯形速度输入跟踪

6.5.2　PID 位置控制器的参数整定

PID 控制器就是一个加有微分"D"控制信号的 PI 控制器。这个附加信号的好处在于可使比例增益设置值比常规的高。高增益的"P"会引起过大的超调，但"D"增益可以将它减小。

PID 控制器的一个难点在于噪声对"D"增益的不利影响。噪声信号会产生 PID 控制器"D"信号的微分问题。为了解决这个问题，可以在微分支路中串联一个低通滤波器，但是这样会引起控制器出现不希望的滞后。最好的方法是消除或减小信号中的噪声源。

我们来看一个 PID 位置控制器的基本整定方法。应该注意的是，这个方法仅仅是系统整

　⊖　在 0.02s 处有超调（很小）。——译者注

定过程方法应遵循的一种步骤。它并不会得到唯一的一套增益值。换句话说，使用该方法后，得到的一套增益值不一定是唯一可采用或最优的值。其他的组合也可能得到满意的性能。

1. 积分器饱和

由于积分器在整个运行时间中对误差进行累积，较高增益的 K_i 和持续的跟踪误差会产生很大的积分信号。积分器的主要目标是保证放大器产生足够的电流指令来克服因摩擦引起的跟踪误差。有两种方法可用来使积分信号保持在合理的水平：

（1）对积分器输出信号钳位。

（2）仅在停车（定位）时使能积分器。

在电机完成运动之后，电机需要一定量的附加推力来克服摩擦。在第一种方法中，积分器输出被钳位（或限制）在一个仅足以克服摩擦的相对低的数值上。只要达到钳位电平，积分器就只能输出这个电平的电流指令。当摩擦引起位置误差时，误差就开始被积分器累积。一旦积分器输出达到钳位电平，积分器就只能输出这个电平的电流指令。这时，电机克服摩擦开始运动而不会过多地增大积分器信号。

第二种方法，积分器在运动期间不投入工作。这使得我们可以设置更大的 K_p 和 K_d 增益而避免积分器在运动时引起的超调或振荡。一旦速度指令为 0（停车），就投入积分器。在这点上，如果有因摩擦产生的误差，积分器开始累积的量很小，随时间推移积分器累积误差可产生电机所需的额外推力来克服摩擦并消除误差。如果新的速度指令到来，就将积分器复位，在运动期间禁止它的工作。

大多数控制器都可以将积分器设定为抗饱和工作方式。如果采用，这种技术允许将增益 K_i 设得比其他情况下高很多，这样可以在不产生积分器副作用的前提下更快地清除位置误差[7]。

2. PID 控制器的基本整定方法

这种方法用一个方波作为控制系统的输入指令。首先整定增益 K_p，K_d，直到获得一个临界阻尼响应为止。然后引入 K_i，继续完成整定过程[8]。

PID 基本整定方法

（1）令 $K_p=0$，$K_i=0$，K_d 取很小值。

（2）用方波作为期望位置指令输入，方波代表理论的阶跃输入。

（3）缓慢增大 K_p，直到响应达到方波输入幅值，带有 10% 超调，无振荡为止。

（4）增大 K_d，尽可能多地消除超调，去接近或获得一个临界阻尼响应。

（5）用很小的增量增加 K_i，维持临界阻尼响应。观察超调量，使之保持在 15% 以下。

积分增益整定过程是比较困难的，因为即使 K_i 很小，它也可能引起超调。如果积分器饱和，就会产生一个很大的积分信号，导致大的超调或振荡。因此，使用钳位或仅当进入定位时使能积分器来避免积分器饱和。大多数控制器具有将积分器设定为抗饱和型的特性[7]。

（6）验证在执行应用程序的过程中，指令电流信号没有进入饱和状态。如果发生饱和，特别是时间比较长，就表明系统很难推动，这时应降低增益，直到饱和不发生为止。

例 6.5.2

用 PID 控制器控制例 6.5.1 同样的坐标轴，如图 6-47a 所示。这个坐标轴摩擦转矩为 $T_f=0.1\text{Nm}$。用基本 PID 整定方法整定位置控制器，要求响应快、只有一点点超调或无超调。

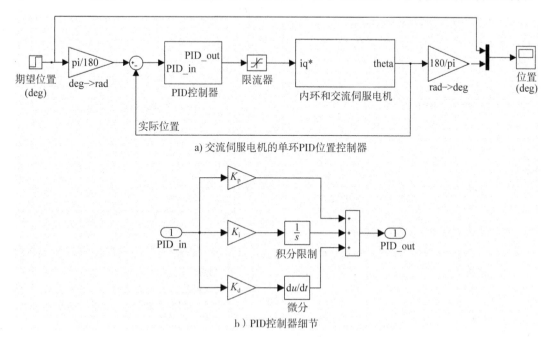

a) 交流伺服电机的单环PID位置控制器

b）PID控制器细节

图 6-47 用 PID 位置控制器的交流伺服电机

解：

假定电流控制器已经整定好，如例 6.5.1 所述，为了启动这个位置 PID 控制器整定过程，首先将比例和积分增益设为零（$K_p=0$，$K_i=0$），微分增益设定为一个很小的值（$K_d=3$）。将一个 90°（1/4 转）的阶跃输入作为系统的输入。开始，由于 $K_p=0$，无法观察到系统响应。这时，增大 K_p，观察响应直到获得带有 10% 超调量的响应曲线，如图 6-48a 所示。然后逐渐增加 K_d，直到超调被消除，得到一个临界阻尼的响应，如图 6-48b 所示。

增益 K_i 可以帮助消除系统剩下的一点点误差，使系统到达目标位置附近 ±1 个计数的范围内。这个 "I" 信号是系统运动全部时间的跟踪误差累积建立起来的。

1）连续积分

由于积分信号太大会导致不稳定，通常积分器的信号都只用得很小。在这个例子中，设置积分增益为 $K_i=30$，这是不引起响应任何超调的尽可能高的增益，如图 6-48c 所示。然而，如果系统受到负载突变的干扰，如图 6-49 所示，它就不能很快恢复且消除位置误差。为了得到更好的恢复性能，必须增大 K_i 增益。图 6-50 所示的描述了 $K_i=30$ 和 $K_i=20\ 000$ 时系统的响应。采用 $K_i=20\ 000$ 时，跟踪误差消除，但是系统有 30% 的超调，这是不可接受的。

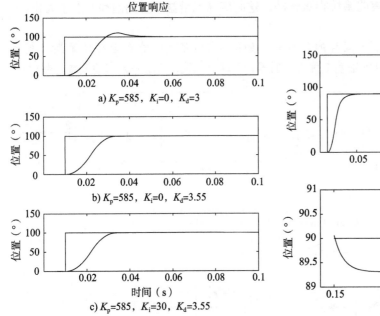

图 6-48 采用交流伺服电机的坐标整定 PID 位置
控制器

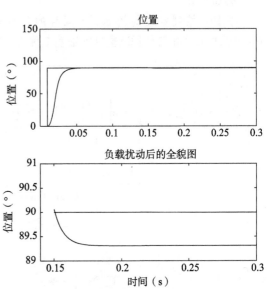

图 6-49 具有低 K_i 增益的交流伺服轴的 PID 位置控
制器（$K_p=585$，$K_d=3.55$，$K_i=30$）在
0.15s 处加一个负载扰动（8N·m）引起
0.7°的跟踪误差，它不能被控制器消除

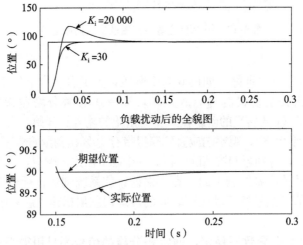

图 6-50 连续积分时取两种不同 K_i 的整定结果。AC 伺服坐标 PID 位置控制器的 $K_p=585$，
$K_d=3.55$。因负载扰动引起的跟踪误差在 $K_i=20000$ 时消除，但超调达到 30%

2）定位时积分

在这种方法中，积分器仅在没有运动指令时投入。换句话说，积分器仅在系统到达目
标位置附近时才使能，而且此时已差不多定位。由于靠近目标位置误差很小，K_i 可以取相

对大的值而不会产生通常的超调和振荡副作用。积分器将消除这个很小的跟踪误差。只要有运动指令再次到来，积分器就被复位，在整个运动期间停止工作。大多数运动控制器可以通过一个简单的软件设定这种特性。为了仿真这种特性，用一个外加的触发器来触发PID控制器中的积分器，如图 6-51b 所示。速度被用来作为积分器的触发信号，当速度变为零时触发积分器。

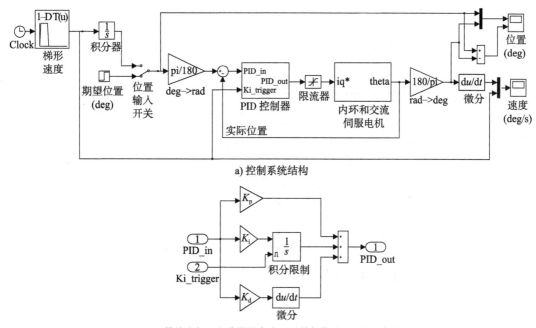

a) 控制系统结构

b) PID模块内部：积分器设定为通过外部信号（速度）触发

图 6-51　采用定位积分法的交流伺服 PID 控制器整定系统结构

　　图 6-52 所示的为 K_i＝20 000 时的响应。在 t＝0.15s 时扰动发生。在 t＝0.26s 时，系统完成定位，跟踪误差为零。值得注意的是，这种方法允许设定一个高增益 K_i，使系统非常快地对扰动作出响应，但是超调保持和原系统一样，为 0%。系统运动时的动态响应（超调量和调节时间）由增益 K_p 和 K_d 决定。系统停止时，增益 K_i 起作用克服跟踪误差。速度响应在梯形曲线的转角位置处有 1.6% 的超调，但在实践中只要它在 10% 以下就是可以接受的范围。

　　在没有超调的情况下，该积分器的增益可以设定到 K_i＝50 000，系统约在 t＝0.18s 左右更快地消除跟踪误差。再进一步增大 K_i 就会开始引起一些围绕目标位置的轻微振荡。

　　当电机应用于预期场合时，确保加到驱动器的电流指令不饱和是十分重要的。在本例中，我们用±10A 作饱和限幅值。对这种大小的电机的驱动，这是一个典型值。如图 6-53a 所示，当这个系统跟踪一个梯形速度指令曲线时，相电流没有饱和。

　　图 6-53b 所示的为梯形运动期间电机的转矩。它第一个阶跃用于加速负载，在恒速区，降落到 0.1N·m 克服摩擦（图中很难看出），接下来反方向的阶跃使负载减速停车。在 t＝

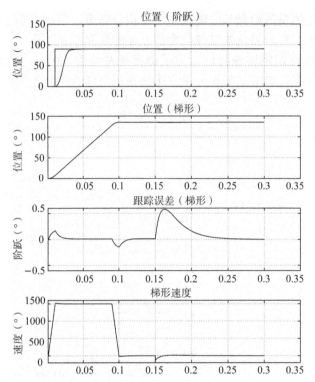

图 6-52 采用定位积分法的整定结果。采用 $K_p = 585$，$K_i = 20\ 000$，$K_d = 3.55$ 的交流伺服
PID 位置控制器

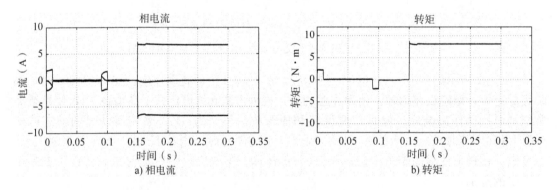

a) 相电流   b) 转矩

图 6-53 采用定位积分法在梯形运动中的相电流和转矩。采用 $K_p = 585$，$K_i = 20\ 000$，$K_d = 3.55$ 的交流伺服 PID 位置控制器

0.15s 时，突加一个负载扰动，积分器迅速将转矩增大到 8N·m，使得电机可以继续保持在原来的位置，抑制住这 8N·m 的负载扰动。

3）钳位积分

在这种方法中，我们对积分器的电流指令最大值设一个限幅。改变限幅值，可以调节积分增益的贡献量。通常积分器的主要任务是克服摩擦，因此积分器的输出钳位仅在足以克服系统摩擦的水平即可。这样可以降低积分器潜在的超调和振荡影响。

图 6-54a 所示的描述了无钳位连续积分时的响应。如前面所述，设置该积分器增益为 $K_i = 20\ 000$ 以抑制扰动，但此时的超调达到 30%。

把积分器输出钳位在 ±8.5A，可以显著地改善同一系统的响应。将系统中 PID 模块的输出限幅参数设定为 ±8.5 即可。注意：在这个仿真中积分器是连续工作的。因此，前面方法中使用的外触发器要除去。如图 6-54b 所示，这个钳位允许增益加到 $K_i = 50\ 000$，抑制扰动很快，而且响应没有超调，如图 6-49 所示增益设得很低时的响应一样。

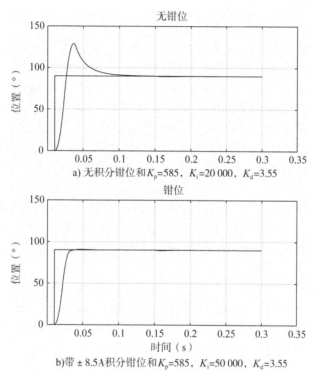

图 6-54　采用连续积分时的系统响应

4）定位积分加钳位

当两种方法结合投入使用时，可以提高系统的安全性。首先，用定位积分消除任何残余跟踪误差，对积分器的输出钳位在机器被卡住或撞到极限时可以提供一定的安全保障。用这种方法，由于有限幅，连续对误差累积也不会使积分器输出达到超过钳位极限的危险水平。

6.5.3　带前馈增益的级联速度/位置控制器的参数整定

如 6.2.3 节所述，这种结构是基于一种改进的 PID 位置控制器，它把"D"信号移到反馈环外部，另外控制器还加有速度、加速度前馈信号。因此，共有五个控制信号需要整定。

本节中，我们将看到这类控制器的整定步骤。应当注意的是，这些步骤得到的这套增益并不是唯一的。然而，它描述了一个确定一组增益值的系统性方法，这组增益值将满足快速、稳定且无稳态误差典型的性能要求。像前面讨论的其他类型控制器一样，这些增益相互影响更强一些。特别是增益 K_p 与增益 K_i，K_d 相乘。增益 K_p 的任何变化都会影响增益 K_i，K_d 的效果，因此，需要再次整定 K_i 和 K_d 增益的值。

带前馈增益的级联速度/位置控制器整定步骤

（1）初始化设置所有增益为 0。

（2）整定 K_p，K_d。

为了整定这些增益，我们需要从一个小阻尼的欠阻尼系统响应开始。由于摩擦，机械系统已有一个阻尼因子，开始时，我们可以令 $K_d=0$，否则就需要将 K_d 设定成一个比较小的值以通过控制器给系统引入一定阻尼。提供一个小的位置阶跃输入（例如让电机轴旋转1/4 到半圈），并捕捉产生的实际位置。接下来增加 K_p 以得到尽可能快的上升时间且没有大的超调。在这一步中，可以允许有稍微多一点的超调，因为它会被下一步 K_d 增益的整定压下来。一旦得到最快的响应，就开始增加 K_d 以增加系统的阻尼。这将减小系统的超调但也会减慢系统的响应。不断调节这两个增益，直到得到或接近得到一个临界阻尼的响应为止。

（3）整定 K_i。

积分增益的整定比较困难，因为它会引起超调。在不引起超调的情况下，尽量增大 K_i。积分器饱和会产生过大的积分信号，使系统产生大的超调或振荡，因此，通常仅在没有运动指令时，积分才使能（定位积分）。这种方式允许在运动停止后再消除小的跟踪误差。

（4）整定 K_{vff}。

比较好的起点是将 K_{vff} 设为与 K_d 相同，它通常可以导致得到一个可以接受的结果。有时它需要根据其他增益，特别是 K_{aff} 的设置，稍微增大一点。为了调节这个增益，应该用梯形速度曲线作为位置输入，捕捉实际位置和跟踪误差。在没有使系统不稳定的情况下，增加 K_{vff} 值以尽量减小跟随误差。

（5）整定 K_{aff}。

为了调节该增益，同样采用梯形速度曲线作位置输入并捕捉实际位置与跟踪误差。增大 K_{aff} 直到跟踪误差尽可能小或消除。有时，需要来回调整 K_{vff} 和 K_{aff} 值来获得更好的结果。

例 6.5.3

和例 6.5.2 中采用交流伺服电机的相同坐标轴，现在用一个带前馈增益的级联速度/位置控制器进行控制，如图 6-55 所示。整定这个控制器，以获得最小的跟踪误差、在快速定位移动中无超调。

解：

首先，设所有增益等于 0。由于系统已经因摩擦而有一定阻尼，开始整定时设 $K_d=0$。

为了整定 K_p、K_d，将位置阶跃设为 90°（1/4 转）。位置输入开关设为阶跃，捕捉产生的实际位置。慢慢增加增益 K_p，到 $K_p=100$ 时响应约有 20% 的超调并伴随有振荡，如图 6-56a 所示。然后增加 K_d 到 0.006，得到最小超调和最可能快的上升时间，如图 6-56b 所示。

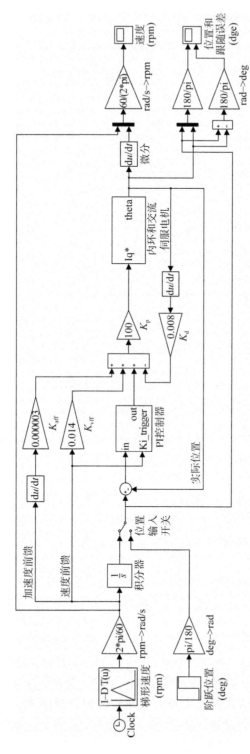

图6-55　采用定位积分法整定的交流伺服同服坐标PID控制器系统

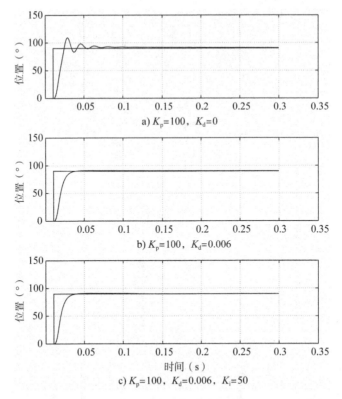

图 6-56 带前馈级联速度/位置控制器中增益 K_p、K_d 的整定

为了整定增益 K_i，我们以一个很小的增量开始增加 K_i，直到观察到响应出现一些超调和振荡现象。然后将增益 K_i 减回到 50，这时跟踪误差消除，如图 6-56c 所示。注意，系统采用的是定位积分方法。

为整定增益 K_{vff}，首先我们需要将输入从位置阶跃切换到梯形速度曲线作位置输入。在正常运行条件下，坐标作快速定位时就采用梯形速度曲线作位置指令。在图 6-55 所示系统中，位置输入开关的梯形速度输入设定为 200rpm。捕捉产生的实际位置和跟踪误差。

首先，让我们来看一看 $K_p=100$，$K_d=0.006$，$K_i=0$ 时的响应。参照 6.2.3 节，这种系统称为 I 型系统，在输入速度曲线的恒速区间会导致跟踪误差，如图 6-57 所示。

如整定步骤所述，取 $K_{vff}=K_d$ 作为整定起点。图 6-58 所示的表明跟踪误差明显改善，从最大的 8.4° 降到 1.2°。

为了整定增益 K_{aff}，我们从一个非常小的值开始。随着增益增加，跟踪误差减小。图 6-59 所示的为 $K_{aff}=0.000\ 003$ 时的响应。注意 K_{vff} 必须稍微增加到 0.008 才能取得在速度转角处的响应形状。运动中的最大跟踪误差为 1°，对实际来说几乎等于 0。进入定位时，使能积分器的 K_i，帮助抑制定位（停车）时的任何扰动。例如，这个系统在 $t=0.15s$ 时受到一个突加 8N·m 的恒转矩扰动，如图 6-59c 所示。扰动发生时，跟踪误差增加到 3°，但是系统很快恢复并消除该误差。

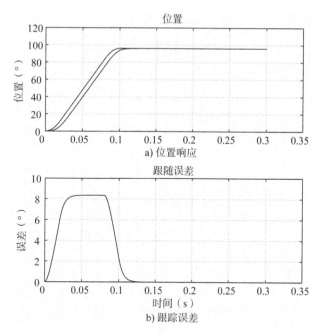

图 6-57　采用带前馈级联速度/位置控制器的 I 型系统响应（$K_p = 100$，$K_d = 0.006$，
$K_i = 0$，$K_{vff} = 0$）

　　整定这些增益时，必须确保电流指令不饱和。在这个系统中，运动期间最大电流指令大约是 2.7A，连续电流约为 2A，它们都很好地位于一个典型的工业运动控制器的可承受范围之内。

例 6.5.4

　　第 3 章例 3.11.1 的卷心加盖机器的转台坐标轴采用速度/位置级联控制器控制。整定这个控制器以实现期望的运动。

解：

　　在例 3.11.1 中，给机器选择了一台三相交流矢量控制感应电机和一个齿轮箱。运动采用三角形速度曲线将转台旋转 $180°$，在 0.8s 内完成。最终电机轴上的总惯量为 $J = 0.142\text{lb} \cdot \text{ft}^2$。

　　图 6-60 为控制系统图。内环和交流感应电机模块包含交流感应电机的矢量控制器和相应的电流环，如 6.4.1 节和图 6-37所述。在这个模型中，被选电机的所有电参数、系统总惯量和 0.23lb · ft 的摩擦转矩用作仿真参数。

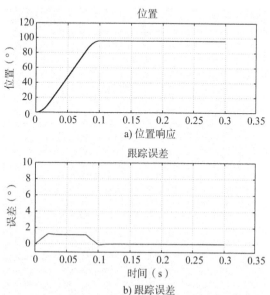

图 6-58　采用带前馈级联速度/位置控制器的系统响应
（$K_p = 100$，$K_d = 0.006$，$K_i = 0$，$K_{vff} = K_d$）

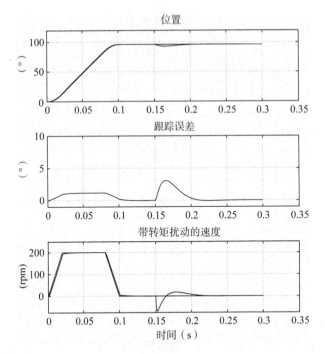

图 6-59　采用带前馈级联速度/位置控制器的系统响应（$K_p=100$，$K_d=0.006$，$K_i=0$，$K_{vff}=$ 0.008，$K_{aff}=0.000\,003$），0.15s 时加 8N·m 负载转矩扰动

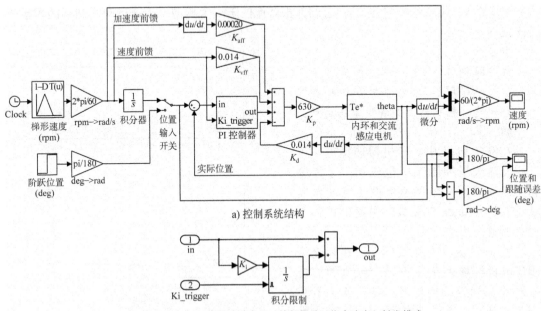

a) 控制系统结构

b) PID模块内部：积分器被设为通过外部信号（指令速度）触发模式

图 6-60　例 3.11.1 中采用交流感应电机和齿轮箱的转台坐标的位置控制。运动控制器采用带前馈的级联速度/位置控制器

仿真中要先求出运动的最大旋转速度（三角形的顶点），以对三角形速度（rpm）模块中的三角形速度曲线编程。三角形曲线下的面积等于坐标轴移动的距离。由于坐标以 0.8s 旋转半圈，故有：

$$s = \frac{\omega_{\max} \times 0.8}{2}$$

$$\frac{1}{2} = \frac{\omega_{\max} \times 0.8}{2}$$

解得 $\omega_{\max} = 1.25\text{rev/s} = 75\text{rpm}$。

控制器的整定采用 6.5.3 节的整定方法，得到的增益如图 6.60 所示。转台可以跟踪三角形速度曲线完成 180° 运动，如图 6-61 所示。最初，由于负载惯性，有一个相对大的跟踪误差，完成 0.8s 运动后，转台短暂停止以插盖子。在 1s 时给坐标轴加了一个 3lb·ft 的负载转矩扰动来验证这个控制器对扰动的抑制能力。仿真采用定位积分方法。

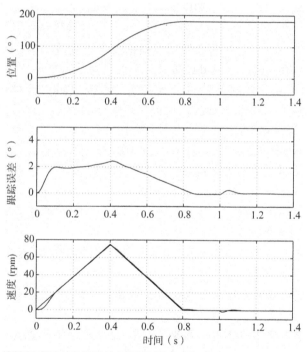

图 6-61　采用带前馈级联速度/位置控制器的转台坐标响应（$K_p = 630$，$K_d = 0.014$，$K_i = 25$，$K_{vff} = 0.014$，$K_{aff} = 0.000\ 20$）1s 时加 3lb·ft 的负载转矩扰动

习题

1. 表 6-2 给出了图 6-6 所示逆变器采用 180° 导电方式时的开关状态。完成图 6-62 所示的功率管开关波形。波形的头两列已经在图中画出。
2. 参照表 6-2 和图 6-6，完成图 6-63 所示的线电压波形。图中已经提供了 0°～120° 区间的波形。例如在 0°～60°区间 T1 导通，它将逆变器臂中的"a"点连接到电源正端。类似地，T5 导通，连接"b"点到电源负端。线电压变为"a"与"b"点间的电压 V。用表 6-2 最后 3 列给出的电压校验你的波形。

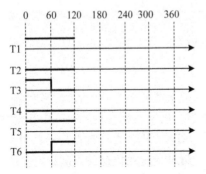

图 6-62　习题 1 中 180°导电模式时的头两段晶体管
　　　　　开关波形

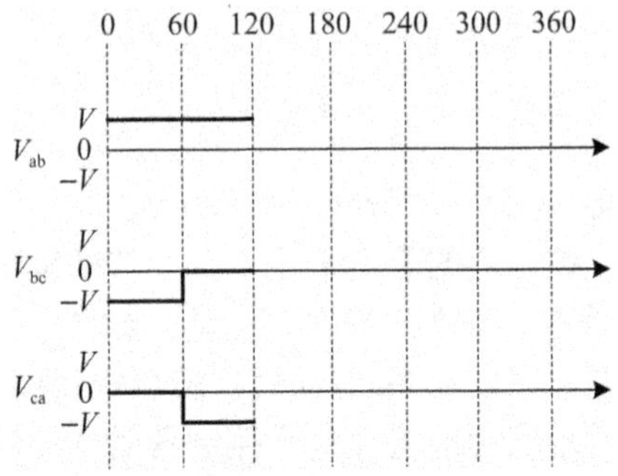

图 6-63　习题 2 中 180°导电模式时的头两段线
　　　　　电压波形

3. 建立一个与类似图 6-11 所示的仿真模型以根据参考正弦波产生一个 PWM 信号。图 6-11 所示模型有三个输入波形，这里只需要一个输入波形（参考正弦）。直流母线电压为 1V（无中心抽头）。载波频率为 20Hz，幅值为 1V。参考正弦波幅值为 0.8V，频率为 2π rad/s。画出如图 6-8 所示那样的参考电压、载波和 PWM 信号。提示：你的信号应该看起来与图 6-8 所示的相像。

4. 说明式（6-25）给出的闭环传递函数（CLTF）等价于图 6-28 所示的系统。

5. 建立一个图 6-22b 所示系统的仿真模型，仿真它对单位阶跃的响应。取 $K_m = 100$，$m = 0.5$。

(a) 画出 $K_d = 0.1$ 和 $K_p = 0.3$，$K_p = 0.6$，$K_p = 1.2$ 时的响应。解释保持 K_d 为常数，增加增益 K_p 对响应的影响。

(b) 画出 $K_p = 5$ 和 $K_d = 0.1$，$K_d = 0.2$，$K_d = 0.4$ 时的响应。解释保持 K_p 为常数，增加增益 K_d 对响应的影响。

(c) 用基本 PID 整定方法整定这个控制器以获得一个有 10% 超调和 1.5s 调节时间的响应。注意 $K_i = 0$。

6. 修改你在习题 5 建立的仿真模型，将期望位置输入改为梯形速度曲线，它的 $t_a = t_d = 100$ms 且 $V_m = 4000$cts/s，并假定电机的编码器可以产生 8000cts/rev，修改仿真图，使实际位置用 cts 表示，期望速度输入量纲为 cts/s。

(a) 画出位置（期望与实际在同一图上）和速度曲线两张图。

(b) 以 cts 表述的最大跟踪误差是多少？

(c) 当这个坐标移动 1s 时以 cts 表述的位置是多少？

提示：假定系统传递函数输出的量纲为 rad。在系统传递函数后面为编码器插入一个传递函数，将位置转换成 cts。这个传递函数是一个简单的转换因子。为了产生期望的梯形速度曲线型位置指令，用三个模块替换阶跃输入模块。头两个是时钟模块和查表模块以定义速度曲线，第三个是积分器模块以产生速度曲线期望的位置，与图 6-55 所示的输入发生器类似。

7. 为图 6-25 所示的系统建立仿真模型。PID 控制器采用定位积分。系统传递函数为 $G(s)=100/(0.5s^2)$。

(a) 不加任何扰动，并令 $K_i=0$ 关掉积分器。整定 K_p、K_d，要求得到无稳态误差、调节时间小于 0.5s 和超调 10% 的尽可能快的响应。

(b) 保持积分关闭，在 $t=1s$ 时加一个 0.1 单位的阶跃扰动。通过增加 K_p 增益能消除稳态误差吗？超调情况如何？

(c) 使能积分器、整定增益 K_i。可以消除稳态误差吗？K_p、K_d、K_i 最后的整定值为多少？

8. 有些运动控制器在整定期间可以用抛物线速度作为输入。由于速度曲线是抛物线型（二次函数），位置曲线将是立方线型，加速度将以一个有限最大值线性变化，由于它像 S 形速度曲线一样，急剧拉升是有限的，因此，运动更平滑。用一个简单的传递函数 $G(s)=100/(0.5s^2)$ 代替图 6-55 所示的内环模块建立仿真模型，并且用一个抛物线速度曲线发生器代替三角形速度曲线。抛物线速度曲线发生器需要用 Simulink 库中的模块来建立，它的输出为如图 6-64 所示的曲线。

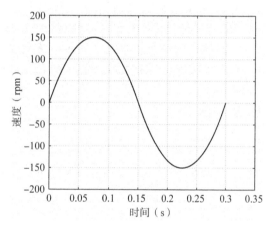

图 6-64　抛物线速度输入，习题 8

(a) 开关切换到阶跃输入（用 3rad 幅值），整定增益 K_p、K_d，得到一个无超调的快速响应。确定其他增益都设定为零。画出阶跃响应图形。

(b) 开关切换到抛物线速度输入，采用同样的 K_p、K_d，绘制位置、速度和跟踪误差的图形。最大跟踪误差（rad）是多少？

(c) 整定增益 K_{vff} 和 K_{aff}，绘制位置、速度和跟踪误差的图形。最大跟踪误差（rad）是多少？

(d) 在图中加一个阶跃扰动，与图 6-25 所示的类似。在 $t=0.15s$ 时扰动加入，幅值为 5 个单位。整定增益 K_i。绘制位置、速度和跟踪误差的图形。最大跟踪误差（rad）是多少？

9. 第 3 章例 3.8.1 中的飞剪机运动控制器采用如例 6.5.3 和图 6-55 所示的前馈加级联速度/位置控制器。

(a) 建立一个如图 6-55 所示的仿真模型，书中对它的所有模块和子系统都有解释。电流环增益设定为 $K_p=100$，$K_d=500$，PWM 逆变器直流母线电压为直流 340V，载波信号幅值为直流 15V、频率为 10kHz。图中嵌入在交流伺服电机模块中的机械模型中的惯

量 J，应设定为等于电机看到的总惯量（$J_{total} = J_{ref}^{trans} + J_m$）。这样将可以仿真电机和带传动结构。

（b）整定控制器使飞剪可以跟踪例 3.8.1 中期望的速度曲线、跟踪误差小于 0.1in。这个前馈加级联闭环控制器的增益 K_p、K_d、K_i、K_{vff} 和 K_{aff} 是多少？

（c）飞剪返回到它原来位置瞬间（$t = 3.5s$）时的跟踪误差是多少？

10. 第 3 章例 3.12.1 中的涂胶机运动控制器采用如例 6.5.3 和图 6-55 所示的前馈加级联速度/位置控制器。

（a）建立一个如图 6-55 所示的仿真模型，书中对它的所有模块和子系统都有解释。电流环增益设定为 $K_p = 100$，$K_d = 500$，PWM 逆变器直流母线电压为直流 340V，载波信号幅值为直流 15V、频率为 10kHz。图中嵌入在交流伺服电机模块中的机械模型中的惯量 J，应设定为等于从电机侧观察的总惯量（J_{total}）。这样将可以仿真电机、齿轮箱和带传动结构。从所选电机数据手册可得到 $R = 2.2\Omega$，$L = 13mH$，$p = 8$。

（b）整定控制器使胶头可以跟踪例 3.12.1 的期望速度曲线、跟踪误差小于 2mm。前馈加级联闭环控制器的增益 K_p、K_d、K_i、K_{vff} 和 K_{aff} 各是多少？

（c）胶头停止时最大跟踪误差和最终位置误差各为多少？

参考文献

[1] Three Phase Bridge VS-26MT.., VS36MT.. Series (2012). http://www.vishay.com/docs/93565/vs-36mtseries.pdf (accessed 6 November 2014).

[2] IGBT SIP Module, CPV362M4FPbF (2013). http://www.vishay.com/docs/94361/cpv362m4.pdf (accessed 6 November 2014).

[3] Bimal K. Bose. *Modern Power Electronics and AC Drives*. Prentice-Hall PTR, 2001.

[4] Sabri Cetinkunt. *Mechatronics*. John Wiley & Sons, Inc., 2006.

[5] Mohamed El-Sharkawi. *Fundamentals of Electric Drives*. Brooks/Cole, 2000.

[6] Mohamed El-Sharkawi. *Electric Energy, An Introduction*. CRC Press, Third edition, 2013.

[7] George Ellis. Twenty Minute Tune-up: Put a PID on It, 2000.

[8] George Ellis. *Control Systems Design Guide*. Elsevier Academic Press, Third edition, 2004.

[9] Marvin J. Fisher. *Power Electronics*. PWS-KENT Publishing Co., 1991.

[10] Paul Horowitz and Winfield Hill. *The Art of Electronics*. Cambridge University Press, 1996.

[11] Takashi Kenjo. *Electric Motors and Their Controls, an Introduction*. Oxford University Press, 1991.

[12] Prabha S. Kundur. *Power System Stability and Control*. McGraw-Hill, Inc., 1994.

[13] Norman Nise. *Control Systems Engineering*. John Wiley & Sons, Inc., 2007.

[14] M. Riaz (2011). Simulation of Electrical Machine and Drive Systems Using MATLAB and SIMULINK. http://umn.edu/ riaz (accessed 7 April 2012).

[15] Graham J. Rogers, John D. Manno, and Robert T.H. Alden. An Aggregated Induction Motor Model for Industrial Plant. *IEEE Transactions on Power Apparatus and Systems*, PAS-103(4):683–690, 1984.

[16] Charles Rollman. What is 'Field Oriented Control' and What Good Is It. Technical report, Copley Controls Corp., 2002.

[17] Siemens Industry, Inc. (2014) Basics of AC Drives. http://cmsapps.sea.siemens.com/step/flash/STEPACDrives/ (accessed 12 November 2014).

[18] Bin Wu. *High-Power Converters and AC Drives*. IEEE Press, A John Wiley & Sons, Inc. Publication, 2006.

[19] Amirnazer Yazdani and Reza Iravani. *Voltage-Source Converters in Power Systems Modeling, Control and Applications*. IEEE Press, A John Wiley & Sons, Inc. Publication, 2010.

第 7 章　运动控制器编程与应用

运动控制器是一个可编程装置，是系统的"大脑"。它产生各坐标的运动曲线，监控 I/O 和实现反馈闭环。控制器还可以产生和管理复杂运动曲线，包括电子凸轮、直线插补、圆弧插补、轮廓和主从随动等。

本章从探讨直线、圆弧和轮廓运动模式开始。控制器可以模拟典型的可编程逻辑控制器（PLC）的功能。PLC 是另一种在自动化中广泛应用的控制器。接下来本章介绍运动控制器编程常用的一些基本 PLC 功能算法。然后介绍点动移动和回零运动，它们都是单轴运动。之后介绍带有协调控制的多轴运动、主从同步随动、电子凸轮和张力控制等。非笛卡儿坐标机器，例如工业机器人，也可以用运动控制器控制。不过，机器复杂的几何特性需要实时的动力学运算。本章还回顾了正向和逆向运动学问题，并提供了一个选择顺应性关节机器人手臂（SCARA）的程序。

每个控制器厂商都有自身产品拥有的编程语言和编程环境。由于详细的程序都和特定的硬件联系非常紧密，本章只给出算法流程，必须严格按照产品手册和厂商建议才能使这些算法适用于选定的运动控制器硬件。

7.1　运动模式

运动控制器的主要功能是使坐标轴实现定位和轨迹运动。控制器能够实现不同类型的运动，例如直线或圆弧、点到点。一旦收到运动指令，轨迹发生器就实时产生出起点到终点之间点的位置，并将这些位置送到控制系统来管理各坐标轴的运动。

每一运动由运动类型和约束条件组成，即运动位置/距离、最大速度和加减速。根据这些信息，轨迹发生器产生一条速度曲线，或者为梯形或者为 S 形，如第 2 章所述。遵循这条速度曲线，轴从起点开始运动，加速到指定速度运行一段时间，然后减速，到达终点停止。

7.1.1　直线运动

沿一条两点间的直线运动是最基本的运动模式。它需要起点、终点和运动约束条件。

梯形速度曲线需要加速/减速时间（t_a，t_d）和运动时间（t_m），如图 2-4 所示。如果所有时间都已经在用户程序中指定，控制器将算出最大运动速度（v_m）。如果用户指定了最大运动速度，通常是运动速度的额定值，则控制器会计算出 t_m，t_a，并得到速度曲线。

有两种方式指定目标位置：①绝对，②增量。假定要进行两段连续的运动，坐标轴从原点开始移动 5in、10in。在绝对模式，每次的移动都参照原点，因此，第一次运动坐标轴移动 5in，第二次运动移动另外 5in，因为对原点它等于 10in。对增量模式，是从当前位置进行后续运动。因而在本例中，坐标轴先移动 5in，然后移动 10in，在离原点 15in 处停止。

7.1.2　圆弧运动

在这种模式中，在两点之间产生一条圆弧作为一个刀尖（例如切削刀具）遵循的路径。这个圆弧可以通过任何方向的二维（2D）平面得到或是一条螺旋的三维（3D）弧线。

这种模式要求通过控制器对多坐标轴自动进行协调。

圆弧运动指令需要定义包含圆弧的平面方向。通常通过指定这个平面标准矢量坐标来实现。接着需要指定起点、终点和圆弧圆心点。由于在同一平面上两点间的圆弧有顺时针（CW）的或逆时针（CCW）的两种，因此也必须指定移动的方向（见图 7-1）。最后，还需要给轨迹发生器指定常见的约束条件（最大速度、加速度/减速度）以产生运动曲线。

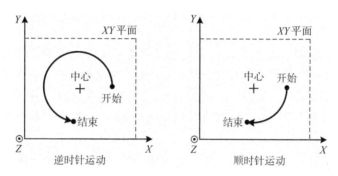

图 7-1　XY 平面中的圆弧运动

7.1.3　轮廓运动

在某些运动中，例如涂胶、计算机数控（CNC）、焊接或扫描，轨迹是由许多段组成的。当轨迹不能由直线和圆弧组成时，就需要使用轮廓运动。在这种情况下，位置顺序由用户程序指定，控制器采用样条曲线产生轨迹来连接这些点。最典型的，是用立方样条曲线来产生相邻两点间的位置曲线。这样在相邻段间样条曲线的边界可以防止速度和加速度的突然变化。从开始到最后位置间总的运动时间被分割成相等的时间段来执行每一段的位移。两段直线衔接、两段圆弧衔接、直线段与圆弧段衔接都是可能的。尽管是很多段组成，融合衔接使整个轨迹表现为连续平滑的运动。

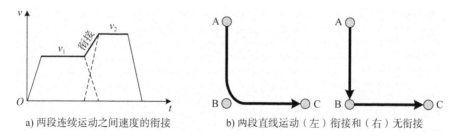

a) 两段连续运动之间速度的衔接　　　b) 两段直线运动（左）衔接和（右）无衔接

图 7-2　衔接运动

速度衔接

通过头一个运动与下一个运动的速度衔接，控制器可以从一种速度平滑地变换为另一种。衔接的开始点位于头一段运动开始减速的位置，如图 7-2a 所示。当衔接开始时，段的终点位置可以到达也可以没到达。

如图 7-2b 所示，当衔接开始时，执行器端部将从点"A"向点"B"运动并连续平滑地改变方向朝点"C"运动，到达点"C"停止。但是点"B"将不会达到。如果禁止这个衔接，工具尖端将从点"A"移动到点"B"停止片刻，然后再加速向点"C"连续移动，最终停止在点"C"。

7.2 编程

运动控制器程序由指令组成，该指令描述了期望的运动以及用于机器的控制逻辑。逻辑控制的实现就像一个 PLC 程序。每个运动控制器厂商有他自己的控制器编程方法。在某些控制器中，运动指令是与 PLC 程序混在一起的[18, 19]。而另外一些控制器，则将运动指令和 PLC 程序分写为不同程序，协调执行期望的运动[12]。在后面各节中，我们将看到这种分别编程的情况。

7.2.1 运动程序

运动控制器期望的运动全部功能可以运用数学、逻辑、机器 I/O 和运动的特殊类指令编程来实现。控制器参数，例如增益或任何参数配置，都可以通过程序设定。运动控制器可以存储许多程序在它的存储器中。一个运动程序可以调用其他运动程序作子程序。

每个运动控制器厂商都有自己的编程语言语法。不过，所有这些语言都必须在程序中构建控制逻辑流程。典型的结构包括 while 循环、for 循环和 if…then 分支。除了基本的数学、逻辑运算外，具有动力学能力的控制器还带有附加的数学运算特性，比如 sin、cos、sqrt 等等。算法 1 展示了一个典型运动程序的基本结构。

算法 1 基本运动程序的结构

1：**procedure** MAIN
    配置电机给坐标轴
2： $X \leftarrow Motor1$ ▷电机 1 配置给 X 轴
3： $Y \leftarrow Motor2$ ▷电机 2 配置给 Y 轴
    定义运动模式
4： $MoveMode \leftarrow Linear$ ▷直线运动
5： $PosMode \leftarrow Abs$ ▷绝对位置
    定义运动约束
6： $TA \leftarrow 10$ ▷10ms 加速时间
7： $TM \leftarrow 1000$ ▷1000ms 行进时间 没有减速时间
    期望运动
8：   X5 Y3   ▷X 移动 5 单位，Y 移动 3 单位
9：**end procedure**

7.2.2 PLC 功能

PLC 是一种特殊用途的工业计算机。20 世纪 60 年代以来，PLC 在自动化领域一直是一种最广泛使用的技术。PLC 程序经常写成梯形图形式[17]，以一种称为扫描的模式连续运行。基本上，程序一旦开始就进入一个无限的循环运行中。在每一个扫描周期中，PLC 首先读所有 I/O 的状态。然后，从头至尾扫描程序逻辑并由所有输入外设的当前状态判定输出外设的新状态，最后更新输出。取决于逻辑程序的复杂性和 CPU 速度，每个扫描周期可能仅需要花费几毫秒就能执行上千条简单的逻辑语句。

运动控制器可以将典型 PLC 硬件的周期扫描功能作为运动控制器中运行的软件来模拟。运动控制器可以在执行运动指令/程序时，在后台运行 PLC 程序。PLC 程序对异步顺序执行的任务是非常理想和适用的。它们包含除了运动指令之外的运动程序同样的语法。PLC 程序的典型任务是监视输入、更新输出、改变控制器增益、配置硬件、传送指令和与人机界面（HMI）进行通信。

在后面各节中，我们将探讨几个基本的简单 PLC 程序，它们可用于实现运动控制应用中经常遇到的几种功能。

1. 输入的读取

机器的 I/O 被映射到控制器的存储器中。例如，假定有一个用于数字信号输入/输出的 VGA 风格 25 针连接器。它是通断型用户接口器件，例如可以连接操作按钮或指示灯，并假定这个连接器上有 12 针输入、12 针输出。

在存储器映射中控制器的所有输入都可以被映射到控制器存储器中的一个 12 位宽的区域。连接器的每一个引脚与 12 位存储空间中的 1 位对应。类似，12 位输出引脚可以被映射到存储器中另一个 12 位空间。这些存储空间可以通过用户的 PLC 程序用对每 1 位命名来访问它们。通过读一个输入变量的值，程序就可以收集该输入装置的状态。类似地，通过对输出变量赋以适当的值，程序就可以通断连接到该引脚的外部输出器件。

事实上，所有自动化设备在它们的控制面板上都有与图 5-22 所示按钮相似的按钮，这些器件被连线到数字输入端。假定一个按钮接输入引脚 1，并在软件中将 INP1 配置为该引脚（位）的输入变量名，当按钮压下时，输入信号接通，软件中对应为逻辑高（=1）。按钮释放时信号关断，软件中对应为逻辑低（=0）。算法 2 展示了一个 PLC 程序模块，它可以捕获这个输入按钮的状态，来点亮/熄灭一个连接在输出引脚 10、配置变量名为 OUT10 的指示灯（见图 5-26）。

算法 2 PLC 采样程序：读电平触发输入[12]

```
1: procedure PLC
2:     if (INP1=1) then                    ▷如果输入引脚 1 为高
3:         OUT10←1                          ▷接通输出位 10
4:     else
```

5：　　　　　$OUT10 \leftarrow 0$　　　　　　　　　　▷关断输出位 10

6：　　**end if**

7：**end procedure**

2. 边沿触发输出

有时需要当有输入信号上升沿时就采取行动。上升沿为输入信号由断态变为通态的跳变。

假定当有一个输入器件接通时 PLC 要送一个指令到 HMI，将一个信息显示在屏幕上。如果这个简单逻辑在算法 2 中用显示命令代替 OUT10 输出，HMI 每秒将从 PLC 收到几百条指令，因为它在用户压下按钮时会扫描这个代码许多次，这将压垮控制器和 HMI 的通信缓冲器。

算法 3 展示了我们将怎样捕获输入信号的上升沿并一旦发生，只送一次显示命令（CMD）。LAT1 和 INP1 分别是一个内部变量和输入引脚变量，LAT1 用作捕获输入状态的软件锁存器。

算法 3　PLC 采样程序：边沿触发输出[12]

初始化

1：$LAT\,1 \leftarrow INP\,1$　　　　　　　　　　▷设定初始化输入状态到锁存状态

2：**procedure** PLC

3：　　**if** $(INP\,1 = 1)$ **then**　　　　　　　　▷如果输入 1 为高

4：　　　　**if** $(LAT\,1 = 0)$ **then**　　　　　　▷如果输入 1 原来为低

5：　　　　　　CMD "$display$"　　　　　　▷送一个显示命令给 HMI

6：　　　　　　$LAT\,1 \leftarrow 1$　　　　　　　　▷置位锁存器

7：　　　　**end if**

8：　　**else**　　　　　　　　　　　　　　▷输入 1 为低

9：　　　　$LAT\,1 \leftarrow 0$　　　　　　　　　▷复位锁存器

10：　　**end if**

11：**end procedure**

3. 精密定时器

运动控制器有内置定时器。这些定时器可以用来在机器运行中产生精密的延迟时间，比如每 2s 闪烁一次灯。

定时器时基来源于一个恒频的参考时钟或伺服采样周期。在每一个伺服采样周期，定时器接收一个标记而更新，完成加或减计数。如果伺服采样周期长 t_{srv}（秒），则为了延时 dly（秒），定时器必须从 dly/t_{erv} 开始减计数。例如，如果 $t_{srv} = 0.001s$，为了延时 2s，定时器将必须从 $2/0.001 = 2000$ 进行减计数。

假定控制器有一个定时器 $T1$ 从预设值到 0 进行减计数，每采样周期减量为 t_{srv}。算法

4 展示怎样创建一个精密 dly（秒）的延时。

算法 4　PLC 采样程序：精密定时器

1：**procedure** PLC
2：　　 $T1 \leftarrow dly/t$ srv　　　　　　　　　　▷装载总计数量到定时器
3：　　**while** $(T1 > 0)$ **do**　　　　　　　　　▷循环到 0
4：　　**end while**
5：**end procedure**

---

4. 选择开关的读取

选择开关用来对不同动作进行选择。假定某机器有一个 3 位选择开关（保持型），如图 5-25 所示。这个开关有左、中、右三个位置，分别连到三个输入端。在这些开关中，不同类型的凸轮可以用来产生输入间的各种信号组合，以代表这三个开关的各个位置。在这个例子中，开关凸轮在某个位置时一个输入为高，其他输入为低。

假定电机需要用这个 3 位选择开关来控制正向运行、反向运行或停车。算法 5 展示如何检测这个开关的状态并在一个 HMI 上显示电机相应状态。LAT1、LAT2 和 LAT3 为内部变量，INP1、INP2 和 INP3 为这个开关各位置的输入端子变量。用锁存来检测输入信号的跳变沿以避免因 PLC 的周期扫描重复送相同的指令到 HMI。

算法 5　PLC 采样程序：选择开关

初始化
1：$LAT1 \leftarrow 0$; $LAT2 \leftarrow 0$; $LAT3 \leftarrow 0$
2：**procedure** PLC
3：　　**if** $(INP1 = 1$ and $INP2 = 0$ and $INP3 = 0$ and $LAT1 = 0)$ **then**　　　　▷SW：左
4：　　　　 CMD "Motor Positive"
5：　　　　 $LAT1 \leftarrow 1$; $LAT2 \leftarrow 0$; $LAT3 \leftarrow 0$　　　　　　▷锁存
6：　　**else if** $(INP1 = 0$ and $INP2 = 1$ and $INP3 = 0$ and $LAT2 = 0)$ **then**　　▷SW：中
7：　　　　 CMD "Motor Stop"
8：　　　　 $LAT1 \leftarrow 0$; $LAT2 \leftarrow 1$; $LAT3 \leftarrow 0$　　　　　　▷锁存
9：　　**else if** $(INP1 = 0$ and $INP2 = 0$ and $INP3 = 1$ and $LAT3 = 0)$ **then**　　▷SW：右
10：　　　　 CMD "Motor Negative"
11：　　　　 $LAT1 \leftarrow 0$; $LAT2 \leftarrow 0$; $LAT3 \leftarrow 1$　　　　　　▷锁存
12：　　**end if**
13：**end procedure**

7.3　单轴运动

单轴运动就是在某个时间移动一个轴而没有和任何其他轴的联动。在工业运动控制中有两种运动形式在单轴运动中应用最为广泛：①点动移动，②回零。在这些运动中，轨迹计算一般采用梯形或 S 形速度曲线。

一个轴的点动移动或回零操作是很常用的。首先，点动指令可以从一个操作端（主机）向运动控制器发出。控制器收到指令，计算轨迹曲线，并执行这个运动。其次，也可以用一个用户界面的按钮。例如，当坐标轴 1 的点动按钮被按下并保持时，该轴就一直移动到按钮被释放为止。第三，点动和回零指令可以在运动程序中使用，让轴根据程序运动。

7.3.1　点动

点动是一个单轴的简单运动。可以设定配置参数来定义点动运动的速度和加速度。指令可配置定义为正向或负向移动到一个指定位置、通过一定距离或连续移动到任意的停止位置。

7.3.2　回零

运动控制器有一个内部自带的回零搜索程序。回零的目的是为坐标轴建立绝对坐标参考位置。这个参考位置称为零位。回零对采用增量编码器位置反馈时是特别需要的，因为这种系统在上电时轴的位置是未知的。一旦零位被找到，所有后续运动都是参照这个零位来定义的。

尽管有几种回零方法，用得最多的还是通过一个传感器，用移动直到被触发的方案来建立零位。图 7-3 展示了一个坐标轴，它有两个在行程末端的极限开关，一个在中间的零件开关。通常这些开关连线到该轴控制器对应的数字 I/O 上。

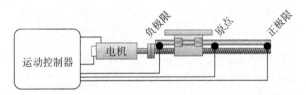

图 7-3　带两个限位开关和一个零位开关的直线轴

移动直到被触发程序由一个预触发和一个后触发段组成（见图 7-4）。在预触发段，轴以一个固定的回零速度朝零位传感器方向移动和加速。当轴撞到零位开关时，收到一个触发信号，预触发移动开始，轴减速，当前时刻轴位于零位的另一边。减速后控制器控制运动转入后触发移动。结果，轴平滑地改变它的移动方向，往回低速向零位开关移动。

在收到触发信号瞬间，轴位置（编码器计数值）被控制器的硬件捕获单元保存。这是一个当触发发生时捕获轴瞬时位置的精确方法。从这个触发位置，要继续执行后触发移动，使得轴移动到一个预先指定的距离。

用零位开关信号和电机编码器零脉冲（C(Z) 脉冲）进行组合，可以得到更精确的零位。如图 7-5 所示，控制器的硬件捕获单元可以设为在回零开关被触发后捕获零脉冲的第一个上升沿。在这个触发后，轴减速，在它开始返回零位之前先短暂停留一会（见图 7-

4）。在这一点，停止位与触发位间的后触发距离可以非常精确地知道，因此控制器可以计算出一条新的轨迹让轴返回触发位置，并将它记录作为零位。

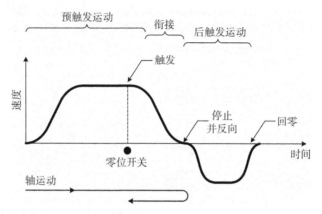

图 7-4　基于移动直到触发方案的零位搜索（经 Delta Tau Data System 公司同意转载)[12]

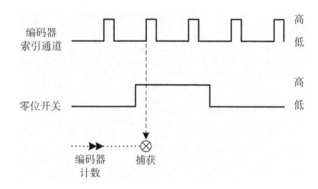

图 7-5　通过零位开关和编码器零脉冲捕获更精确的零位位置

可以在软件中定义一个零位偏移距离。这样零位传感器的零位位置可以通过软件设定来调整，而不用物理调整机器上传感器的位置。这个偏移被加到触发点作为运动的零位。

7.4　多轴运动

同步或协调的多轴联动包括：

（1）多电机单轴驱动；

（2）两轴或多轴联动；

（3）采用主从同步随动；

（4）张力控制；

（5）运动学。

市场上有许多运动控制器可以提供大多数或所有这些类型的同步联动。

7.4.1 多电机单轴驱动

在一些系统中，用不止一台电机来驱动一个单轴。这种应用典型的例子是一台龙门机床如图 7-6 所示，它可用于喷水切割、焊接、雕刻或起重。在这个系统中，用两台电机（电机 1 和电机 2）驱动机床的基座作直线运动。这些电机必须同步以防止扭坏基座。

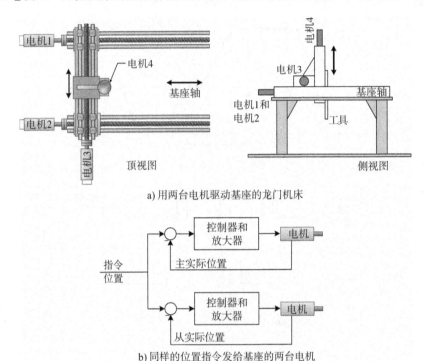

a) 用两台电机驱动基座的龙门机床

b) 同样的位置指令发给基座的两台电机

图 7-6 采用位置指令协调基座轴运动的龙门机床

一个轴的所有电机都按这个轴定义的坐标系配置。在图 7-6a 所示的龙门机床场合，电机 1 和电机 2 都按系统的基座轴配置。这样，当运动控制器给基座轴发送运动指令时，指令发生器计算得到的位置指令就同样发给两台电机的伺服环（见图 7-6b）。这时每个伺服环必须跟踪指令运动。假定所有伺服环都已经被很好地整定，这种方法就可以执行一个很好的电机间的联动去驱动同一个基座轴。这种联动又称为设定点协调运动。此外，两台电机还可以通过 7.4.3 节介绍的那样用主从同步协调进行联动。

7.4.2 两轴或多轴联动

当有多个轴用运动控制器控制时，它们可以产生复杂的联动。一种实现联动的方法是通过圆弧和凸轮来实现，这些在 7.1.2 节和 7.1.3 节中分别有介绍。

两个或更多直线轴也可以联动。在这种模式中，每台电机驱动一个轴，但所有轴都是联动的。算法 6 展示了用 X、Y 轴直线联动完成一个刀尖直角三角形运动的情况。这个联动是通过将坐标配置在同一坐标系统（组）令它们在同样的直线上一起运动完成的，程序见算法 6 的第 8 行和第 10～12 行。

算法 6　多轴联动：直线联动

1：**procedure** MAIN
　　建立参数
2：　　$X \leftarrow Motor1$ 　　　　　　　　　　▷电机 1 配置给 X 轴
3：　　$Y \leftarrow Motor2$ 　　　　　　　　　　▷电机 2 配置给 Y 轴
4：　　$TA \leftarrow 100$ 　　　　　　　　　　　▷100ms 加速时间
5：　　$TM \leftarrow 900$ 　　　　　　　　　　　▷900ms 运动时间
6：　　$MoveMode \leftarrow Linear$ 　　　　　　▷直线运动
7：　　$PosMode \leftarrow Abs$ 　　　　　　　　▷绝对位置
8：　　$X0\ Y0$ 　　　　　　　　　　　　　　▷移动到 0，0（起点）
9：　　$Dwell \leftarrow 200$ 　　　　　　　　　▷停顿 200ms
　　画一个每边 5 个单位的直角三角形
10：　　$X5\ Y0$ 　　　　　　　　　　　　　▷移动到 5，0
11：　　$X0\ Y5$ 　　　　　　　　　　　　　▷移动到 0，5（对角线）
12：　　$X0\ Y0$ 　　　　　　　　　　　　　▷移动到 0，0
13：**end procedure**

首先，将电机 1 和电机 2 分别配置为坐标系统的 X 和 Y 轴，其次，定义加速和运动时间，以及直线运动模式和绝对位置坐标。令刀尖到达位置（0，0）；等待 200ms 以后，令刀尖画一个每边 5 坐标单位的直角三角形。注意第 10 到 12 行的每一行是用简单的位置坐标指定三角形的三个角。运动控制器自动联动两轴到达这些位置。第 11 行中，令刀尖从当前位置（5，0）沿对角线移动到（0，5）。由于对角线比正方形的边要长，控制器调整各坐标的速度使刀尖仍然可以按指定的运行时间（或进刀速率）完成对角线的移动。两个轴的起动和停止都在相同的时间完成。

7.4.3　主从同步随动

许多运动控制应用包含有不被运动控制器控制的轴。例如，将纸张一类的连续带状材料切割成固定长度的系统中包含有一个馈送轴，它通常不被控制切割刀具的运动控制器所控制。这个连续馈送轴可以由一台感应电机和它的变频器驱动。但是刀具的运动必须与馈送轴的速度/位置同步。由于运动控制器不控制所有的轴，它就不能通过联动来实现同步，需要采用另外的一种方法。

对一个外部轴实现同步运动称为随动。它也称为主从配置。外部轴称为主动轴，它的运动通过编码器检测。随动轴称为从动轴。注意一个主动轴可以配有多个从动轴。

来自主轴编码器的数据流送到从动轴作为一连串的位置指令。从动轴对这个轨迹进行跟踪随动。换句话说，从动轴的位置指令来自外部编码器而不是内部的指令发生器。

无论何时，只要可能就应当采用联动而不采用随动方案。因为联动轴的运行轨迹是数学运算产生的，它们将比通过外部主编码器产生的信号更平滑，编码器信号可能会有噪声。平滑的轨迹允许采用较高增益进行刚性的控制，得到较高的性能[2]。

1. 电子齿轮

主动轴运动与从动轴运动之间的一个常数齿轮比可以通过电子齿轮建立。如图1-2所示的和本章开始介绍的那样，在这些轴之间没有物理的齿轮。每个轴有自己的电机，通过软件实现同步。例如，如果齿轮比被编程为1∶5（主∶从），那么当主坐标轴移动1单位长度时从坐标轴将移动5单位。由于从动轴的位置随主动轴的位置运动，电子齿轮也称为位置随动齿轮。

因为齿轮比是通过软件实现的，可以实时改变，这是电子齿轮最显著的优点。不过，将电子齿轮装入控制器的存储器可能要花费一点时间，这在对时间要求非常严格的运动中是不希望出现的。电子齿轮的精度会受到坐标轴整定好坏程度的强烈影响，随动误差可能反过来影响系统的同步。另一个负面影响可能来自主编码器噪声，因为从动轴会跟踪这些数据甚至放大它。

一个电子齿轮的典型例子是图7-6a所示的龙门机床。如果它采用主从驱动，则基座的一台电机被选为主电机（例如电机1），这台电机执行由控制器产生的轨迹指令。为使两台电机同步以防止基座被扭转，第二台电机（电机2）成为第一台电机编码器反馈代码的从机。换句话说，主电机的反馈编码变成从电机的输入指令（见图7-7a）。如果主动轴收到的是点动指令，从动轴就简单地跟随它。

由于是将主电机的实际运动轨迹变为从电机的轨迹指令，轨迹跟踪的性能可能会受到限制。主电机的实际轨迹不可避免地会与它的指令轨迹有微小的偏离。当从电机接收主电机实际运动轨迹作指令时，它的伺服环可能还要再增加更多对期望指令轨迹的偏离。一些控制器允许通过预设齿轮比在主从模式下用指令位置跟踪方式工作，如图7-7b所示。但是这只有主动轴和从动轴在相同的控制器控制下才有可能。

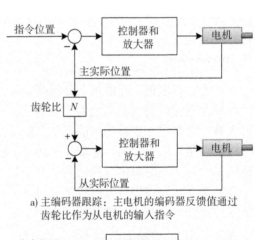

a) 主编码器跟踪：主电机的编码器反馈值通过齿轮比作为从电机的输入指令

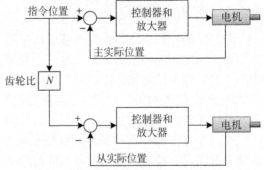

b) 指令位置跟踪：主电机运动的指令通过齿轮比发给从电机

图7-7　两种主从编程

2. 电子凸轮

考虑一个图7-8所示的机械凸轮随动结构，凸轮的结构决定了随动运动。因此，随动器（从动）的直线位置是凸轮（主动）角位置的函数。

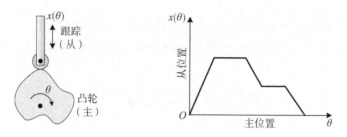

图 7-8　机械式凸轮跟踪机构

由于凸轮的形状是不规则的，随动器位置与凸轮位置之比是变化的。一种可能性是主从轴之间采用电子齿轮，齿轮比实时变化。不过，装载新齿轮比到存储器的延时可能引起随动误差。

替代方法是，可以在运动控制器中用软件电子凸轮来实现这个变化的比率，电子凸轮比是瞬时变化的。这种凸轮可以在运动软件中用"比例随动"定义[5]，它可以通过一个数学方程、查表[4]，或时基控制[12]实现。

重要的是要注意将从动位置编程为主动位置的一个函数，而不是时间，这是两个轴锁定同步的特点。

尽管概念源于机械凸轮随动机构，利用电子等价替代机械凸轮随动机构时，软件可变比的实现能力远远超过了它的被替代者，许多复杂的多轴运动都可以用电子凸轮实现。

比例随动[5]

飞剪（或切长）是电子凸轮最常见的应用之一。如图 7-9 所示，一对夹辊将连续的材料以一定的速度送往机器，通常这个馈送轴用一台带有自己控制器的感应电机驱动，它不在机器的运动控制器控制之下。

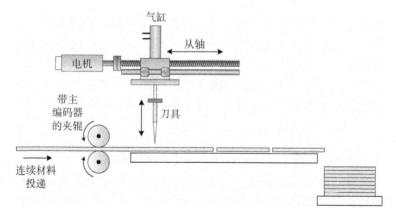

图 7-9　将连续材料切割成定长的飞剪设备

夹辊上的主编码器给运动控制器提供位置和速度信息，以协调载有飞剪的从动轴运动。为了能够切割移动中的材料，从动轴的速度在切割期间必须与材料的速度相等。首先，需要将从动轴加速到材料速度，并且在执行切割时要跟踪这个速度，切割完成后，从动轴减速停车，并快速返回到飞剪的起点以准备开始下一切割周期。

一种描述同步运动的方法是画出相对主动轴距离的速度比。图 7-10 展示了飞剪所要求的同步运动[5,14]，其中

$$速度比(SR) = \frac{\text{从速度}}{\text{主速度}} = \frac{v_s}{v_m} \tag{7-1}$$

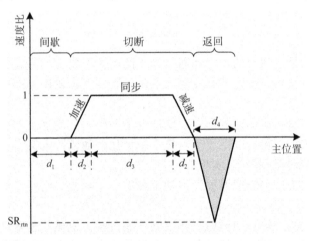

图 7-10   飞剪同步运动中与主运动位置相关的速度比（经 ABB 公司同意转载）

这个运动可以分成三个阶段：①停留，②切割和③返回。图 7-10 所示的第一部分是停留区，作为一个变量它允许我们增加切割长度。在停留期间，材料通过的长度为 d_1。然后，切割区开始将飞剪加速到材料速度，这段时间材料通过的长度为 d_2。当飞剪在同步段开始位置与材料速度相等（SR＝1）时，一个气动活塞将飞剪降低对材料进行切割。切割完成时材料和飞剪通过的距离为 d_3。在同步段末端，活塞释放缩回飞剪、从动轴开始减速停车，通过长度为另一个 d_2。到此切割区结束，飞剪必须在返回区回到它的原来位置。一个三角形速度曲线被用于飞剪的快速返回。

这个运动曲线各段下的面积就是从动轴移动的距离。因此返回区三角形曲线下的面积必须等于切割区梯形速度曲线下的总面积，这样从动轴才能准确回到它的原始位置，即

$$\frac{1}{2}d_4 SR_{rtn} = 2 \times \frac{1}{2}(d_2 \times 1) + (d_3 \times 1) \tag{7-2}$$

由于速度比是变化的，这个运动可以采用电子凸轮来编程。在同步段，速度比等于 1，意味着从动轴与材料的速度是一样的。于是，移动的材料对从动轴看起来就像静止的一样。

一些运动控制器用"比例随动"来实现电子凸轮[14,9]。图 7-11 展示了一种典型的速度比与主位置运动曲线的恒加速段。这个三角形的面积为：

$$\boldsymbol{A}_{rea} = \frac{1}{2} \times \left(\frac{v_s}{v_m}d_m\right) \tag{7-3}$$

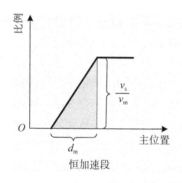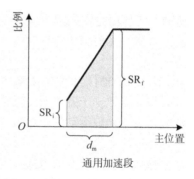

图 7-11　比例随动中的从动轴运动

式中：v_m、v_s 分别为主动轴、从动轴的速度；d_m 是从动轴加速期间主动轴移动的距离。由于主动轴是恒速移动的，有：

$$d_m = v_m t \tag{7-4}$$

将式（7-4）代入式（7-3），得：

$$d_s = A_{rea} = \frac{1}{2} v_s t$$

d_s 就是主动轴移动 d_m 时从动轴移动的距离。在每一段运动中，主动轴和从动轴移动时间相同。由于主动轴恒速移动，主动轴移动的距离直接正比于移动时间，因此，式（7-3）中的 d_m 与式（7-4）中的时间 t 相似。换句话说，主动轴的距离 d_m 在比例随动模式中是与常规时基运动模式中的运动时间 t_m 是相似的。

参照图 7-11 所示的通用加速段，我们可以通过从动轴用曲线下的面积得到移动距离为[6]：

$$d_s = \frac{1}{2} \times d_m (SR_i + SR_f) \tag{7-5}$$

式中：SR_i，SR_f 分别为初始速度比和最终速度比。

回到飞剪应用，根据图 7-10 所示曲线和式（7-5），很容易算出从动轴在主动轴每一段中必须移动的距离（见表 7-1）。

也就是说，在运动程序中可以用一个运动时间（TM）和这段时间轴应移动的距离来指定每一个运动。按比例随动模式编程是与之类似的，只是需要在给定运动曲线各段从动轴位置之前用主动轴距离（MD）替代运动时间即可[5]。算法 7 为图 7-10 所示的运动按比例随动模式编程的结果。外部主动轴的编码器连接到电机 1，编码值输入到运动控制器。这个输入被配置给 X 轴，定义为主动轴。电机 2 驱动从动轴，配置为 Y 轴。主动轴的每一段运动用变量

表 7-1　图 7-10 中从动轴在主动轴每一段移动距离

主距离	从距离
$d_1$①	0
d_2	$d_2/2$
d_3	d_3
d_2	$d_2/2$
d_4	$(d_2 + d_3)$②

① $d_1 = L - 2 (d_2 + d_3)$，L 是产品的切长。
② 返回运动。

MD 表示，从动轴对之随动完成该段的运动。飞剪电磁线圈与 I/O 引脚 1 连接，一旦到达同步段就被使能，材料与飞剪同步移动时，飞剪降低 300ms 后自动缩回。

时基控制[12]

在主/从应用中，从动轴位置需要被编程为一个外部主动轴位置的函数。然而，所有计算的轨迹都是时间的函数。于是，所有运动指令也可以将运动描述为时间的函数。在时基控制中，运动时间与主动轴运动的距离成正比[12]。这就允许从动轴的运动程序可以写得像所有的运动一样都按时间进行。

每一种运动控制器都有它的伺服更新率。例如，如果伺服更新率是 2.5kHz，那么每隔 400μs 就要计算一次轨迹方程，更新伺服环，也称为伺服周期或采样周期（T_s）。

一个轴的运动轨迹用离散时间方程计算时，可表述为

$$v_{k+1} = v_k + a\Delta t \tag{7-6}$$

式中：k 为采样数（$k=0$，1，2，…）；"a" 是加速度；v_k 为第 k 次采样时的速度；v_{k+1} 是计算得到的轨迹在第 $(k+1)$ 次采样点的速度值。在这个轨迹计算中使用的时基是 Δt，它是两次采样之间的时间间隔。式（7-6）只不过是 $a=\mathrm{d}v/\mathrm{d}t$ 的数字计算。

算法 7　多轴运动：飞剪的比例随动[5]

定义主动轴

1：$X \leftarrow EncMotor1$ ▷电机 1 编码器配置为 X 轴

2：$MasterX \leftarrow X$ ▷定义 X 轴为主编码器

设定参数

3：$Y \leftarrow Motor2$ ▷电机 2 配置为 Y（从动）轴

4：$d1$，$d2$，…$L \leftarrow Values$ ▷对主动轴运动距离赋值

5：$SRrtn \leftarrow Value$ ▷设定返回速度比

6：**procedure** MAIN

7： $MoveMode \leftarrow Linear$ ▷直线运动

8： $PosMode \leftarrow Inc$ ▷增量位置

9： Y0   起点

10： **while**（$Start=1$）**do**   ▷机器起动

11： $MD \leftarrow d1$ ▷停留

12： $Y(L-(2*d2+d3+d4))$

13： $MD \leftarrow d2$ ▷加速

14： $Y(d2/2)$

15： $KnifeSolenoid \leftarrow 1 : 300$ ▷使能飞剪（I/O 引脚 1）300ms

16： $MD \leftarrow d3$ ▷同步

17： $Y(d3)$

18： $MD \leftarrow d2$ ▷减速

19： $Y(d2/2)$

20： $MD \leftarrow d4$ ▷返回

21： $Y(-SRrtn*d4/2)$

22：　　　**end while**

23：**end procedure**

间隔时间不必与实际时间相等。时基控制是通过对间隔时间值 Δt 的改变进行工作的。为了弄清楚这一点，让我们来看一个简单的例子。假定 $a=2$，$\Delta t=1$，$v_0=0$，控制器在每次伺服中断时计算式（7-6）。在这个简单的例子中，假定伺服每毫秒中断一次。

默认条件下，控制器将时基设定为等于伺服中断时间（本例中 $\Delta t=1$）。这样，我们可以算出三个周期的跟踪速度为：

$$v_1 = 0 + 2 \times 1 = 2$$
$$v_2 = 2 + 2 \times 1 = 4$$
$$v_3 = 4 + 2 \times 1 = 6$$

在第一次中断（$k=0$）中，计算得到的新速度为 v_1，下一计算发生在 1ms（$k=1$）后，计算得到 v_2；再下一次中断（$k=2$），控制器将速度更新为 v_3。

现在，让我们用 $\Delta t=0.5$ 计算同样三个伺服周期：

$$v_1 = 0 + 2 \times 0.5 = 1$$
$$v_2 = 1 + 2 \times 0.5 = 2$$
$$v_3 = 2 + 2 \times 0.5 = 3$$

尽管我们仍然采用伺服每次的 1ms 中断用同样的方程计算，最后速度 v_3 的结果并不相同。其影响是如果时基减半，最后的速度也减半（$v_3=3$ 对 $v_3=6$）。这样，我们观察到，可以通过仅仅改变它的坐标系统时基就可以控制运动的速度。

为了建立主编码器与时间的关系，我们必须改变间隔时间 Δt 的默认设定值。如果我们用主编码器的计数值和主动轴最大速度的倒数作为这个比例因子，可以将时间间隔定义为：

$$\Delta t = \frac{1}{\omega_{\text{master}}^{\text{nom}}} \times \theta_{\text{master}} \tag{7-7}$$

式中：$\omega_{\text{master}}^{\text{nom}}$ 是主动轴运行在它的期望运行速度（cts /ms）时的额定值；θ_{master} 是用主编码（cts）测定的主动轴移动距离。当主动轴以额定速度运动时，单位时间内移动的距离与额定速度相等，因此，Δt 将等于1。如果主动轴以额定速度的一半运行，移动距离也将减半。当按式（7-7）用额定速度定标时，时基也将减半（$\Delta t=0.5$）。相应地，从动轴在它的运动程序中的运动也将运行在一半额定速度，以保持两个轴的运动同步。

算法 7 展示了图 7-9、图 7-10 所示的飞剪运动如何采用比例随动法编程。现在，让我们看一下同样的运动怎样采用时基控制方法编程。算法 8 首先定义主编码器计数来自 X 轴，并设定电机 2 作为随的 Y 轴。夹辊有它们自己的驱动，其电机运转在它的额定速度 MS 上，量纲为 cts/ms。时基控制的主要不同在于如果采用额定实时运动模式写运动方程，它的运动指令是时间的函数（TM），而不是主动轴运动距离的函数。在运动的每一段中，图 7-10 所示主动轴的距离被先转换成采用主运动速度的运动时间。例如，计算得到的加速运动时间为"TM＝(d2/2)/MS"毫秒。这时，就命令从动轴 Y 在这个指定的运动时间内通过它的这段距离。并且，在减速段从动轴移动通过的计数量为 d2/2，因此指令就是 Y(d2/2)。

尽管编写的程序就像使得运动实时发生，但时基设定（SF）在内部使从动轴速度可调整到主编码器速度。

算法 8 多轴运动：飞剪的时基控制

　　定义主动轴和时基
1： $X \leftarrow EncMotor1$　　　　　　　　　　　　▷电机 1 编码器配置为 X 轴
2： $MasterX \leftarrow X$　　　　　　　　　　　　　▷定义 X 轴为主编码器
3： $SF \leftarrow 1/MS$　　　　　　　　　　　　　　▷时基比例因子（ms/cts）
　　设定参数
4： $Y \leftarrow Motor2$　　　　　　　　　　　　　▷电机 2 配置为 Y（从动）轴
5： $d1, d2, \cdots L \leftarrow Values$　　　　　　　▷对主动轴运动距离赋值
6： $SRrtn \leftarrow Value$　　　　　　　　　　　　▷设定返回速度比
7： **procedure** MAIN
8：　　　$MoveMode \leftarrow Linear$　　　　　　　▷直线运动
9：　　　$PosMode \leftarrow Inc$　　　　　　　　　▷增量位置
10：　　 $TA \leftarrow 10$　　　　　　　　　　　　　▷10ms 加速时间
11：　　 **while** （$Start = 1$）**do**　　　　　　　▷机器起动
12：　　　　 $Dwell \leftarrow (L - (2*d2 + d3 + d4))/MS$　▷停留时间（ms）
13：　　　　 $TM \leftarrow (d2/2)/MS$　　　　　　　 ▷加速
14：　　　　 $Y(d2/2)$
15：　　　　 $KnifeSolenoid \leftarrow 1：300$　　　　▷使能飞剪（I/O引脚 1）300ms
16：　　　　 $TM \leftarrow d3/MS$　　　　　　　　　▷同步
17：　　　　 $Y(d3)$
18：　　　　 $TM \leftarrow (d2/2)/MS$　　　　　　　▷减速
19：　　　　 $Y(d2/2)$
20：　　　　 $TM \leftarrow d4/MS$　　　　　　　　　▷返回
21：　　　　 $Y(-SRrtn*d4/2)$
22：　　 **end while**
23： **end procedure**

例 7.4.1 绕线机

　　在工业应用中卷绕是很常见的。如图 7-12 所示，电缆、纺织、纤维等绕到一个旋转的卷轴上。通常，卷轴有它自己的驱动器和电机，以一个额定的速度 ω_{spool}，单位为 rpm 旋转。来回移动的轴由运动控制器控制，它需要与卷轴同步。卷轴电机上的主编码器也是运动控制器程序中连接到电机 1 的编码器。运动控制器接收主动轴的位置计数量（式（7-7）中的 θ_{master}）。往返轴也用一个编码器来测量它的位置，以直线距离（单位为 cts/mm）度量。卷绕的节距为 P，它对应卷轴每一转两相邻绕线间的直线距离。卷轴宽为 W。每层由沿卷轴宽度方向往返一次敷设在线轴上的材料组成。

　　解：
　　算法 9 为采用时基控制的绕线机[2]的程序。首先在程序中将主编码器（卷轴编码器）

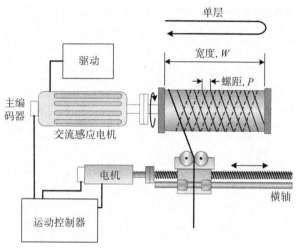

图 7-12　在卷轴上绕线的绕线机

数据配置给 X 轴并指定它为主动轴。MS 是式（7-7）中的卷轴额定速度 ω_{master}^{nom}，量纲为 cts/ms。比例因子 SF 是主动轴额定速度的倒数，量纲为 ms/cts。设定 Y 轴为来回移动轴。每层时间（TimePreLayer）取决于卷轴上材料来回绕一层需要花费的时间。控制器命令 Y 轴在 TM 毫秒内移动卷轴宽度距离，然后，命令 Y 轴返回通过同样的距离（负宽），从而使材料在卷轴上绕一层。只要机器运行，这个运动就会在 while 循环中不断重复进行。

算法 9　多轴运动：时基控制的绕线机[2]

　　定义主动轴和时基
1：$X \leftarrow EncMotor1$ 　　　　　　　　　▷电机 1 编码器配置为 X 轴
2：$MasterX \leftarrow X$ 　　　　　　　　　　▷定义 X 轴为主编码器
3：$SF \leftarrow 1/MS$ 　　　　　　　　　　　▷时基比例因子（ms/cts）
　　设定参数
4：$Y \leftarrow Motor2$ 　　　　　　　　　　　▷电机 2 配置为 Y 轴
5：$P \leftarrow Pitch$ 　　　　　　　　　　　　▷运动参数
6：$W \leftarrow width$
7：$MS \leftarrow MasterSpeed$ 　　　　　　　▷卷轴速度（rev/s）
8：**procedure** MAIN
9：　　$MoveMode \leftarrow Linear$ 　　　　　▷直线运动
10：　　$PosMode \leftarrow Inc$ 　　　　　　　▷增量位置
11：　　$TM \leftarrow W/(P*MS)$ 　　　　　　▷Y 轴运动时间
12：　　**while**（$Start=1$）**do** 　　　　　▷机器起动
13：　　　　$Y(W)$ 　　　　　　　　　　　　▷开始绕一层
14：　　　　$Y(-W)$ 　　　　　　　　　　　▷返回绕完这一层
15：　　**end while**
16：**end procedure**

例 7.4.2 旋转刀具

连续的材料，比如纸、塑料、木材等，可以用图 7-13 所示的旋转刀具切割成一定长度。

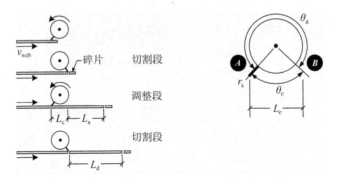

图 7-13 切割连续材料（带状）的旋转刀具

通常，材料不在运动控制器的控制之下，运动控制器只控制刀具。一旦机器起动，材料就以一个恒定速度移动。刀具的运动分为两段：①切割，②调整。在切割段，刀与材料是接触的，旋转刀的切向速度必须与材料的直线速度保持同步。在调整段，刀不接触材料，它旋转返回切割初始位置而材料继续前移。材料的切割长度可以通过刀在调整段的加速或减速来调节。

编写运动控制程序，使刀与材料同步，材料直线运动速度为 v_{web}。期望的切长为 L_d，材料在切割区段移动长度为 L_c。刀具边沿到中心的半径距离为 r_k，期望切割长度短于旋转刀的周长。

解：

如果刀以恒速旋转，切割长度将等于旋转刀的周长。若期望切长短于旋转刀周长，刀在调整段的运动必须更快（见图 7-14）。如果期望切长比旋转刀周长长，刀在调整段的运动就必须减慢。运动控制器的可编程主从同步能力使这种可变长度的切割成为可能。如果刀与材料采用机械耦合（用带轮或齿轮），切长就是固定的。

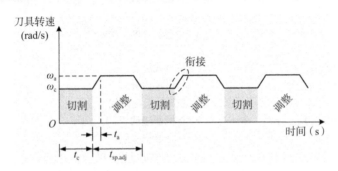

图 7-14 切割材料长度短于刀周长的旋转刀具运动曲线

切割期望长 L_d（$=L_c+L_a$）需要的时间周期可以求得如下：

$$t_{cyc} = \frac{L_d}{v_{web}}$$

类似地，切割时间为：

$$t_c = \frac{L_c}{v_{web}}$$

因此，留给调节刀具速度的时间为：

$$t_{sp.adj} = t_{cyc} - t_c$$

刀具在切割段的旋转速度为：

$$\omega_c = \frac{\theta_c}{t_c} = \frac{L_c/r_k}{t_c}$$

类似地，刀具在调整段的旋转速度为：

$$\omega_a = \frac{\theta_a}{t_{sp.adj} - t_a} = \frac{2\pi - \theta_c}{t_{sp.adj} - t_a}$$

这个应用的运动程序如算法 10 所示，它采用时基控制模式。材料速度采用主编码器检测，通常它或者是装在送材料夹辊上的编码器，或者用装在材料上的轮式编码器。软件中将主编码器数据赋给 X 轴作为主动轴。MS 为式（7-7）中以 cts/ms 为单位表示的材料额定速度 ω_{master}^{nom}，比例因子 SF 是主动轴额定速度的倒数，量纲为 ms/cts。刀具编码器数据赋给 A 轴，在软件中它是一个旋转轴。假定刀具位置在"A"点位置，控制器命令 A 轴进行点"A"到点"B"的运动，在 t_c 毫秒内进行切割，然后在 $t_{sp.adj}$ 毫秒内驱动刀具逆时针从位置点"B"移动到点"A"。只要机器运行这个周期动作就一直重复。

取决于特定控制器如何协调，时间 t_c，$t_{sp.adj}$ 可能需要调整，因为在刀具速度变化时需要有加减速时间，并且加速时间 t_a 要保持为最小，以在调整段尽快将刀具加速到新的速度。

算法 10　多坐标运动：采用时基控制的旋转刀具

　　定义主动轴和时基
1：$X \leftarrow EncMotor1$ 　　　　　　　　▷电机 1 编码器配置为 X 轴
2：$MasterX \leftarrow X$ 　　　　　　　　　▷定义 X 轴为主编码器
3：$SF \leftarrow 1/MS$ 　　　　　　　　　　▷时基比例因子（ms/cts）
　　设定参数
4：$A \leftarrow Motor2$ 　　　　　　　　　　▷电机 2 配置为 A 旋转轴（刀）
5：$PosA \leftarrow thetaA$ 　　　　　　　　▷A 点的角位置（cts）
6：$PosB \leftarrow thetaB$ 　　　　　　　　▷B 点的角位置（cts）
7：$Tcut \leftarrow tc$ 　　　　　　　　　　▷切割时间（ms）
8：$Tadj \leftarrow tsp.adj$ 　　　　　　　　▷速度调整时间（ms）
9：$MasterSpeed \leftarrow MS$ 　　　　　　▷材料速度（in/ms）
10：**procedure** MAIN
11：　　$MoveMode \leftarrow Linear$ 　　　　▷直线运动
12：　　$PosMode \leftarrow Abs$ 　　　　　　▷绝对位置模式

13：	$TA \leftarrow 0.1 * Tadj$	▷加速时间设定为调整时间的 10% （ms）
14：	**while** （$Start = 1$） **do**	▷机器起动
15：	$TM \leftarrow Tcut$	▷运动时间设定为切割时间
16：	A （$PosB$）	▷移动 A 坐标轴从 A 点到 B 点（逆时针）进行切割
17：	$TM \leftarrow Tadj$	▷运动时间设定为调整时间
18：	A （$PosA$）	▷移动 A 坐标轴从 B 点到 A 点（逆时针），刀回 A 点。
19：	**end while**	
20：	**end procedure**	

3. 触发凸轮

前面介绍的电子凸轮技术可以实现一个或多个轴与主动轴运动的同步。这些轴的速度像有空白纸卷一类移动薄片材料的飞剪应用那样可以相互匹配。不过，在某些应用中，不仅要求一个轴的速度和另一个匹配，而且还要求两个轴必须相互对齐。设想有一个连续的纸卷，纸上每 18in 预印有一个商标。切纸必须在两个商标之间进行，使切下的纸上都含有一个预印的商标。通常，会在预印商标间有一道对准标志来指示切割线。这样，简单的飞剪与主运动的速度匹配方式就不足以满足要求了，因为它不能保证在对准标志位置对材料进行切割。一个轴与另一个轴上的点对齐称为"相位调整"[14, 15]。当两轴同步（SR = 1）时可以使用相移指令。它可以使从动轴的位置超前或滞后。这个相位移动叠加到已经存在的轴间的同步运动上。

在触发凸轮应用中，采用一个传感器来检测对准标志。当检测到对准标志时，一个高速的位置捕获输入记录下主动轴的位置。以这个精确测得的位置作参考，一个预设的主动轴行程被编程作为位置触发点。当对准标志运动到达这个位置触发点时，控制器开始加速从动轴，短期内它就可以和主动轴完美同步及对齐。高速位置捕获是一种专用的 I/O，它可以在接收到传感器输入时 1ms 以内捕获主编码器的计数值。

带对准标志的飞剪是触发凸轮的一个最普通的例子。图 7-15 展示了图 7-9 所示系统的修订版，它带有增加的薄板材料上的对准标志和对准标志传感器。

在触发凸轮的编程中，触发先被禁止，这样从运动程序可以装入缓冲器，预先计算所有的运动。然后，程序等待一个触发，从动轴停在起点。当触发到来时，从动轴开始它的运动周期。从动轴运动时，常把下一次运动载入缓冲器，这样可以预先计算好下次的运动。在从动轴运动完成后，它将返回到起点。下次的运动已经计算好，机器等待下次触发以重复这个周期。

算法 11 展示了带对准标志的飞剪控制的程序。它是算法 7 比例随动法的修改版。首先，临时禁止触发点。然后，将从动轴的运动载入缓冲器并进行计算。程序转入等待，直到接收到一个触发。一个事件处理锁存器捕获这个触发，它运行于执行多任务的控制器的背景程序中。当对准标志传感器检测到一个标志时，事件处理锁存器被调用，它捕获主编码器计数值，加上预设的主动轴距离，使能触发点。只要主动轴位置到达这个计算的触发点，就开始执行预先计算的从运动。这样，从运动就与主动轴上的一个点保持同步。同

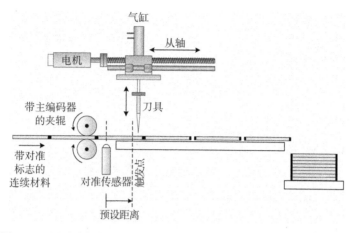

图 7-15　用对准标志的飞剪在对准标志处将连续材料切割成固定长度

时，程序从 WAIT 指令中退出，返回到 while 循环的顶部，禁止触发、预计算下一次运动，等待下一次触发。

算法 11　多坐标运动：带对准标志的飞剪

　　定义主动轴

1：$X \leftarrow EncMotor1$　　　　　　　　　　▷电机 1 编码器配置为 X 轴

2：$MasterX \leftarrow X$　　　　　　　　　　　▷定义 X 轴为主动轴

　　设定参数

3：$Y \leftarrow Motor2$　　　　　　　　　　　▷电机 2 配置为 Y（随动）轴

4：$d1, d2, \cdots \leftarrow Values$　　　　　　　▷对主移动距离赋值

5：$SRrtn \leftarrow Value$　　　　　　　　　　▷设定返回速度比

6：$TrigPointDis \leftarrow Value$　　　　　　　▷预设到触发点的距离

7：**procedure** MAIN

8：　　$MoveMode \leftarrow Linear$　　　　　　▷直线运动模式

9：　　$PosMode \leftarrow Inc$　　　　　　　　▷增量位置模式

10：　　Y0　　　　　　　　　　　　　　　▷起点

11：　　**while**（$Start=1$）**do**　　　　　　▷机器起动

12：　　　　$Trigger \leftarrow 0$　　　　　　　　▷触发禁止

13：　　　　$MD \leftarrow d1$　　　　　　　　　▷停留

14：　　　　$Y (L-(2*d2+d3+d4))$

15：　　　　$MD \leftarrow d2$　　　　　　　　　▷加速

16：　　　　$Y (d2/2)$

17：　　　　$KnifeSolenoid \leftarrow 1：300$　　　▷刀具使能 300ms（I/O 引脚 1）

18：　　　　$MD \leftarrow d3$　　　　　　　　　▷同步

19：　　　　$Y (d3)$　　　　　　　　　　　▷减速

20：　　　　$MD \leftarrow d2$

21：　　　　$Y (d2/2)$　　　　　　　　　　▷返回

```
22:        MD←d4
23:        Y（−SRrtn * d4/2）                    ▷等待，直到运动被触发
24:        WAIT（Trigger=1）
25:    end while
26: end procedure

27: function LatchEvent（MasterPos）
    计算触发点
28:    TriggerPoint←（MasterPos+TrigPointDis）
29:    Trigger←1                                ▷使能触发
30: end function
```

7.4.4　张力控制

薄带处理是张力控制的一种典型应用，其中薄带状的薄、长柔性材料在通过处理机器时需要引导。这些材料可以是薄膜、热缩塑料包、铝箔、货币、纸张、地毯、胶带等等。造纸工业，仅在美国每天就要生产几百吨纸，它可能是最老的薄带处理工业。产品为报纸和杂志的印刷业是最大的薄带处理工业。另一个薄带处理工业是转换工业，它把薄带原材料转变成其他产品，比如带孔的压纹纸巾卷。

薄带处理要求材料按指定路径通过一系列的空转辊和驱动辊，以保证它通过处理机器。如果它在辊上打滑，就不能对它进行精确的控制。因此，必须在它与辊接触中很好地保持材料的张力。夹辊间微小的速度差可能使材料松弛或张力额外增加，这将可能使薄带拉断。为使材料不过分伸长和损坏，张力必须适当。此外，如果张力不受控制，在薄带生产中可考虑可伸缩、锥形辊和褶皱等方法。

如图 7-16 所示，转换处理典型可以分成三个区：①薄带展开，②内部处理和③薄带收卷。每个区的控制独立，各有自己的张力控制要求。薄带展开和收卷重绕工作时，它们的直径是变化的。为了保证材料张力为常数，每一个辊上的转矩和速度都必须连续地调节。在内部区处理材料期间，因为在这个区间辊的直径保持不变，张力和速度基本是常数。

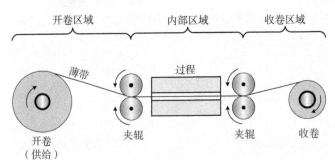

图 7-16　具有展开、内部、重绕张力区的典型转换处理过程

图 7-17 所示的是一个带夹辊的简单变换装置：采用一台电机驱动，将材料从一个供料

卷轴拉出，并以恒速将材料送入机器。一个卷心装在一台驱动电机芯轴上，以将材料卷绕到卷心上。这种配置又称为中心卷绕。

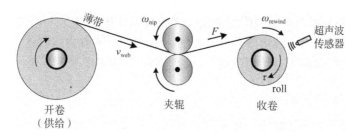

图 7-17　简化的转换机械

为了避免材料损坏，机器必须保持材料的速度和张力为常数。由收卷心轴提供的转矩为：

$$\tau = F r_{roll} \tag{7-8}$$

式中：F 是材料张力；r_{roll} 是收卷轴半径。随着材料的卷绕，轴的半径增加。因此，为了保持张力恒定，加到收卷轴驱动的转矩必须按轴的半径正比增加。类似地，展开卷轴驱动必须按供料轴半径的减小成比例减小制动转矩。

材料的速度 v_{web} 可以从夹辊的切向速度得到。由于材料的速度必须是常数，收卷重绕也必须保持同样的切向速度。于是，有：

$$v_{web} = \omega_{nip} r_{nip} = \omega_{rewind} r_{roll} \tag{7-9}$$

式中：r_{nip} 是夹辊半径；ω_{nip}，ω_{rewind} 分别是夹辊和收卷轴驱动的角速度。我们可以重写这个方程为：

$$\omega_{rewind} = \omega_{nip} \frac{r_{nip}}{r_{roll}} \tag{7-10}$$

如果夹辊恒速运行，则收卷轴的驱动必须随着收卷轴半径的增加而减慢。

1. 开环薄带张力控制

在这种控制中，令夹辊以一固定的速度 ω_{nip} 运行，而收卷轴采用转矩控制方式，收卷机得到的是转矩指令。夹辊和收卷轴的速度用装在它们电机轴上的编码器检测。夹辊半径是已知的，若我们能够检测收卷辊的半径 r_{roll}（比如，采用一个超声波传感器），则通过式（7-8）就可以求得转矩指令。如果收卷辊半径不能测量，可以用式（7-9）来求，因为夹辊和收卷轴的速度可以通过它们的编码器获得。指令转矩为：

$$\tau_{cmd} = F r_{nip} \frac{\omega_{nip}}{\omega_{rewind}}$$

式中：F 为薄带的期望张力，由用户设定。这种方法可以认为是开环的，因为没有直接检测张力。

在实践中，可以用一种不同的实现方法得到类似的效果。不同于转矩方式控制收卷轴，我们可以用带转矩限制的速度方式进行控制。由于夹辊速度已知，并假定收卷辊半径可测，我们就可以用式（7-10）计算收卷轴需要的速度指令。为了施加张力，将指令设定

为一个稍微高一点的速度，即

$$\omega_{cmd} = \omega_{nip}\frac{r_{nip}}{r_{roll}} + \omega_{offset} \tag{7-11}$$

式中：ω_{offset} 是一个由用户调整的附加速度。当收卷机试图达到这个稍微快一点的速度时，薄带材料就会感受到张力。转矩限制设置在轴上以防止控制器为达到指令速度时产生过大转矩。另外，如果薄带断了，转矩限制可以防止轴被加速到危险的高速。

2. 闭环薄带张力控制

如果薄带的加速或减速缓慢，开环方式可以正常工作。对需要高速运行的场合就得用更好的张力控制方法，采用闭环张力控制。闭环张力控制采用级联闭环结构，张力控制外环的输出作为速度内环的输入指令。在闭环控制中，为了调节张力，就必须对张力进行检测，实践中通常有两种实现方法：①张力传感器，②张力调节辊。

在张力传感器方案中，控制器通过张力传感器测得的实际薄带张力和指令张力比较，努力将实际张力维持在指令值（见图7-18）。张力偏差被用作收卷轴的速度指令。

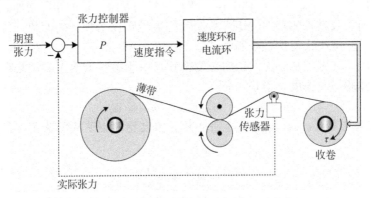

图 7-18　带测力传感器的闭环薄带张力控制

在张力调节辊方案中，薄带与张力调节辊接触，张力调节辊对薄带产生张力。在老式设计中，张力调节器是通过在调节辊上加减重物来调节张力的。在较新的机器设备中，采用气动缸来对薄带施加压力[11]。气缸中的气压，也就是薄带上的张力，可以采用具有闭环压力检测和调节能力的电子压力调节器得到非常精确的设置。当这样一个调节辊在中间位置时，调节辊力正好和薄带张力保持平衡。如果张力与辊力匹配，辊就保持在中间位置。如果薄带张力变化，辊就会上下移动。辊的位置可以通过装在它上面的编码器检测。

薄带的期望张力通过张力调节辊的重量或力设定，并由一个如图7-19所示的位置环来维持。调节辊位置误差，也就是张力误差，用加到收卷轴的速度指令调节。如果调节辊向上移动，则张力增加，调节使收卷减慢。如果调节辊向下移动，则张力减小，于是将收卷加速。

张力调节辊法对张力控制平滑输出波动具有阻尼效果。因此，它可以适应材料的变化或像卷绕电缆、粗线时材料层间的跳动。并且，它还可以作为一个存储区，在材料传送通过机器时用来堆积一些额外长度的材料。

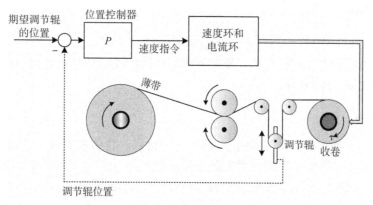

图 7-19　带调节辊的闭环薄带张力控制

3. 锥度张力

随着收卷辊半径的增加，每增加一层都会对内部的各层产生压缩力。结果，靠近卷心的那些层可能起皱或卷心可能会变形。锥度张力控制是解决这个问题的一种途径，它通过随着辊半径增加减小材料张力来实现。锥度张力控制仅在收卷区使用。

图 7-20 展示了恒张力、锥度张力和对应收卷转矩的情况。如前所述，为了保持张力恒定，转矩必须随着收卷辊半径的增加而线性增加（式（7-8））。

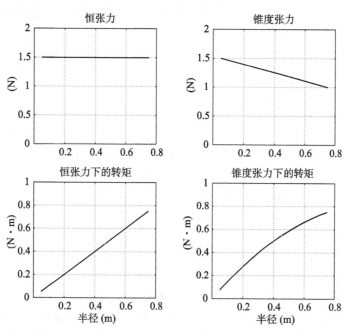

图 7-20　恒张力，锥度张力和相应的收卷转矩（$F_i=1.5N$, $F_f=1N$, $r_{core}=0.05m$, $r_{roll}=0.75m$）

锥度张力从在辊心半径 r_{core} 处的初始张力 F_i 线性减小到最终辊半径 r_{roll} 处的 F_f。在任意半径 r 处，锥度张力的转矩为：

$$\tau_{cmd} = \left[F_i + \left(\frac{F_f - F_i}{r_{roll} - r_{core}} \right)(r - r_{core}) \right] \times r \tag{7-12}$$

在锥度张力控制中，转矩仍然必须随着辊半径的增加而增加，不过，要求的转矩曲线是非线性的，如图 7-20 所示。

7.4.5　运动学

为诸如拾起和释放操作的定位系统而构建的机器，常带有定位二维或三维空间的工具。在这种机器中，我们采用执行器端部坐标系和关节坐标系。考虑图 7-6a 所示的轨道式龙门吊。执行器端部坐标系是受环境交互影响的执行器端部的 X，Y，Z 坐标，而每台电机轴旋转的位置则是该轴的关节坐标。执行器端部坐标常用英寸（in）表示，而关节坐标常用电机的计数值表示（cts）。

如果每台电机都被旋转一定量的计数值，电机的执行器端部坐标在什么位置？方向如何？这个问题称为正向运动学问题。具体说来，执行器端部坐标位置和方向的计算源于正向运动学给定的一套关节坐标[10]。

逆向运动学问题需要在三维空间中求得能够将执行器端部定位到期望位置和期望方向的关节坐标。这个问题是正向运动学的逆问题。它通常要比正向运动学问题复杂很多。

在一个定位系统中，用户按执行器端部的 X，Y，Z 坐标指定执行器从点 A 到点 B 的运动是非常自然的。可是，运动控制器是工作在关节坐标系下的，因为给电机的位置指令是计数值。这就要求有能力去计算机器的逆向运动。

大多数定位控制机器都采用三维相互垂直的笛卡儿坐标。在这种机制里，一个三维的笛卡儿坐标将一个轴配置为 X 方向，另一个为 Y 方向，第三个为 Z 方向。期望的执行器端部位置这时被指定为笛卡儿坐标中的一个点。这使逆向运动学问题简化，因为在笛卡儿坐标机制中，这样的逆向运动学或者是一个简单的标量因子或者是一个线性方程。在图 7-6a 所示的龙门吊中，如果基座轴的滚珠丝杠在它的电机旋转 8000cts 时前进 $X=1$in，逆向运动学就可以通过 8000X 计算。如果我们要轴移动 2in，电机的指令就必须是 16 000cts。类似地，要移动正交轴 $Y=3$in，Y 轴电机的指令就必须为 24 000cts。这个逆向运动学问题很简单，因为它通过一个简单的标量因子就将执行器端部坐标映射到了各自的电机。这使笛卡儿坐标的应用非常普遍，与此同时，笛卡儿坐标机制不会对运动中的惯量带来任何变化，这使得设计和电机选型都比较简单。

随着近来运动控制器的进步和计算功能的强大，采用非笛卡儿坐标机制变得可能。最常见的是机器人装置，例如包括图 7-21 所示的平面关节机器人和 Delta 机器人。这些装置在同样的应用领域中可以比笛卡儿装置在生产率方面得到显著的改进。它们比笛卡儿装置在同样应用中有大得多的工作空间。并且，在笛卡儿装置中至少有一个轴要传送其他轴，这样它需要更大容量的电机和更多的功率。

装置采用非笛卡儿坐标时，必须实时求解复杂的、非线性方程的逆向运动学问题。实

a) SCARA机器人（经Adept Technology公司许可转载）　　　b) Delta机器人（经ABB公司许可转载）

图 7-21　SCARA 和 Delta 机器人是非笛卡儿坐标机构的例子

际上，有时求这些方程的闭式解是不可能的。甚至可以有多个解存在或者根本一个解都不存在。

运动控制器采用以下方法中的一种来处理非笛卡儿装置的逆向运动学问题。

（1）在一台主机上计算：由于这些方程的复杂性，它们可以通过在一台与运动控制器相连的主计算机上运行一个程序来计算，这个程序将执行器端部坐标转换成电机位置并把它们通过通信链路发送给运动控制器。控制器只是简单执行这些期望的电机运动。

（2）在运动程序中计算：通常，运动学问题需要 $5 \sim 10 \mathrm{ms}$ 的采样更新时间。如果运动控制器有快速的处理器，它就能把这些逆向运动学方程直接合并到运动程序中去。在这种方法中，首先用程序产生一系列沿期望执行器轨迹的执行器端部位置，用这些位置查表算出相应的关节位置。然后，成对使用这些关节位置用轮廓指令计算出它们之间的路径。在这一步里，通过查表将绝对关节位置转换成增量轮廓数据，定义出一条平滑连接所有关节点的路径，形成每台电机的运动轨迹。最终，这些轨迹在每个关节点用来产生轮廓运动。结果将使执行器端部在三维空间中遵循所需路径的工具提示[3]。

（3）模拟笛卡儿装置：在这种方法中，运动控制器在专用缓冲区子程序中计算正向和逆向运动学方程[12]，把装置看成就像笛卡儿装置一样来写主运动程序。这样就使得运动编程非常直接。例如，为了移动执行器端部 X 方向 $2 \mathrm{in}$，Y 方向 $3 \mathrm{in}$，我们在主程序中可以简单输入 X2Y3。当运动程序首次被执行时，控制器自动调用正向运动子程序来计算当前执行器端部的位置，给出程序开始瞬间的关节位置。这样就建立了执行器端部的起点坐标。然后，随着它连续执行运动程序，当碰到程序中有 X2Y3 这样的语句时，就调用逆向运动子程序，计算出相应的关节运动，形成指令发送给电机。

（4）使用插件库：某些运动控制器带有为指定类型通用机器人装置开发的逆向运动学程序。供应商提供它们作为插件库组件[16, 20]。运动控制器软件可以调用这些组件或与其控制装置对应的函数来计算逆向运动学问题。

（5）硬件嵌入：对特定机器的正向和逆向运动学方程可以直接编程到运动控制器的硬件中。它是一种低级的汇编软件，运行速度非常快，可以使运动学问题求解刷新速率非常高（比如 $32 \mathrm{kHz}$）。这样，用户可以按执行器端部坐标写运动程序。由于这种方法仅适用于为专用机器定制的运动控制器，它需要与运动控制器供应商有很好的沟通。

关节机器人（SCARA）

如前所述，用于定位控制最常见的非笛卡儿装置之一就是 SCARA 机器人手臂。如图 7-22a 所示，这个机器人有四个轴。轴 1、2、3 是旋转的，坐标 4 是平移的。执行器端部（抓爪的指尖）可以放到依附于机器人基座的笛卡儿坐标系上坐标为 x，y，z 的一个点上。而且，相对基座坐标系的角度 θ_{tool} 由用户指定的期望执行器方向决定（见图 7-22b）。

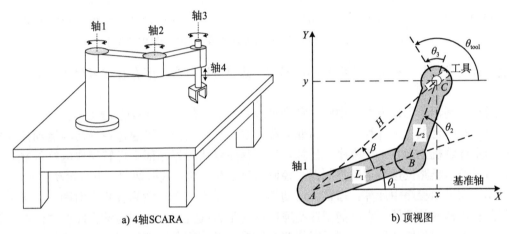

a) 4轴SCARA　　　　　　　　　　b) 顶视图

图 7-22　用于运动学分析的 4 轴关节机器人（SCARA）

参照图 7-22b，这台机器人的正向运动学方程可以写为[10]：

$$x = L_1\cos\theta_1 + L_2\cos(\theta_1+\theta_2)$$
$$y = L_1\sin\theta_1 + L_2\sin(\theta_1+\theta_2)$$
$$z = z_0 + d_4$$
$$\theta_{\text{tool}} = \theta_1 + \theta_2 + \theta_3 \tag{7-13}$$

式中：θ_1，θ_2，θ_3 是各编码器检测的关节位置；L_1，L_2 是两个关节轴沿它们之间公法线方向连杆的长度；d_4 为轴 4 的直线位移，当该轴在零位时，执行器端部位于与基座坐标系水平面距离为 z_0 的位置。

逆向运动学解需要通过给定的执行器末端所需的 x，y，z 坐标以及相对于基座坐标系的执行器方向 θ_{tool} 求出 θ_1、θ_2、θ_3 和 d_4。利用三角形 ABC 和三角余弦定理，我们可以写出：

$$H^2 = L_1^2 + L_2^2 - 2L_1L_2\cos(180°-\theta_2)$$

注意到 $\cos(180°-\theta_2) = -\cos(\theta_2)$，于是有：

$$\cos(\theta_2) = \frac{H^2 - L_1^2 - L_2^2}{2L_1L_2} \tag{7-14}$$

式中：$H = \sqrt{x^2+y^2}$。类似用余弦定理可以求得角度 β 为：

$$\cos(\beta) = \frac{H^2 + L_1^2 - L_2^2}{2L_1 H} \tag{7-15}$$

从执行器端部的 x，y 坐标，我们可以得到：

$$\tan(\theta_1 + \beta) = \frac{y}{x} \tag{7-16}$$

用式（7-14）、式（7-15）和式（7-16），我们可以得到一组逆向运动学方程：

$$\beta = \arccos\left(\frac{H^2 + L_1^2 - L_2^2}{2L_1 H}\right)$$

$$\theta_1 = \arctan\left(\frac{y}{x}\right) - \beta$$

$$\theta_2 = \arccos\left(\frac{H^2 - L_1^2 - L_2^2}{2L_1 L_2}\right)$$

$$\theta_3 = \theta_{\text{tool}} - \theta_1 - \theta_2$$

$$d_4 = z - z_0 \tag{7-17}$$

算法 12 是一台 SCARA 机器人的运动程序。这个算法采用前面介绍过的模拟笛卡儿装置算法。就像这台机器人是笛卡儿装置一样，主运动程序简单定义了一条运动轨迹，命令它运动到笛卡儿坐标位置（700，0）和（400，300），量纲为 mm。FwdKin 子程序完成式（7-13）的运算。类似，IncKin 子程序完成逆向运动学式（7-17）的运算。在算法的第 27 行，使用了 ATAN2 功能，这是大多数控制器内带的反三角函数，计算要考虑角度所在象限，以保证角度符号的正确。在程序开始时，一旦利用当前电机位置得到笛卡儿坐标系中的执行器端部位置，就调用 FwdKin 子程序。然后，随着执行器端部不断沿着如主程序中第 14 行那样的指令产生的路径前进，在每个伺服周期重复调用 InvKin 子程序，以确定电机更新的位置。

算法 12　多轴运动：SCARA 机器人[1,12]

```
1：procedure MAIN
   Setup parameters
   设定参数
2：   L1, L2, L3, z0, ←···           ▷定义机器人的所有几何尺寸
3：   C1=L1²+L2²                     ▷计算常数项
4：   C2=2*L1*L2
5：   C3=L1²-L2²
6：   I←Motor1                       ▷电机 1 配置为逆向运动学
7：   I←Motor2                       ▷电机 2 配置为逆向运动学
8：   I←Motor3                       ▷电机 3 配置为逆向运动学
9：   I←Motor4                       ▷电机 4 配置为逆向运动学
10：  TA←100                         ▷100ms 加速时间
11：  TM←900                         ▷900ms 运行时间
12：  MoveMode←Linear                ▷直线移动
13：  PosMode←Abs                    ▷绝对位置
```

14：	$X700\ Y0$	▷移动到 700，0
15：	$Dwell\leftarrow20$	▷停留 20ms
16：	$X400\ Y300$	▷移动到 400，300
17：	**end procedure**	

18：**function** FwdKin $(T1,\ T2,\ T3,\ d4)$

　　▷计算正向运动学

19：　$X=L1*COS\ (T1)\ +L2*COS\ (T1+T2)$

20：　$Y=L1*SIN\ (T1)\ +L2*SIN\ (T1+T2)$

21：　$Z=z0+d4$

22：　$Ttool=T1+T2+T3$

23：**end function**

24：**function** InvKin $(x,\ y,\ z,\ Ttool)$

　　▷计算逆向运动学

25：　$Hsquare=x^2+y^2$

26：　$Beta=ACOS\ (Hsquare+C3)\ /\ (2*L1*SQRT\ (Hsquare))$

27：　$T1=ATAN2\ (y,\ x)\ -Beta$

28：　$T2=ACOS\ (\ (Hsquare-C1)\ /C2)$

29：　$T3=Ttool-T1-T2$

30：　$d4=z-z0$

31：**end function**

习题

1. 在一机床面板上，有一个 X-FORWARD 按钮和一个 FWD 指示灯。这个按钮用来控制机床 X 轴的正向（前进方向）点动。请修改算法 3 的 PLC 程序，要求当 X-FORWARD 按钮按下时，FWD 灯亮，并且 X 轴正向点动。只要按钮没有松开，这个指示灯就一直亮。按钮松开时，坐标停止移动，灯灭。在每一种情况下，指令只发一次（边沿触发）。

　　这个轴的正向运动采用 JOG＋指令，停车指令采用 JOG/。按钮 X-FORWARD 接输入 INP1，指示灯 FWD 接输出 OUT2。按钮为常开、无自锁型。按钮按下时，INP1 输入为高。MOTOR♯1 配置给 X 轴。

2. 在一机床面板上，有一个 RUN 按钮和一个 STOP 按钮。这个按钮用来控制机床 X 轴的点动和停车。请修改算法 3 的 PLC 程序，要求当 STOP 按钮没有被按下、RUN 按钮按下时，X 轴开始点动。移动中，如果 STOP 按钮按下，轴停止移动。JOG 指令只发一次（边沿触发）。

　　移动采用 JOG＋指令，停车指令采用 JOG/。按钮 RUN 接输入 INP1，STOP 接输入 INP2。RUN 按钮为常开、无自锁型。RUN 按钮按下时，INP1 输入为高。STOP 按钮为常闭，自锁型。STOP 按下时，INP2 变低。MOTOR♯1 配置给 X 轴。

3. 机床面板上有一个 READY 指示灯。当机床完成当前任务时，READY 灯闪动，指示机床正在等待用户的下一个指令。灯闪动时，亮 1s 灭 1s。编写一个像算法 3 那样的程序，用定时器控制灯闪动。READY 指示灯接在输出的 OUT10。如果 OUT10 为高（OUT10＝1），灯亮。这个控制器采样周期为 5ms。

4. 一台半导体工业中使用的 SCARA 晶片处理机器人如图 7-23 所示。这个机器人有两个旋转轴（θ_1，θ_2）和一个直线垂直轴 Z。连杆长度为 L_1＝12 in，L_2＝10in。机器人在 P 点从机器拾取一晶片，把它放到 T 点的一个晶片检查装置中。拾取晶片采用真空吸取。

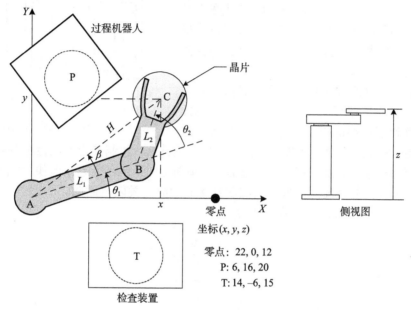

坐标(x, y, z)

零点：22, 0, 12
P: 6, 16, 20
T: 14, −6, 15

图 7-23　习题 4 的 SCARA 硅晶片处理机器人

　　编写一个与算法 12 类似的程序，在控制面板上的 TRANSFER 按钮按下时将晶片从 P 送到 T。真空吸取装置通过设置控制器输出 OUT10＝1 来使能激活。机器人在每个动作周期从零位出发并返回零位。执行器端部被认为在点 C。因此，当机器人移动到 P 时，C 与 P 重合。

5. 研发一个如图 7-24 所示的力控机器人夹子。夹子的电机接运动控制器的 MOTOR1 通道。

当电机轴旋转时，带动蜗轮使手指松开或合拢。设计的目标是通过软件设定一定级别的握力。

　　控制面板上有一个 GRASP 按钮与输入变量 INP1 连接。当按钮按下并保持时，手指合拢；按钮释放时，手指松开。手指旋转 30°，对应电机编码器的 15 000cts。电机的速度导致手指的期望速度为 30 000cts/s。使手指达到期望握力的电机转矩是 1lb·in。为了控制

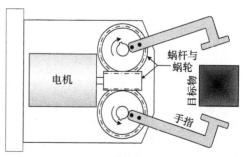

图 7-24　习题 5 所示的力控机器人夹子

这个施加的力,对电机设定一个转矩限制并让电机运行在一个稍微高一点的速度模式(点动),如7.4.4小节所述的那样。可以用JOG+MOTOR1指令点动电机来合拢手指。类似,JOG-MOTOR1将松开手指。编写一个PLC程序来操作这个夹子。

6. 一台质量检查机器用激光扫描产品表面来检查缺陷。这台机器有一个两轴的 XY 工作台。激光位置距离零件表面有一个固定的高度。扫描采用的图形如图7-25所示。编写一个与算法6相似的运动程序来扫描这个零件。机器每个采样周期的开始和结束都在零位位置 H。扫描需要的速度为5in/s。

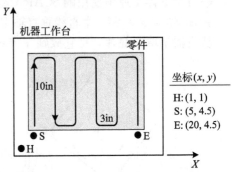

图7-25 习题6,激光扫描表面缺陷

7. 有两个直线轴（X 和 Z）和一个电磁阀的自动灌瓶机如图7-26所示。工作时,首先将喷嘴插入瓶中直到喷嘴端部距离瓶底0.5in位置,这时打开电磁阀允许液体流入瓶中。随着瓶中液面升高,控制使上升的液面与喷嘴端部之间的距离保持常数。由于瓶子越来越细,喷嘴向上的运动必须越来越快才能保持上升液面与喷嘴末端间的距离为常数。当液面到达瓶颈时,关闭电磁阀,立即停止液体注入。该机器采用一台 $1.5\text{in}^3/\text{s}$ 的恒流泵。

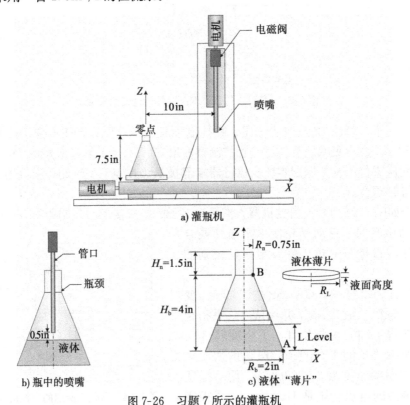

a) 灌瓶机

b) 瓶中的喷嘴

c) 液体"薄片"

图7-26 习题7所示的灌瓶机

编写一个与算法 6 类似的运动程序来控制这台机器。瓶子最初在零位（$X=0$，$Z=0$）。装满之后的瓶子送回到零位。电磁阀接输出 OUT1。

提示：定义一个很小的时间增量。在这个增量期间，按给定的恒定流量求出液面将升高多少。当瓶子在这个增量时间内装灌时，设置 Z 轴升高的距离和液面升高距离一样。这类似于将瓶中的液体"切割"成水平的薄片，如图 7-26c 所示。由于流量恒定，随着液面的升高，这个薄片越来越厚，每个薄片必须在同样的时间增量中装满。于是，喷嘴端部必须随着液面上升移动越来越快。对每一薄片连续不断地发给 Z 轴的运动指令将被控制器融合，使 Z 轴的运动变得平滑。

8. 一类似于图 7-13 所示的旋转刀被用来切割胶合板产品。薄带板移动速度为 60in/s。刀具半径为 4in。发生在薄带板上的切割区长为 4.2in（$L_c=4.2$in）。请画出刀具旋转速度与时间的关系图，假定期望的切长为 （a）18in，（b）60in。每个图应该与图 7-14 所示相似。衔接区的加速时间为 30ms，在图上标注所有相关数据。

9. 为习题 8a 中的旋转刀具编写一个运动控制程序，其中期望切长 $L_d=18$in。采用算法 7 所示的比例随动型编程方法。

10. 机器卷绕铝箔如图 7-17 所示。展开卷辊半径 r_{roll} 通过一个超声波传感器检测，连接到运动控制器的一个模拟输入端。夹辊以恒速 ω_{nip} 运行，辊半径为 r_{nip}。收卷机运行于如式（7-11）给出的那种带转矩限制的速度模式。为了保持相对的恒张力，速度指令 ω_{cmd} 应当根据展开卷辊半径实时调节。该辊的直径采用超声波传感器检测，检测结果是一个模拟信号，被送到控制器的模拟输入 #1（AI1）。编写一个运动控制程序来控制铝箔的张力。

参考文献

[1] Application Note: SCARA Robot Kinematics. Technical Report, Delta Tau Data Systems Inc., 2004.

[2] Application Note: Spool Winding. Technical Report, Delta Tau Data Systems, Inc., 2004.

[3] Application Note #3415: Methods of Addressing Applications Involving Inverse Kinematics. Technical Report, Galil Motion Control, Inc., 2007.

[4] DMC-14x5/6 User Manual Rev. 2.7. Technical report, Galil Motion Control, Inc., 2011.

[5] Application Note, Flying Shear (AN00116-003). Technical Report, ABB Corp., 2012.

[6] Application Note, Rotary Axis Flying Shear (AN00122-003). Technical Report, ABB, 2012.

[7] ABB Corp. (2014) IRB 360 FlexPicker®. http://new.abb.com/products/robotics/industrial-robots/irb-360 (accessed 28 October 2014).

[8] Adept Technology, Inc. (2014) Adept Cobra i600 SCARA 4-Axis Robot. www.adept.com (accessed 3 August October 2014).

[9] Baldor. NextMove e100 Motion Controller.(2013) http://www.baldor.com/products/servo_drives.asp (accessed 14 August 2014).

[10] John Craig. *Introduction to Robotics Mechanics and Control*. Pearson Education, Inc., Third edition, 2005.

[11] Jeff Damour. The Mechanics of Tension Control. Technical Report, Converter Accessory Corp., USA, 2010.

[12] Delta Tau Data Systems, Inc. *Turbo PMAC User Manual*, September 2008.

[13] Galil Motion Control, Inc. (2013) http://www.galilmc.com, (accessed 26 August 2014).

[14] Parker, Inc. *6K Series Programmer's Guide*, 2003.

[15] John Rathkey. Multi-axis Synchronization. (2013) http://www.parkermotion.com/whitepages/Multi-axis.pdf (accessed 15 January 2013).

[16] Rockwell Automation (2013). RSLogix 5000, Kinematics Features. http://www.rockwellautomation.com, 2013.

[17] Rockwell Automation (2014). ControlLogix Control System. http://ab.rockwellautomation.com/Programmable-Controllers/ControlLogix#software (accessed 24 November 2014).

[18] Rockwell Automation (2014). RSLogix 5000, Design and Configuration. http://www.rockwellautomation.com/rockwellsoftware/design/rslogix5000/overview.page (accessed 24 November 2014).

[19] Siemens AG. SIMOTION Software (2014). http://w3.siemens.com/mcms/mc-systems/en/automation-systems/mc-system-simotion/motion-control-software/Pages/software-iec-61131.aspx (accessed 12 November 2014).

[20] Yaskawa America, Inc. 2013 Kinematix Toolbox, MP2300Siec Motion Controller. http://www.yaskawa.com (accessed 18 September 2014).

附录　控制理论概述

这个附录简单地回顾了控制系统研究中的基本概念和工具,关于控制系统有大量的理论和书籍,比如文献 [1, 3, 4]。

A.1　系统配置

控制系统可以配置为开环控制系统或闭环控制系统。

开环系统不对系统的实际输出进行检测,它的主要优点是成本低。不过,开环系统不能够对任何扰动进行补偿,这些扰动对系统而言是不可预料的输入。

闭环系统检测实际系统的输出并将它连续地与系统期望的输出进行比较(见图 A-1);根据比较得到的偏差(误差),系统对控制动作进行必要的调节以紧密跟踪期望输出(参考输入)。这些系统又称为反馈控制系统。对实际输出进行检测并将结果馈送回系统的过程称为反馈或闭环。

反馈系统的主要优点是它比开环系统的控制要精确很多并且对扰动不敏感。但是,反馈系统设计比较难,而且比开环系统的实现成本要高许多。

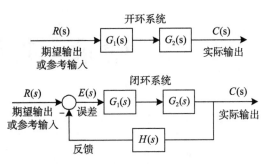

图 A-1　开环与闭环控制系统

A.2　分析工具

控制系统用数学模型进行分析。系统的动态性能由它的微分方程决定。拉普拉斯变换可以将微分方程转化成代数方程,并且它可以将系统器件或子系统分解成带 I/O 关系的单个独立实体。一些基本拉普拉斯变换如表 A-1 所示。对微分方程进行拉普拉斯变换时要用到它们。表 A-2 所示的是分析控制系统时经常使用的两种输入的时间函数对应的拉普拉斯变换。

表 A-1　拉普拉斯变换理论

理论	定义
$f(t)$	$F(s)$
$\mathcal{L}\left[\dfrac{\mathrm{d}f}{\mathrm{d}t}\right]=sF(s)$	微分 零初始条件
$\mathcal{L}\left[\dfrac{\mathrm{d}^2 f}{\mathrm{d}t^2}\right]=s^2 F(s)$	二阶微分 零初始条件
$\mathcal{L}\left[\displaystyle\int_{0^-}^{t} f(\tau)\mathrm{d}\tau\right]=\dfrac{1}{s}F(s)$	积分
$f(+\infty)=\lim\limits_{s\to 0}sF(s)$	终值定理

表 A-2　基本拉普拉斯变换

时间函数	拉普拉斯变换
$f(t)$	$F(s)$
单位阶跃,$u(t)=1$	$\dfrac{1}{s}$
斜坡,$tu(t)$	$\dfrac{1}{s^2}$

A.2.1　传递函数

传递函数（TF）描述一个器件、子系统或整个系统输入与输出间的关系。它定义为：

$$TF = \frac{输出}{输入} \qquad (A-1)$$

传递函数可以用方块图（系统框图）表示，如图 A-2。这时，输入信号被传递函数相乘后转换成方块（系统框图）的输出。在许多教科书中，用 $G(s)$ 作为传递函数的一般表达式，如图 A-1 所示。

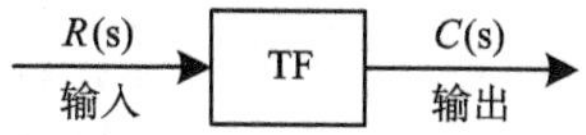

图 A-2　用方块图（系统框图）表示传递函数

例 A.2.1

一个弹簧－质量－阻尼系统的运动方程，以 $x(t)$ 和 $f(t)$ 分别表示质量的位置和外力。如果 $x(t)$ 是 $f(t)$ 输入导致的输出，即

$$m\frac{\mathrm{d}^2 x}{\mathrm{d}t^2} + b\frac{\mathrm{d}x}{\mathrm{d}t} + kx = f(t)$$

求这个系统的传递函数。

解：

使用表 A-1 所示的理论对方程两边取拉普拉斯变换，得：

$$(ms^2 + bs + k)X(s) = F(s)$$

运用式（A-1）的定义可以得到它的传递函数为：

$$TF = \frac{X(s)}{F(s)} = \frac{1}{ms^2 + bs + k} \qquad (A-2)$$

极点和零点

这个术语用来描述传递函数分母和分子的根。

极点是传递函数分母的根。它们描述传递函数表示系统的动态品质。

零点是传递函数分子的根。它们会影响系统响应的幅值。

例 A.2.2

传递函数为：

$$G(s) = \frac{s+3}{s^2 + 2s + 9} \qquad (A-3)$$

求极点和零点。

解：

首先，令分子多项式等于 0，求它的根（零点）。在例中，只有一个零点，$z = -3$。注意，并不是所有系统都有零点，比如式（A-2）就是这样的一个例子。

其次，令分母多项式等于 0，求它的根（极点）。在例中，它们是一对复数根 $s_1 = -1 + \mathrm{j}\sqrt{8}$ 和 $s_2 = -1 - \mathrm{j}\sqrt{8}$。

A.2.2　系统框图

在控制系统中，方块图（系统框图）用来描述整个系统中的器件和子系统之间的内部联系。方块图（系统框图）可以用三种基本连接方法进行内部连接。图 A-3 展示了这些连接方法和对应的简化等值方块图（等效简化框图）。

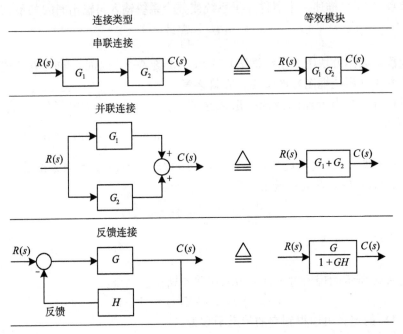

图A-3　基本方块图（框图）连接和它们的方块图等值化简（等效简化框图）

闭环传递函数（CLTF）

图 A-3 所示的一个反馈闭环可以用一个等值的单方块图（一个等效框图）替代。用这个方块（等效框图）描述的传递函数称为闭环传递函数（CLTF）。它描述整个反馈闭环的动态特性，由下面的公式求得：

$$\text{CLTF} = \frac{G}{1+GH} \tag{A-4}$$

例 A.2.3

求图 A-1 所示闭环系统的 CLTF。

解：

由于传递函数 $G_1(s)$ 和 $G_2(s)$ 是串联的，它们可以合并成一个内部为 $G=G_1G_2$ 的方块（框图）。然后，根据新的传递函数，系统可以看成像图 A-3 所示的反馈连接。运用式（A-4），可得：

$$\text{CLTF} = \frac{C(s)}{R(s)} = \frac{G_1G_2}{1+G_1G_2H}$$

A.3　瞬态响应

阶跃输入代表控制系统输入中的一个突然变化。通常用单位阶跃输入来分析系统的响应。由表 A-2 可知，单位阶跃输入的拉普拉斯变换等于 $\frac{1}{s}$。

斜坡输入代表控制系统输入中的恒值变化。例如，在运动控制系统中加速度为常数的速度输入就是一个斜坡输入。由表 A-2 可知，单位斜坡输入的拉普拉斯变换等于 $\frac{1}{s^2}$。

一个系统可以根据它传递函数的分母中 s 的最高幂次划分为一阶系统或二阶系统。

A.3.1　一阶系统响应

一阶系统的分母 "s" 是最高幂次。图 A-4 展示了由

$$G(s) = \frac{K}{s+a}$$

得到的一般一阶系统的响应。

时间常数 τ 用来描述系统响应的速度。它与极点位置 "a" 成反比 $\left(\tau = \frac{1}{a}\right)$。"$a$" 越大，时间常数越小，系统响应越快。

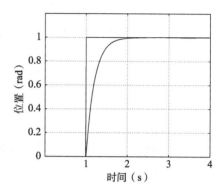

图 A-4　一阶系统的阶跃响应

A.3.2　二阶系统响应

二阶系统的分母有 s^2 作分母的最高幂次项。二阶系统传递函数的一般形式为：

$$G(s) = \frac{K}{as^2 + bs + c}$$

式中：K、a、b 均为常数。

二阶系统的标准形式为：

$$G(s) = \frac{\omega_n^2}{s^2 + 2\xi\omega_n s + w_n^2}$$

式中：ω_n 是自然振荡频率；ξ 为阻尼比。阻尼比是一个代表系统输出响应中的振荡可以多快消失的指标。自然振荡频率是系统没有阻尼时产生振荡的频率。

像图 A-5 显示的那样，取决于分母多项式的系数，二阶系统的响应可能有四种不同的类型。它们可以根据阻尼比分类为：

(1) 无阻尼（$\xi = 0$）；

(2) 欠阻尼（$0 < \xi < 1$）；

(3) 临界阻尼（$\xi = 1$）；

(4) 过阻尼（$\xi > 1$）。

例 A.3.1

单位反馈系统开环传递函数为 $G(s) = \frac{50}{s(s+3)}$，求它的单位阶跃响应。

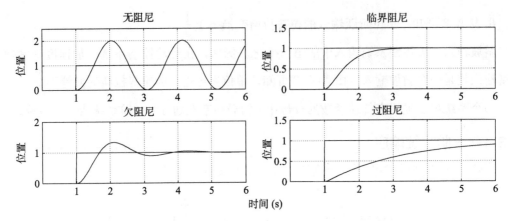

图 A-5 二阶系统阶跃响应的 4 种不同可能情况

解:

我们需要用它的等值 CLTF 代替这个反馈系统。用式（A-4），可得：

$$\text{CLTF} = \frac{C(s)}{R(s)} = \frac{50}{s^2 + 3s + 50} \tag{A-5}$$

为了求单位阶跃响应，我们可以代入 $R(s) = \frac{1}{s}$，得：

$$C(s) = \frac{50}{s^2 + 3s + 50} \times \frac{1}{s} \tag{A-6}$$

这个方程可以用部分分式分解和拉普拉斯反变换求解，也可以用仿真得到数字解。图 A-6 所示的为该系统的 Simulink 模型和响应结果。

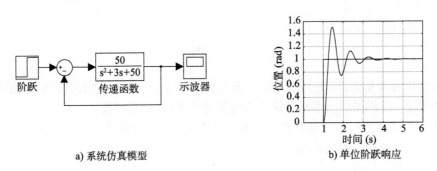

a) 系统仿真模型　　　　　　　　　　b) 单位阶跃响应

图 A-6　例 A.3.1 中二阶系统的传递函数和阶跃响应

欠阻尼响应的详细情况

许多物理系统都有欠阻尼响应特性。一个欠阻尼响应可以定义几个参数来描述它的详细情况，如图 A-7 所示。

峰值时间（T_p），它是响应到达第一个极大值所花费的时间。

百分比超调（%OS），它代表系统的第一极大值超过它的期望终值有多远，它以百分比计算，算式为：

$$\%\text{OS} = \frac{C_{\text{max}} - C_{\text{final}}}{C_{\text{final}}} \times 100\%$$

调节时间（T_s），它是响应到达且保持在稳态值的±2%误差范围内所需要的时间。

上升时间（T_r），它是响应从终值的10%上升到90%所需要的时间。

上升时间和调节时间提供了响应速度的信息。百分比超调则是系统稳定性的一个指标。

带宽是控制系统中频繁使用的术语。它以赫兹（Hz）度量。它代表系统对迅速变化输入的跟踪能力。带宽是一个频率范围。任何在带宽内带频率的输入变化都可以被系统无滞后地跟随或不会限制它的输出幅值。以下是一个带宽和调节时间之间的近似关系：

$$f_{\text{BW}} \approx \frac{4}{2\pi T_p}$$

式中：f_{BW} 为带宽（Hz）。例如，如果系统调节时间是 0.01s，则它的带宽近似为 63.7Hz。换句话说，它可以成功地跟踪任何频率变化在 63.7Hz 以下的输入。

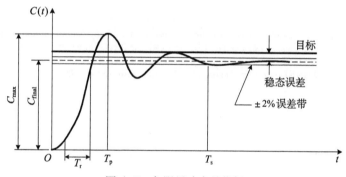

图 A-7　欠阻尼响应的指标

A. 4　稳态误差

稳态是指系统对输入（比如阶跃）的动态响应完成以后建立的状态，取决于输入和系统类型的组合，系统的期望目标和实际终值（见图 A-7）之间可能会有一点偏差（误差）。例如，在一个运动控制的应用中，如果令某坐标移动 10in，而它移动了 9.8in 就停止了，那么它的稳态误差就是 0.2in。

在研究稳态误差时，可以根据前向通道（见图 A-3 中从输入 $R(s)$ 到输出 $C(s)$）中积分器的个数把系统分为 0 型、1 型和 2 型。在拉普拉斯变换域，一个积分等于 $\frac{1}{s}$，如表 A-1 所示。系统传递函数的一般形式可表示为：

$$G(s) = \frac{K(s+z_1)(s+z_2)\cdots}{s^n(s+p_1)(s+p_2)\cdots} \tag{A-7}$$

式中：K 是一个常数，称为增益；z_1，z_2，$\cdots$ 是系统的零点；p_1，p_2，$\cdots$ 是系统的极点。s^n 项表示在前向通道有 n 个积分器。因此，对于 0 型系统，$n=0$，对于 1 型和 2 型系统，分别有 $n=1$ 和 $n=2$。

通常控制系统被配置成具有单位反馈的形式（见图 A-3 中的 $H(s)=1$）。表 A-3 展示了系统类型、输入和稳态误差之间的关系。例如，从表 A-3，1 型系统对阶跃输入将没有稳态误差。但同一系统如果它的输入是斜坡输入，它将有一个恒定的跟踪误差。表中的各栏可以通过表 A-1 中的终值定理，对带不同输入时系统的误差传递函数分析得到。

表 A-3　稳态误差是系统类型与输入组合的函数

输入	系统类型		
	0 型	1 型	2 型
阶跃	C	0	0
斜坡	$+\infty$	C	0

C 为常数。

参考文献

[1] Richard Dorf and Robert Bishop. *Modern Control Systems*. Prentice-Hall, Twelfth edition, 2011.

[2] George Ellis. *Control Systems Design Guide*. Elsevier Academic Press, Third edition, 2004.

[3] Norman Nise. *Control Systems Engineering*. John Wiley & Sons, Inc., 2007.

[4] Katsuhiko Ogata. *Modern Control Engineering*. Prentice-Hall, Fifth edition, 2009.

单位换算表

书 中 单 位	国际标准单位
1in（英寸）	0.0254m（米）
1in/s^2（英寸每二次方秒）	0.0254m/s^2（米每二次方秒）
1lb（磅）	0.453 592 4kg（千克）
1kg·cm^2（千克平方厘米）	0.0001kg·m^2（千克平方米）
1oz（盎司）	0.0028.35 kg
1oz·in（盎司·英寸）	7.061 55×10^{-3}N·m
1 lb·ft^2（磅·平方·英尺）	0.042 1401kg·m^2（千克平方米）
1ft/min（英尺每分）	0.005 08m/s
1lb·in·s^2	1.1288kg·m^2（千克平方米）
1rpm/s	0.1047rad/s^2
1in/s（英寸每秒）	0.0254m/s（米每秒）
1ms（毫秒）	0.001s（秒）
1lb/in^3	27 679.9kg/m^3（千克每立方米）
1lb·ft（磅·英尺）	1.35582N·m
1oz·in^2（盎司·平方英寸）	1.829×10^{-5}kg·m^2（千克平方米）
1lb·in（磅·英寸）	0.112 985Nm
1lb·in^2（磅平方英寸）	2.92640×10^{-4}kg·m^2（千克平方米）
1lb/in（磅每英寸）	17.858 0kg/m
1oz·in·s^2	0.07055kg·m^2（千克平方米）

推荐阅读

PLC工业控制

作者：（美）哈立德·卡梅（Khaled Kamel）埃曼·卡梅（Eman Kamel）译者：朱永强 王文山 等

书号：978-7-111-50785-7 定价：69.00元

　　本书是一本介绍PLC编程的书，其关注点集中于实际的工业过程自动控制。全书以西门子S7-1200 PLC的硬件配置和整体式自动化集成界面为基础，利用一套小型、价格适中的培训套件介绍编程概念和自动控制项目，并在每章末尾给出一些课后问题、实验设计题、编程题、调试题或者项目程序改错题，最后给了一个综合性设计项目。

　　本书特色：

　　● 内容丰富、体系完备，涉及工业自动化及过程控制的基本概念、继电器逻辑程序设计的基本知识、定时器和计数器编程、算术逻辑等常用控制指令、梯形图编程、通用设计和故障诊断技术、数字化的开环闭环过程控制等内容。

　　● 结构合理、讲解细致，结构由浅入深，对重点、难点进行了细致的讲解和举例分析，有利于读者自学，容易入门。

　　● 实践性强、案例经典，作者拥有丰富的过程控制经验，对文中的案例和课后习题都进行了精心的挑选和设计，涉及不同工业应用场合，实践性很强。

　　● 课后习题丰富，每章末尾有课后问题、实验设计题、编程题、调试题或者项目程序改错题，可帮助读者查漏补缺，巩固所学知识。

　　● 提供多媒体教学帮助。本书网站(http://www.mhprofessional.com/ Programmable LogicControllers)上有一个Microsoft PowerPoint格式的多媒体演示文稿，其中包含一些用于示意PLC控制原理的模拟仿真器，可用于交互学习。